高职高专电子信息类系列教材

信息通信建设工程项目管理

主　编　谭　毅
副主编　谭鹏程　吕宏悦　谭晓佩
　　　　黎孝华　黄　峥　张经国

西南交通大学出版社
·成　都·

图书在版编目（CIP）数据

信息通信建设工程项目管理 / 谭毅主编. —成都：西南交通大学出版社，2022.8（2026.1 重印）
高职高专电子信息类系列教材
ISBN 978-7-5643-8802-7

Ⅰ. ①信… Ⅱ. ①谭… Ⅲ. ①信息技术－通信工程－工程项目管理－高等职业教育－教材 Ⅳ. ①TN91

中国版本图书馆 CIP 数据核字（2022）第 136655 号

高职高专电子信息类系列教材

Xinxi Tongxin Jianshe Gongcheng Xiangmu Guanli
信息通信建设工程项目管理

主　编 / 谭　毅

责任编辑 / 穆　丰
封面设计 / GT 工作室

西南交通大学出版社出版发行
（四川省成都市金牛区二环路北一段 111 号西南交通大学创新大厦 21 楼　610031）
发行部电话：028-87600564　　028-87600533
网址：http://www.xnjdcbs.com
印刷：成都蜀雅印务有限公司

成品尺寸　185 mm × 260 mm
印张　16.5　　字数　414 千
版次　2022 年 8 月第 1 版　　印次　2026 年 1 月第 3 次

书号　ISBN 978-7-5643-8802-7
定价　46.00 元

课件咨询电话：028-81435775
图书如有印装质量问题　本社负责退换

PREFACE 前言

近年来，信息通信技术已成为信息化时代的社会基础，尤其是移动通信技术及其系统的迅速发展，使得信息通信建设工程项目不断变化，为使信息通信建设工程项目的进度、成本、质量得到平衡发展，须不断提高信息通信建设工程项目管理水平。

随着信息通信技术的飞速发展，通信企业项目管理类岗位对员工的技能要求发生了深刻变化，由此也影响到高职院校通信类专业人才培养中对信息通信项目管理类课程的要求与变化。本书拟通过校企合作，开发编写基于项目任务模式的新型教材，实现信息通信建设工程项目管理课程内容、教学重点和难点，适应职业教育规律和技能型人才成长规律，满足理实一体现场教学任务。

本书概念清晰、内容丰富，理论与实践紧密联系，借助信息通信项目管理沙盘模拟实施不同信息通信建设工程项目的运营管理，不断优化管理方案，达到项目回报最大化。本书对信息通信建设工程的基础知识、成本管理、进度管理、质量管理、招投标与合同管理、竣工验收与后评估、安全管理、信息通信建设工程项目管理沙盘模拟项目运营等进行详细描述，最后以信息通信电源设备安装工程，信息通信有线、无线设备安装工程，信息通信线路工程，信息通信管道工程为背景，将信息通信建设工程项目管理的理论与实践以项目方式有机结合，从企业实际进行了剖析。全书共分九个项目，项目一为信息通信建设工程项目管理概论，项目二为信息通信建设工程项目设计管理，项目三为信息通信建设工程项目成本管理，项目四为信息通信建设工程项目进度管理，项目五为信息通信建设工程项目安全管理，项目六为信息通信建设工程项目质量管理，项目七为信息通信建设工程项目招投标与合同管理，项目八为信息通信建设工程项目竣工验收与后评估，项目九为信息通信建设工程项目管理沙盘演练。

本书的编写工作得到了湖南邮电职业技术学院、中国电信湖南公司、中国通信服务湖南公司、湖南省通信建设有限公司、长沙云邮通信科技有限责任公司及成都杰科力科技有限公司等大力支持和鼎力帮助，在此一并表示衷心感谢。

本书由谭毅担任主编，谭鹏程、吕宏悦、谭晓佩、黎孝华、黄峥、张经国担任副主编。具体编写分工如下：项目一、项目八、项目九由谭毅编写；项目二、项目三由谭鹏程、黎孝华编写；项目四、项目五由吕宏悦和黄峥编写；项目六、项目七由谭晓佩和张经国编写；全书由谭毅进行统稿和文字整理工作，同时承担与企业联系并收集资料和征询意见的工作。

本书主要面向高职院校电子信息大类及通信类专业学生，以及本科通信类专业学生，也能提供给通信企业员工培训和兴趣爱好者自学。

由于信息通信技术发展迅速，加之编者水平有限，书中难免有不妥之处，敬请广大读者批评指正。

编 者

2022 年 5 月于长沙

CONTENTS

目录

项目一　信息通信建设工程项目管理概论

任务 1　信息通信建设工程项目基本概念

知识要点

建设项目概述；
信息通信建设工程项目概述；
信息通信建设工程项目特点；
信息通信建设工程项目分类；
信息通信建设工程项目建设基本程序。

重点难点

建设项目的概念及项目分类；
信息通信建设工程项目特点及分类；
信息通信建设工程项目建设基本程序。

【相关知识阐述】

1.1 建设项目概述

1.1.1 建设项目的概念

建设项目是指按照一个总体设计进行建设，经济上实行统一核算，行政上有独立的组织形式，实行统一管理，由一个或若干个具有内在联系的工程所组成的总体，建成后具有完整的系统，可以独立地形成生产能力或使用价值的建设工程。凡属于一个总体设计中分期分批建设的主体工程、水电气供应工程、配套或综合利用工程都应合并作为一个建设项目。凡不属于一个总体设计，工艺流程上没有直接关系的几个独立工程或分期建设的工程，如果分为几个总体设计，则应分别作为不同的建设项目。

建设项目是项目中最重要的一类，它是指按一个总体设计组织建设的固定资产投资项目，即基本建设项目。一般来说，一个建设项目建成后就形成了一个独立的企、事业单位。例如，兴建一座工厂、一所学校等就是一个建设项目。

1.1.2 建设项目的分类

建设项目可按如下几种方法分类：

1. 按建设性质不同划分

1）新建项目

新建项目是指从无到有，新开始建设的项目。对原有项目扩建，其新增加的固定资产价值超过原有固定资产价值3倍的项目也属于新建项目。

2）扩建项目

扩建项目是指企、事业单位为扩大原有产品的生产能力和效益，或增加新产品的生产力和效益而进行的固定资产的增建项目。

3）改建项目

改建项目是指企、事业单位为提高生产效率，改进产品质量或改变产品方向，对原有设备、工艺流程进行技术改造的项目，或为提高综合生产能力，增加一些附属和辅助生产车间或非生产性工程的项目。

4）恢复项目

恢复项目是指企、事业单位的固定资产因自然灾害、战争或人为灾害等原因，已全部或部分报废，而后又投资恢复建设的项目。不论是按原来规模恢复建设，还是在恢复的同时进行扩建，都属于恢复项目。

5）迁建项目

迁建项目是指原有企、事业单位，由于各种原因迁到另地建设的项目。搬迁到另地建设的项目，不论其建设规模是否维持原来规模，都属于迁建项目。

2. 按投资用途不同划分

1）生产性建设项目

生产性建设项目是指直接用于物质生产或满足物质生产需要的建设项目，包括工业、农业、建筑业、林业、气象、运输、邮电、商业或物资供应、地质勘探等建设项目。

2）非生产性建设项目

非生产性建设项目是指用于满足人民物质文化需要的建设项目，包括住宅、文教卫生、科研实验、公用事业、行政办公等建设项目。

3. 按资金来源和渠道不同划分

1）国家投资项目

国家投资项目是指国家预算直接安排的基本建设项目。

2）银行信用筹资项目

银行信用筹资项目是指通过银行信用方式提供建设投资的项目。

3）自筹资金项目

自筹资金项目是指各地区、部门、单位按照财政制度提留、管理和自行分配用于建设投资的项目。

4）引进外资项目

引进外资项目是指利用国外资金建设的项目。

5）利用资金市场项目

利用资金市场项目是指利用国家债券筹资和社会集资（包括股权、国内债券、国内合资经营、国内补偿贸易等）的项目。

此外，按建设总规模和投资的多少，建设项目可分为大、中、小型项目；按建设阶段不同，建设项目又可分为筹建项目、在建项目、收尾项目、投产项目等。

4. 按层次不同划分

通常，一个大中型建设项目可以分解为若干层次。例如，对于房屋建设项目按照国家标准可以分解为单位工程、分部工程、分项工程等层次；而对于诸如水利水电、港口交通、工业生产等城市基础设施和工业建设项目则可分解为单项工程、单位工程、分部工程、分项工程等层次。

1）单项工程

在城市基础设施和工业建设项目中，对于具有独立生产和使用功能、独立设计文件的一个完整的系统可称为一个单项工程。

2）单位工程

在房屋建设项目中，一个独立的、单一的建筑物（构筑物）均可称为一个单位工程。例如，一座车间、一幢办公楼、一栋住宅楼等。对于建设规模较大的单位工程，可将其能形成独立使用功能的部分划分为一个子单位工程。

室外工程根据专业类别和工程规模，划分为室外建筑环境和室外安装两个单位工程，并又分成附属建筑、室外环境、给排水与采暖和电气子单位工程。

3）分部工程

分部工程是单位工程的组成部分，是指按照工程部位、设备种类和型号或主要工种工程不同所做的分类。例如，一般房屋建筑单位工程可划分为地基与基础、主体结构、屋面、装饰装修工程和给排水及采暖、建筑电气、通风与空调、电梯、智能建筑等分部工程。当分部工程较大、较复杂时，可按材料种类、施工特点、施工程序、专业系统及类别等划分为若干子分部工程。

4）分项工程

分项工程是分部工程的组成部分。一般按照选用的施工方法、使用材料、结构构件规格等因素的不同划分。分项工程可由一个或若干检验批组成，检验批可根据施工及质量控制和专业验收需要按楼层、施工段等进行划分。

1.2 信息通信建设工程项目概述

信息通信建设工程项目是建设项目的一类，其具体建设范围包括：电信部门的房屋、管道、构筑物的建造，设备安装，线路建筑，仪器、工具、用具的购置，车辆、船只、飞机的购置，软件的开发，某些通信设施和房屋的租赁，由此构成的新建、改建、扩建、迁建和恢复工程等。

1.3 信息通信建设工程项目的特点

信息通信建设工程项目作为工程项目中的一类，其特点如下：

（1）电信具有全程全网联合作业的特点，决定了通信工程必须适应通信网的技术要求，工程所用通信设备和器材必须有“入网证”。同时，在通信工程项目建设中必须满足统一的网络组织原则，统一的技术标准，解决工程建设中各个组成部分的协调配套，以期获得最大的综合通信能力，更好地发挥投资效益。

（2）通信线路和通信设备繁杂。通信技术发展快，更新换代频繁，新技术、新业务层出不穷，同时，通信手段的多样化决定了通信线路和通信设备种类的多样化。在通信工程项目建设中坚持高起点、新技术的方针，采用新设备，发展新业务，提高网络新技术含量，最大限度提高劳动生产率和服务水平。

（3）通信工程项目点多、线长、面广。一个通信工程项目包括许多类型的点，如线路局站、基站、中继站、转接站、接入点等，线路可能较长，如较大的跨省线路工程，全程达数千千米，有的还要经过地形复杂、地理条件恶劣地段，工地十分分散，形成比较广的面，从而造成工程建设难度加大。

（4）目前的通信工程项目往往是对原有通信网的扩充与完善，也是对原有通信网的调整与改造。因此必须处理好新建工程与原有通信设施的关系，处理好新旧技术的衔接和兼容，并保证原有运行业务不能中断。

1.4 信息通信建设工程项目分类

1.4.1 按单项工程划分

信息通信建设工程项目按专业分为通信线路工程、通信管道建设工程和通信设备安装工程，具体细分为多个单项工程，单项工程划分如表 1-1 所示。

表 1-1 信息通信建设单项工程项目划分

<table>
<tr><th colspan="2">专业类别</th><th>单项工程名称</th><th>备注</th></tr>
<tr><td colspan="2">电源设备安装工程</td><td>××电源设备安装工程（包括专用高压供电线路工程）</td><td></td></tr>
<tr><td rowspan="4">有线通信设备安装工程</td><td>传输设备安装工程</td><td>①××数字复用设备及光、电设备安装工程；
②××中继设备、光放设备安装工程</td><td></td></tr>
<tr><td>交换设备安装工程</td><td>××通信交换设备安装工程</td><td></td></tr>
<tr><td>数据通信设备安装工程</td><td>××数据通信设备安装工程</td><td></td></tr>
<tr><td>视频监控设备安装工程</td><td>××视频监控设备安装工程</td><td></td></tr>
<tr><td rowspan="4">无线通信设备安装工程</td><td>微波通信设备安装工程</td><td>××微波通信设备安装工程（包括天线、馈线）</td><td></td></tr>
<tr><td>卫星通信设备安装工程</td><td>××地球站通信设备安装工程（包括天线、馈线）</td><td></td></tr>
<tr><td>移动通信设备安装工程</td><td>①××移动控制中心设备安装工程；
②基站设备安装工程（包括天线、馈线）；
③分布系统设备安装工程</td><td></td></tr>
<tr><td>铁塔安装工程</td><td>××铁塔安装工程</td><td></td></tr>
</table>

续表

专业类别	单项工程名称	备注
通信线路工程	①××光、电缆线路工程； ②××水底光、电缆工程（包括水线房建筑及设备安装）； ③××用户线路工程（包括主干及配线光、电缆，交接及配线设备，集线器，杆路等）； ④××综合布线系统工程； ⑤××光纤到户工程	进局及中继光（电）缆工程可按每个城市作为一个单项工程
通信管道工程	××路（××段）、××小区通信管道工程	

1.4.2 按类别划分

信息通信建设工程项目按建设项目类别划分为一类工程、二类工程、三类工程、四类工程，如表 1-2 所示。

表 1-2　信息通信建设工程类别划分表

工程类别	条件	备注
一类工程	①大、中型项目或投资额在 5 000 万元以上的通信工程项目；②省际通信工程项目；③投资额在 2 000 万元以上的部定通信工程项目	具备条件之一即成立
二类工程	①投资额在 2 000 万元以下的部定通信工程项目；②省内通信干线工程项目；③投资额在 2 000 万元以上的省定通信工程项目	
三类工程	①投资额在 2 000 万元以下的省定通信工程项目；②投资额在 500 万元以上的通信工程项目；③地市局通信工程项目	
四类工程	①县局工程项目；②其他小型项目	

1.5 信息通信建设工程项目建设基本程序

建设基本程序是指建设项目从项目建议、可行性研究、评估、决策、设计、施工到竣工验收、投入生产或交付使用的整个建设过程中，各项工作必须遵循的先后顺序的法则。这个法则是在认识客观规律的基础上制定出来的，是建设项目科学决策和顺利进行的重要保证，是多年来从事建设管理经验总结的高度概括，也是取得较好投资效益必须遵循的工程建设管理方法。这些进展阶段有严格的先后顺序，不能任意颠倒，违反这个规律会使工程建设存在巨大风险，甚至造成建设资金的重大损失。

在我国，一般的大中型和限额以上的建设项目从建设前期工作到建设、投产要经过项目建议书、可行性研究、初步设计、年度计划安排、施工准备、施工图设计、施工招投标、开工报告、施工、初步验收、试运转、竣工验收、交付使用等环节。具体到通信行业基本建设项目和技术改造建设项目，尽管其投资管理、建设规模等有所不同，但建设过程中的主要程序基本相同。以通信工程的大中型和限额以上的建设项目为例，从建设前期工作到建设、投产，期间要经过立项、实施和验收投产 3 个阶段，如图 1-1 所示。

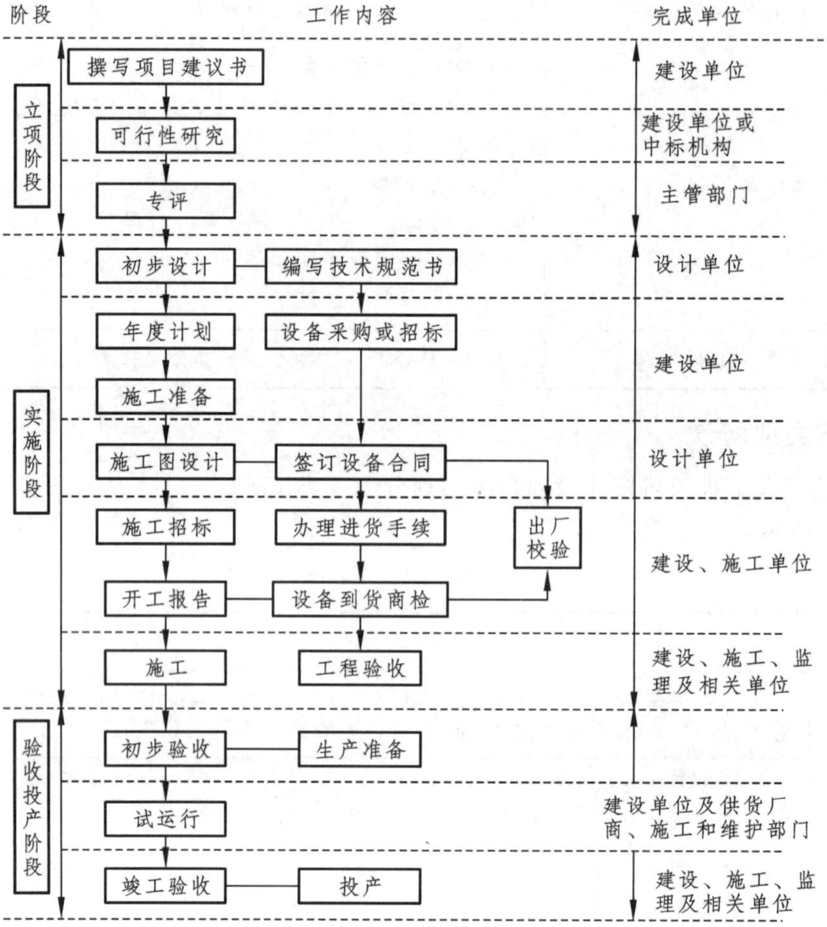

图 1-1　通信工程项目基本建设程序图

1.5.1　立项阶段

立项阶段是通信工程建设的第一阶段，包括撰写项目建议书、可行性研究和专家评估。

1. 项目建议书

各部门、各地区、各企业根据国民经济和社会发展的长远规划、行业规划、地区规划等，经过调查、预测、分析，撰写项目建议书。撰写项目建议书是工程建设程序中最初阶段的工作，目的是投资决策前拟定该工程项目的轮廓设想。建议书在撰写后可根据项目的规模、性质按国家规定报送相关主管部门审批，获批准后即可由建设单位进行可行性研究工作。

2. 可行性研究

建设项目可行性研究是对拟建项目在决策前进行方案比较、技术经济论证的一种科学分析方法和行为，是建设项目前期工作的重要组成部分，其研究结论直接影响到项目的建设和投资效益。可行性研究通过审批后方可进行下一步工作。

可行性研究报告的内容根据行业的不同而各有所侧重，信息通信建设工程的可行性研究报告一般应包括总论、需求预测与拟建规模、建设与技术方案论证、建设可行性条件、配套及协调建设项目的建议、建设进度安排的建议、定员与人员培训、主要工程量与投资估算、经济评价、需要说明的有关问题等主要内容。

根据主管部门的相关规定，凡是达到国家规定的大中型建设规模的项目，以及利用外资的项目、技术引进项目、主要设备引进项目、国际出口局新建项目、重大技术改造项目等，都要进行可行性研究。小型通信建设项目进行可行性研究时，也要求参照其相关规定进行技术经济论证。

3. 专家评估

专家评估（专评）是指由项目主要负责部门组织兼具理论与实际经验的专家，对可行性研究报告的内容作技术、经济等方面的评价，并提出具体的意见和建议。专家评估不是必需的，但专家评估报告是主管领导决策的依据之一，对于重点工程、技术引进等项目，进行专家评估是十分必要的。

1.5.2 实施阶段

通信工程建设的实施阶段由初步设计、年度计划安排、施工准备、施工图设计、施工招投标、开工报告、施工等七个步骤组成。

1. 初步设计与技术设计

根据通信工程建设特点及工程建设管理需要，一般通信建设项目设计按初步设计和施工图设计两个阶段进行；对于通信技术上复杂的、采用新通信设备和新技术的项目，可增加技术设计阶段，按初步设计、技术设计、施工图设计三个阶段进行；对于规模较小、技术成熟或套用标准的通信工程项目，可直接做施工图设计，称为“一阶段设计”，例如设计施工比较成熟的市内光缆通信工程项目等。

1）初步设计

初步设计是根据批准的可行性研究报告，以及有关的设计标准、规范，并通过现场勘查工作取得设计基础资料后编制的设计文件。初步设计的主要任务是确定项目的建设方案，进行设备选型，编制工程项目的概算。其中，初步设计中的主要设计方案及重大技术措施等应通过技术经济分析，进行多方案比较论证，未采用方案的扼要情况及采用方案的选定理由均写入设计文件。

2）技术设计

技术设计则根据已批准的初步设计，对设计中比较复杂的项目、遗留问题或特殊需要，通过更详细的设计和计算，进一步研究和阐明其可靠性和合理性，准确地解决各个主要技术问题。技术设计深度和范围，基本上与初步设计一致，应编制修正概算。

2. 年度计划安排

根据批准的初步设计和投资概算，并在对资金、物资、设计、施工能力等进行综合平衡后，业主应做出年度计划安排。年度计划中包括通信基本建设拨款计划、设备和主要材料（采购）储备贷款计划、工期组织配合计划等内容。年度计划中应包括单个工程项目的和年度的投资进度计划。经批准的年度建设项目计划是进行基本建设拨款或贷款的主要依据，是编制保证工程项目总进度要求的重要文件。

3. 施工准备

施工准备是通信基本建设程序中的重要环节，是衔接基本建设和生产的桥梁。其主要内容包括征地、拆迁、三通一平、地质勘查等，此阶段以建设单位为主进行。

为保证建设工程的顺利实施，建设单位应根据建设项目或单项工程的技术特点，适时组建建设工程的管理机构，做好以下具体工作：

（1）制定本单位的各项管理制度和标准，落实项目管理人员。

（2）根据批准的初步设计文件汇总拟采购的设备和专用主要材料的技术资料。

（3）落实项目施工所需的各项报批手续。

（4）落实施工现场环境的准备工作（完成征地、拆迁、"三通一平"，机房建设，包括水、电、暖等）。

（5）落实特殊工程验收指标审定工作。

特殊工程验收指标包括：新技术、新设备被应用在工程项目中的（没有技术标准的）指标；由于工程项目的地理环境、设备状况的不同，要进行讨论和审定的指标；由于工程项目的特殊要求，需要重新审定验收标准的指标；由于建设单位或设计单位对工程提出特殊技术要求，或高于规范标准要求，需要重新审定验收标准的指标。

4. 施工图设计

建设单位委托设计单位根据批准的初步设计文件和主要通信设备订货合同进行施工图设计：设计人员在对现场进行详细勘查的基础上，对初步设计做必要的修正；绘制施工详图，标明通信线路和通信设备的结构尺寸、安装设备的配置关系和布线；明确施工工艺要求，编制施工图预算；以必要的文字说明表达意图，指导施工。

施工图设计的深度应满足设备、材料的订货，施工图预算编制，设备安装工艺及其他施工技术要求等。施工图设计可不编制总体部分的综合文件。

施工图设计文件一般由文字说明、图纸和预算三个部分组成。各单项工程施工图设计说明应简要说明批准的初步设计方案的主要内容并对修改部分进行论述，注明有关批准文件的日期、文号及文件标题，提出详细的工程量表，测绘出完整的线路（建筑安装）施工图纸、设备安装施工图纸，包括建设项目的各部分工程的详图和零部件明细表等。施工图设计文件是初步设计（或技术设计）的完善和补充，是承担工程实施的部门（即具有施工执照的线路、机械设备施工队）完成项目建设的主要依据。同时，施工图设计文件是控制建筑安装工程造价的重要文件，是办理价款结算和考核工程成本的依据。

5. 施工招标或委托

施工招标依照《中华人民共和国招标投标法》规定，可采用公开招标和邀请招标两种形式。施工招标是建设单位将建设工程发包，鼓励施工企业投标竞争，从中评定出技术、管理水平高，信誉可靠且报价合理，具有相应通信工程施工等级资质的通信工程施工企业中标的行为。推行施工招标对于择优选择施工企业、确保工程质量和工期具有重要意义。

6. 开工报告

经施工招标、签订承包合同后，并落实了年度资金拨款、设备和主材供货及工程管理组织，于开工前一个月由建设单位会同施工单位向主管部门提出建设项目开工报告。在项目开工报批前，应由审计部门对项目的有关费用计取标准及资金渠道进行审计，之后方可正式开工。

7. 质量监督申报

根据相关文件的要求，建设单位应在工程开工前向通信工程质量监督机构办理质量监督申报手续。

8. 施工

通信建设项目的施工应由持有相关资质证书的单位承担。施工承包单位应根据施工合同条款、批准的施工图设计文件和施工组织设计文件进行施工准备和施工实施，在确保通信工程施工质量、工期、成本、安全等目标的前提下，满足通信施工项目竣工验收规范和设计文件的要求后才能进行下一道工序。

1）施工单位现场准备工作主要内容

施工的现场准备工作，主要是为了给施工项目创造有利的施工条件和物资保证。因项目类型不同准备工作内容也不尽相同，此处按光（电）缆线路工程、光（电）缆管道工程、设备安装工程、其他准备工作分类叙述。

（1）光（电）缆线路工程。

①现场考察。熟悉现场情况，考察实施项目所在位置及影响项目实施的环境因素；确定临时设施建立地点，电力、水源给取地，材料、设备临时存储地；了解地理和人文情况对施工的影响因素。

②地质条件考察及路由复测。考察线路的地质情况与设计是否相符，确定施工的关键部位（障碍点），制定关键点的施工措施及质量保证措施。对施工路由进行复测，如与原设计不符应提出设计变更请求，复测结果要进行详细的记录备案。

③建立临时设施。临时设施包括：项目经理部办公场地，财务办公场地，材料、设备存放地，宿舍，食堂设施的建立；安全设施，防火、防水设施的设置；保安防护设施的设立。建立临时设施的原则：距离施工现场就近；运输材料、设备、机具便利；通信、信息传递方便；人身及物资安全。

④建立分屯点。在施工前应对主要材料和设备进行分屯，建立分屯点的目的是便于施工、便于运输，还应建立必要的安全防护设施。

⑤材料与设备进场检测。按照质量标准和设计要求（没有质量标准的按出厂检验标准），对所有进场的材料和设备进行检验。材料与设备进场检验应有建设单位和监理在场，并由建设单位和监理确认，将测试记录备案。

⑥安装、调试施工机具和施工设备。做好施工机具和施工设备的安装、调试工作，避免施工时设备和机具发生故障，而造成窝工，影响施工进度。

（2）光（电）缆管道工程。

①管道线路实地考察。熟悉现场情况，考察临时设施建立地点，电力、水源给取地，做好建筑构（配）件、制品和材料的储存和堆放计划，了解地理和其他管线情况对施工的影响。

②考察其他管线情况及路由复测。路由的地质情况与设计是否相符，确定路由上其他管线的情况，制定交叉、重合部分的施工方案，明确施工的关键部位，制定关键点的施工措施

及质量保证措施。对施工路由进行复测，如与原设计不符应提出设计变更请求，复测结果要进行详细的记录备案。

③建立临时设施。应包括项目经理部办公场地，建筑构（配）件、制品和材料的储存和堆放场地，宿舍、食堂设施，安全设施，防火/防水设施，保安防护设施，施工现场围挡与警示标志的设置，施工现场环境保护设施。建立临时设施的原则。施工现场近；材料、设备、机具运输便利；通信、信息传递方便；人身及物资安全。

④材料与设备进场检测。按照质量标准和设计要求（没有质量标准的按出场检验标准），对所有进场的材料和设备进行检验。材料与设备进场检验应有建设单位和监理在场，并由建设单位和监理确认。将测试记录备案。

⑤光（电）缆和塑料子管配盘。根据复测结果、设计资料和材料订货情况，进行光（电）缆配盘及接头点的规划。

⑥安装、调试施工机具和施工设备。做好施工机具和施工设备的安装、调试工作，避免施工时设备和机具发生故障，造成窝工，影响施工进度。

（3）设备安装工程。

①施工机房的现场考察。了解现场、机房内的特殊要求，考察电力配电系统、机房走线系统、机房接地系统、施工用电和空调设施。

②办理施工准入证件。了解现场、机房的管理制度，服从管理人员的安排；提前办理必要的准入手续。

③设计图纸现场复核。依据设计图纸进行现场复核，复核的内容包括：需要安装的设备位置、数量是否准确有效；线缆走向、距离是否准确可行；电源电压、熔断器容量是否满足设计要求；保护接地的位置是否有冗余；防静电地板的高度是否和抗震机座的高度相符。

④安排设备、仪表的存放地。落实施工现场的设备、材料存放地，并确认是否需要防护（防潮、防水、防曝晒），配备必要的消防设备，仪器仪表的存放地要求安全可靠。

⑤在用设备的安全防护措施。了解机房内在用设备的情况，严禁乱动内部与工程无关的设施、设备，制定相应的安全防范措施。

⑥机房环境卫生的保障措施。了解现场的卫生环境，制定保洁及防尘措施，配备必要的设施。

（4）其他准备工作。

①做好冬雨期施工准备工作。施工人员的防护措施；施工设备运输及搬运的防护措施；施工机具、仪表安全使用措施。

②特殊地区施工准备。高原、高寒、沼泽等地区的特殊准备工作。

2）施工单位技术准备工作主要内容

施工前应认真审阅施工图设计，了解设计意图，做好设计交底、技术示范，统一操作要求，使参加施工的每个人都明确施工任务及技术标准，严格按施工图设计施工。

3）施工实施

在施工过程中，对隐蔽工程在每一道工序完成后应由建设单位委派的监理工程师或随工代表进行随工验收，验收合格后才能进行下一道工序。完工并自验合格后方可提交“交（完）工报告”。

1.5.3 验收投产阶段

为了充分保证通信系统工程的施工质量，工程结束后，必须经过验收才能投产使用。验收投产阶段的主要内容包括初步验收、生产准备、试运行、竣工验收以及竣工验收备案等方面。

1. 初步验收

初步验收通常是指单项工程完工后，检验单项工程各项技术指标是否达到设计要求。初步验收一般由施工企业在完成承包合同规定的工程量后，依据合同条款向建设单位申请项目完工验收，提出交工报告。初步验收由建设单位（或委托监理公司）组织，相关设计、施工、维护、档案及质量管理等部门参加。除小型建设项目外，其他所有新建、扩建、改建等基本建设项目以及属于基本建设性质的技术改造项目，都应在完成施工调测之后进行初步验收。初步验收的时间应在原定计划工期内进行，初步验收工作包括检查工程质量、审查交工资料、分析投资效益、对发现的问题提出处理意见并组织相关责任单位落实解决。

2. 试运行

试运行是指工程初验后到正式验收、移交之间的设备运行，由建设单位负责组织，供货厂商、设计、施工和维护部门参加，对设备、系统性能、功能等各项技术指标以及设计和施工质量进行全面考核。经过试运行，如果发现有质量问题，由相关责任单位负责免费返修。一般试运行期为 3 个月，大型或引进的重点工程项目，试运行期限可适当延长。运行期内，应按维护规程要求检查、证明系统已达到设计文件规定的生产能力和传输指标。运行期满后应写出系统使用的情况报告，提交给工程竣工验收会议。

3. 竣工验收

竣工验收是通信工程建设的最后一个环节，当系统试运行完毕并具备了验收交付使用的条件后，由相关部门组织对工程进行系统验收。竣工验收是全面考核建设成果、检验设计和工程质量是否符合要求，审查投资使用是否合理的重要步骤。竣工验收对保证工程质量、促进建设项目及时投产、发挥投资效益、总结经验教训有重要作用。

竣工项目验收后，建设单位应向主管部门提出竣工验收报告，编制项目工程总决算，并系统整理出相关技术资料（包括竣工图纸、测试资料、重大障碍和事故处理记录），以及清理所有财产和物资等，报上级主管部门审查。竣工项目经验收交接后，应迅速办理固定资产交付使用的转账手续（竣工验收后的 3 个月内），技术档案移交维护单位统一保管。

4. 竣工验收备案

根据相关文件规定，工程竣工验收后应向质量监督机构进行质量监督备案。

任务2 信息通信建设工程项目管理

【相关知识阐述】

知识要点

项目概述；
项目管理概述；
工程项目管理的任务和流程；
工程项目控制；
项目管理范围；
信息通信建设工程项目管理的发展历程。

重点难点

项目及项目管理概念；
工程项目管理的任务和流程；
工程项目控制；
项目管理范围界定。

【相关知识阐述】

2.1 项目概述

2.1.1 项目的概念

项目是指一系列独特的、复杂的并相互关联的活动，这些活动有着一个明确的目标或目的，必须在特定的时间、预算、资源限定内，依据规范完成。

美国项目管理协会（Project Management Institute，PMI）认为项目是一种被承办的为创造某种独特产品或服务所做的临时性努力。一般来说，项目具有明确的目标和独特的性质，每一个项目都是唯一的、不可重复的，具有不可确定性、资源成本的约束性等特点。

2.1.2 项目的基本特征

项目通常具有如下一些基本特征：

1. 项目的一次性

项目的一次性（也称单件性），是指每个项目完成后，不会再有与其完全相同的项目出现。该特征意味着一旦项目管理工作出现较大失误，其损失具有不可挽回性。

2. 项目的目标性和约束性

任何项目都具有特定目标。同时，这一特定目标的实现总是具有一定约束条件的。当然，项目目标和约束条件也可能在项目实施过程中发生变化，一旦这些变化发生，项目管理工作就要随之做出相应的调整。

3. 项目的寿命周期性

项目的一次性决定了项目的寿命周期性。在寿命周期的不同阶段，项目所需投入要素的种类和数量都会有所不同，因而管理的形式、内容和方法也会有所不同。

4. 项目的系统性

项目包括人力、物资、技术、时间、空间、信息、管理等各种要素。这些要素为实现项目的目标而相互制约、相互作用。构成一个相对完整的系统。

5. 项目具有众多结合部（或称界面）

项目与外部环境的各种约束之间，项目内部各种要素之间，项目全寿命周期的各个不同阶段之间，存在着众多的结合部，这些结合部往往是项目管理工作的重点和难点。

2.1.3 工程项目的概念

工程项目是指为达到预期的目标，投入一定量的资本，在一定的约束条件下，经过决策与实施的必要程序而形成固定资产的一次性事业。其基本特征包括建设目标的明确性、工程项目的综合性、工程项目的长期性、工程项目的风险性等。

从管理角度来看，一个工程项目是在一个总体设计或总概算范围内，由一个或几个互有联系的单项工程组成，这些工程是在建设时实行统一核算、统一管理，建成后在经济上可独立核算经营，在行政上又可以统一管理的工程单位。

2.2 项目管理概述

2.2.1 项目管理的基本概念

项目管理是在项目活动中运用知识、技能、工具和技术，以满足和超过项目关系人对项目的需求和期望。有效的项目管理是在规定用来实现具体目标和指标的时间内，对组织机构资源进行计划、引导和控制工作。

项目管理是以项目为管理对象，在既定的约束条件下，为最优地实现项目目标，根据项目的内在规律，对项目寿命周期全过程进行有效的计划、组织、指挥、控制和协调的系统管理活动。

2.2.2 项目管理的要素

项目管理的要素可分为以下 6 要素：目的（客户满意度）、工作范围、组织、质量、时间、成本，如图 1-2 所示。

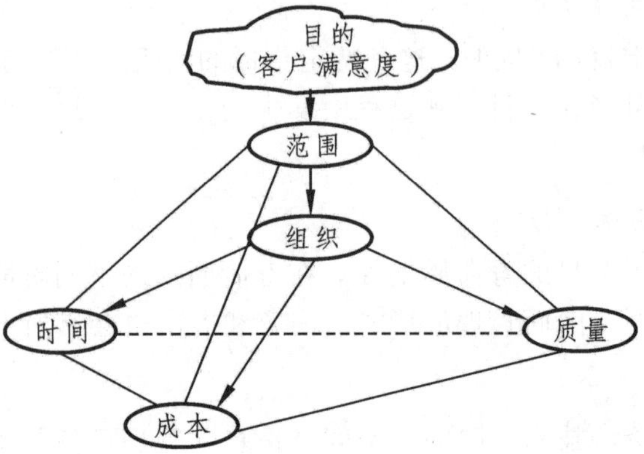

图 1-2　项目管理的 6 要素

在项目实施中，这 6 个指标能否达标，关系到项目管理的成败。其中，项目目标的实现要靠组织来完成，而工程项目管理的一切工作也都要依托组织来进行，科学合理的组织制度和组织机构是项目成功建设的组织保证。

2.2.3 项目管理的基本内容

根据项目管理的构成程序，项目管理的基本内容包括 9 个部分，如图 1-3 所示。

（1）项目综合管理，阐述了如何确保对项目的不同构成要素进行正确的协调。它包括了项目开发计划、项目执行计划、全程变化控制。

（2）项目范围界定管理，阐述了为确保成功地完成项目所需要做的所有工作，且是仅仅被要求做的工作。它包括了项目的启动、范围界定计划书、细分子项目、范围核实和范围变化控制。

（3）项目时间管理，阐述了确保按时完成项目的工作程序，包括活动定义、活动排序、活动时间估计、进度编制和进度控制。

（4）项目成本管理，阐述了如何在法定预算内完成项目，包括资源规划、成本计划、成本预算和成本控制。

（5）项目质量管理，阐述了如何确保项目达到既定的要求，包括质量规划、质量保证和质量控制。

（6）项目人力资源管理，阐述了如何确保最大限度地调动项目涉及人员的积极性，包括组织规划、人员组织、团队建设。

（7）项目沟通管理，阐述了如何及时并且准确得到、收集、传送、存储及利用项目信息资源，包括沟通计划、信息传送、实施情况及行政总结。

（8）项目风险管理，阐述了项目风险的确定、分析及对策，包括风险识别、风险量化、风险对策研究和风险对策实施控制。

（9）项目采购管理，阐述了如何从执行组织外获取物资和服务，包括采购计划、征集申请书计划、征集申请书、货源选择、合同管理和行政收尾。

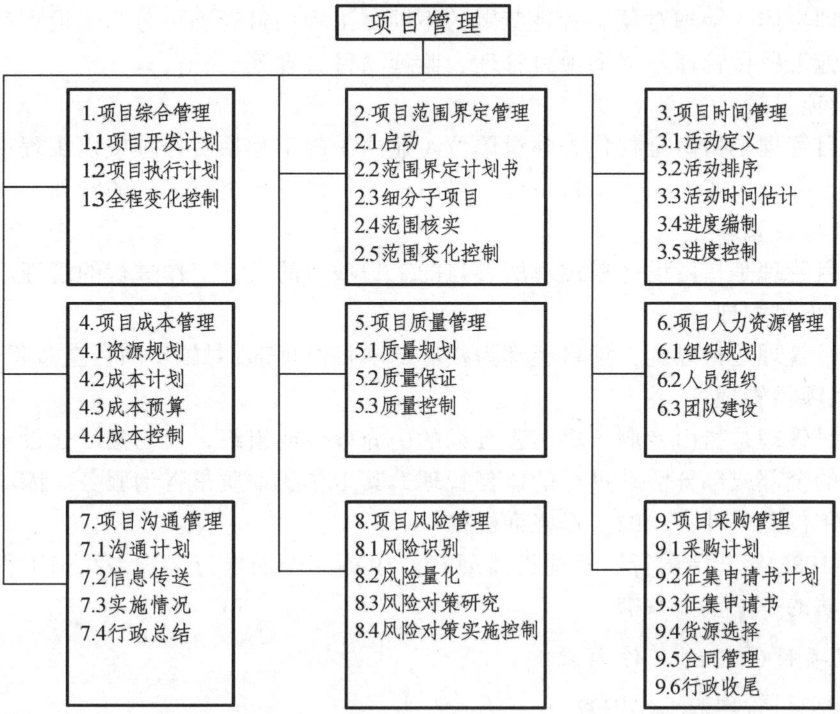

图 1-3　项目管理的 9 个基本内容

2.2.4 项目管理的重要性

1. 项目是追求创新的产物

项目的多少实际上反映了企业现状及发展前景，一个企业如果没有项目，就不可能获得发展，现代社会的项目往往是和创新、发明、创造相联系的，如果企业不求上进，不努力求得发展，等待它的只能是倒闭和死亡。

2. 重要性

项目管理对企业来说非常重要。过去，有些国有企业在某一个时期经济情况非常好，但是由于没有加强项目管理，资金用度没有计划，在进行投资项目之前没有经过充分的论证，最终导致项目失败。因此，无论企业经济效益好坏，以及企业规模大小，都需要加强项目管理，如果没有项目，必须设法去找项目，必须通过创新思维，通过不断地分析市场需求、市场开发来发现新的项目。对于目前的项目，就要把它管理好，使每个项目都走向成功，这是使企业获得持续发展的必要途径。因此重视项目管理和加强项目管理是企业走向成功的必由之路。

2.2.5 工程项目管理的基本概念与工作内容

1. 工程项目管理的概念

工程项目管理是指应用项目管理的理论、观点、方法，为把各种资源应用于项目，实现项目的目标，对工程建设项目的投资决策、施工建设、交付使用及售后服务的全过程进行全面的管理。

根据管理主体、管理对象、管理范围的不同，工程项目管理可分为建设项目管理、设计项目管理、施工项目管理、咨询项目管理、监理项目管理等。

1）建设项目管理

建设项目管理是指由全权代表建设单位（业主）的工程项目经理或以工程项目经理为核心的项目经理部，为实现工程项目目标，对工程项目建设全过程进行的管理。

2）设计项目管理

设计项目管理是指由设计单位对所参与的工程项目的设计工作进行的管理。

3）施工项目管理

施工项目管理是指以施工项目经理为核心的项目经理部，对施工项目全过程进行的管理。

4）咨询项目管理

咨询项目管理是指由专职从事工程咨询的中介单位或组织，对已接受建设单位委托参与的工程建设的全部或部分活动进行的监督管理，其工作的本质是咨询服务。因此，可以称工程建设监理单位是一种特殊的工程咨询机构。

我国于 1988 年开始试行工程建设监理制，1996 年全面推行。这是我国工程建设管理与国际惯例接轨的一项重大举措。

2. 工程项目管理的工作内容

1）建设项目管理的工作内容

建设项目的建设过程包括决策立项、设计、实施和终结等几个阶段，其管理工作的内容如下：

（1）决策立项阶段的主要工作内容。

①项目建议书，是根据投资意向、市场研究和投资主体条件，由建设单位（业主）向国家提出建设某一工程项目的建议文件。在项目建设书中要阐明拟建项目的必要性和可能性，并对拟建项目轮廓性进行描述，提出的拟建项目必须符合国民经济长远规划，符合部门、行业和地区规划的要求。

②可行性研究，是在项目建议书被批准后，对工程项目在技术和经济上（包括微观效益和宏观效益）是否可行进行的科学分析和论证，是项目决策的依据。可行性研究的主要任务是通过多方案比较提出评价意见，推荐最佳方案。

③决策立项，是在可行性研究报告被批准后做出的正式立项决定。

（2）设计阶段的主要工作内容。

工程项目设计工作一般分两阶段进行，即初步设计和施工图设计。对于技术上比较复杂而缺乏设计经验的项目，应在初步设计和施工图设计之间增加技术设计（也称扩大初步设计）。

①初步设计，是根据可行性研究报告的要求，对拟建项目进行的实施方案设计，并同时编制项目总概算。

②技术设计，是在初步设计的基础上，根据更详细的调查资料来编制的，是进一步决定如工艺流程、建筑结构等重大技术问题的设计文件，同时要编制项目修正总概算。

③施工图设计，是在初步设计（或技术设计）被批准后，设计和绘制的具体、详细的可据以施工的图纸，并编制出施工图预算。

④编制招标文件，是在施工图设计完成后（或同时）编制的招标文件和标底，并要为工

程项目施工招标做好各项准备工作。

（3）实施阶段的主要工作内容。

①组织项目施工招标。按有关规定，通过招标形式优选施工单位，并与其签订工程承发包合同。

②做好建设准备。建设资金准备工作内容包括：a.征地、拆迁和场地平整；b.完成施工用水、电、道路等工程；c 由施工单位组织作业队伍，组织设备、材料订货等。具备开工条件后应及时提出开工报告。

③施工监督与控制。在建设施工过程中，严格按合同约定的质量、造价、工期要求监督控制工程项目施工全过程。

④生产准备。工业项目在建设施工的同时，就要进行生产准备，以保证项目一旦建设完毕就可及时投产，尽早发挥投资效益。生产准备工作内容包括：a.组建管理机构，制定各项规章制度；b.招收、培训生产人员，并组织生产人员参加设备的安装、调试和工程验收；c.签订原料、材料、协作产品、燃料、水、电等供应及运输的协议；d.进行工具、器具、备品、备件等制造或订货等。

（4）终结阶段的主要工作内容。

①竣工验收。工程项目建设完成后，一般首先要经过施工单位自检自评和预验收，确认工程质量已达到《建筑工程施工质量验收统一标准》和各专业相关验收规范以及工程合同的有关规定，工业项目经负荷试运转、试生产考核，能够生产出合格产品，符合计划要求与市场需要，非工业项目能够正常使用之后，提出竣工验收申请，再由建设、设计、施工和监理等单位联合检查并正式验收，最后由政府主管部门批准。

②编制竣工结（决）算。竣工结算是根据承发包合同中有关工程价款的规定，结清施工合同价款和在施工中发生的工程变更、索赔等事项的调整合同价款的经济文件，一般由施工单位编制，建设单位（或监理单位）审核批准。竣工决算是确定工程项目从筹建到竣工投产全过程的全部实际支出费用的经济文件，包括建筑工程费用、安装工程费用、设备工器具购置费用和其他费用等。

③资产核定。将全部建设投资形成的所有资产，根据其性质进行分类。编制交付使用财产总表和明细表。

④交付使用与后评估。完成全部工程建设工作内容后，将建设项目正式交付给使用单位。对于大型工业建设项目，一次性总验收和交付使用难度较大，可按单项工程组织分期、分批验收和交付使用，并在交付使用后的一定期限内对项目建设目标、项目运行情况、成本效益等各项技术经济指标进行后评估。

2）施工项目管理的工作内容

施工项目管理是指由施工单位对可能获得和已经获得的施工项目开展的工作。

施工项目管理的全过程包括项目承揽、施工准备、组织施工和竣工验收等几个阶段，各阶段的管理工作内容如下：

（1）项目承揽阶段的工作内容。

①获得施工项目信息和招标文件。通过各种公开的和不公开的信息渠道获得施工项目信息后，申请投标，领取（或购买）招标文件。

②研究招标文件，决定是否参加投标竞争。

③决定投标后，深入调查研究，收集资料，包括项目施工图纸，建设地区的自然条件和技术经济条件，施工现场条件，建设单位、设计单位、参与投标的其他施工单位的情况资料等。

④分析施工图纸和各种资料，进行项目施工估价。

⑤决定投标策略，编制投票文件。投标文件通常包括企业的基本概况、资质与能力，商务报价，项目管理规划大纲（或称施工组织设计）等内容。

⑥在规定的时限内投送投标文件。

⑦参加开标会议。若中标，则进行承包合同签订。

（2）施工准备阶段的工作内容。

①施工组织设计（或称施工项目管理实施规划）。首先根据项目实际需要和项目管理学原理，组建施工项目组织机构，制定各层次职能人员的工作职责与责任制度，以及施工项目总目标，然后编制施工组织设计，确定各主要分部分项工程、工种工程的技术方案与组织方案，编制施工进度计划、施工准备工作计划，规划施工现场等。

②优化配置施工项目生产力诸要素。施工项目生产力要素构成如图 1-4 所示。根据现代管理理论和最优化原理，将人、材料、机械、资金、技术、时间、空间、管理等各种生产力要素最优化地配置起来，制定出各种资源需用计划。

图 1-4　施工项目生产力构成要素图

③施工现场准备。例如，施工机械进场、安装与就位，各种作业场棚和现场办公室、宿舍、食堂、围墙等搭设，现场道路铺设，施工水电管网敷设，测量、观测控制网设置等。

④上述准备工作基本完毕后，提出开工报告。

（3）施工阶段的内容。

①利用项目管理的组织、指挥和协调等职能，按照施工组织设计组织各专业、各工种工人班组连续、均衡地综合施工。

②加强施工项目生产过程的进度、成本、质量、安全及环境的控制和管理，以保证项目目标的实现。

③做好工程记录和文档管理，如实反映施工项目质量、成本的形成过程和实际进度以及施工过程中出现的各种影响项目进度质量、成本变化的干扰因素，为工程结算、质量等级评定和投入使用后的管理、改造等提供可靠依据。

（4）竣工验收阶段的工作内容。

①做好扫尾工程和成品保护。项目扫尾工程往往需要大量琐碎、细致的作业，占用工时较多，工程项目还需进行设备试运转。这些工作如不抓紧进行，就有可能拖延项目交工期限。

同时在交工前，对已完工的工程部位要加强保护，防止损坏，以避免再次修补。

②整理、装订项目技术档案。项目技术档案分为交工档案和竣工档案两种。前者要递交建设单位和当地建设工程档案管理部门，后者由施工单位存档。

③项目总结。全面总结竣工项目施工过程的各项技术工作和组织管理工作，对项目各项技术经济指标进行分析，评项目各项目标实现程度，总结经验和教训，以利于不断提高项目管理和企业经营管理水平。

④交工后服务。在交付使用后的项目保修期内，施工单位有责任和义务对项目实施维护和保修。

在竣工验收阶段的竣工结算、质量评定、竣工验收和交付使用等工作内容与建设项目终结阶段的相应工作内容基本相同。建设项目与施工项目的阶段划分与管理工作内容如表1-3所示。

表1-3　建设项目与施工项目阶段划分与管理工作内容对照表

施工项目阶段	项目各阶段管理工作		建设项目阶段
	施工项目	建设项目	
		①提出项目建议书； ②可行性研究； ③决策立项	决策立项阶段
项目承揽阶段	①获得项目信息、招标文件； ②研究招标文件； ③项目调查； ④项目估价； ⑤编制投标文件； ⑥投标； ⑦合同谈判与签订	①项目设计； ②编制概预算； ③编制招标文件； ④施工招标准备	设计阶段
施工准备阶段	①编制施工组织设计； ②配置施工生产力要素； ③施工现场准备； ④提出开工报告	①施工招标； ②建设准备； ③施工监督、控制； ④生产准备	实施阶段
施工阶段	①组织综合施工； ②进度、成本、质量、安全、环境、控制； ③工程记录、文档管理		
竣工验收阶段	①项目扫尾、成品保护； ②质量评定； ③竣工结算； ④文档整理、装订； ⑤竣工验收、交付使用； ⑥项目总结； ⑦交工后服务	①竣工验收； ②质量评定； ③竣工结（决）算； ④资产核定； ⑤交付使用； ⑥后评估	终结阶段

2.3 工程项目管理的任务和流程

2.3.1 工程项目管理的主要任务

工程项目管理要实现工程项目的全过程管理，以便能够在约束条件下实现项目的目标。不同类型的项目具体的管理任务也不同，目前通信类工程项目管理的任务主要包括：造价控制、进度控制、质量控制、安全管理、合同管理、信息管理、协调，即“三控三管一协调”。

2.3.2 工程项目管理流程

工程项目管理的一般流程如图 1-5 所示。

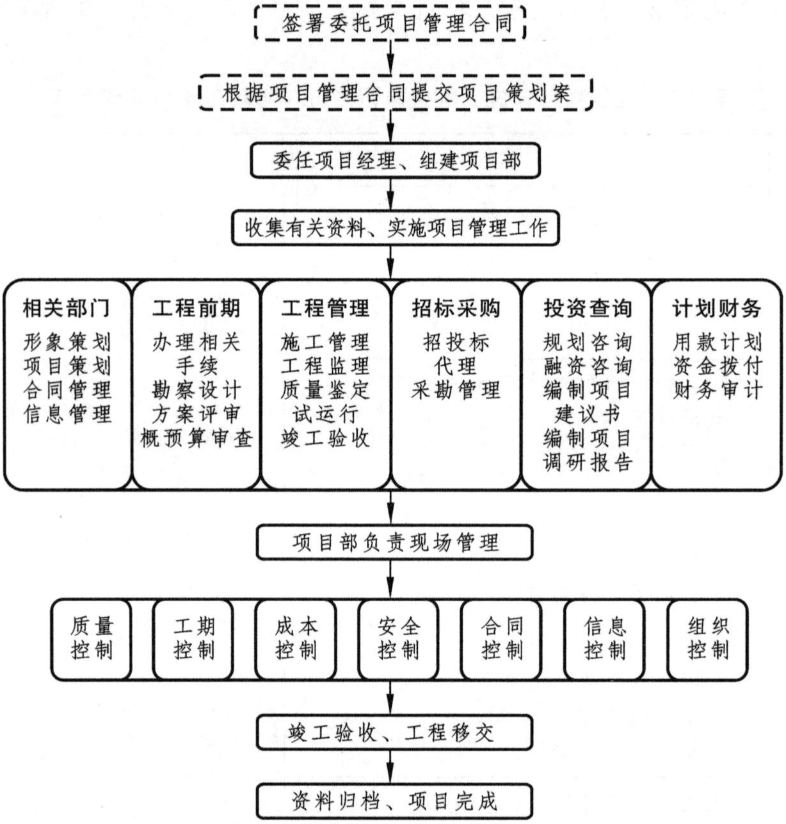

图 1-5　工程项目管理流程图

注：图虚线框不是必须。

2.4 工程项目控制

2.4.1 工程项目控制的概念

1. 控制的概念

控制是指在实现行为对象目标的过程中，行为主体按预定的计划实施，在实施的过程中会遇到各种因素的干扰，行为主体通过检查收集到的实施状态的信息，将其与原计划进行比较，发现偏差，并采取措施纠正这些偏差，从而保证计划正常实施，达到预定目标的全过程。

2. 工程项目控制内容

工程项目控制的行为主体是建设单位，控制的行为对象目标是在立项时确定的项目总投资限额，在建设周期内完成符合预期的使用功能要求和工程实体质量标准的工程项目。工程项目的控制目标有质量目标、成本（投资）目标和进度（工期）目标。

3. 施工项目控制内容

施工项目控制的行为主体是施工单位，控制的行为对象目标是在施工合同中规定的工期内，完成工程承包任务，工程质量达到预期标准，实际施工成本支出不突破承包成本。

施工项目的控制目标有质量目标、成本目标、进度目标以及安全和环境目标等。施工项目的控制目标是以工程项目控制目标为前提的，实际上是工程项目在实施阶段（施工阶段）的控制目标。不过是由于控制行为主体不同，其控制的着眼点、采取的方法和手段会有所不同。

2.4.2 工程项目的质量、投资（成本）、进度控制目标的关系

质量、投资（成本）、进度三大目标控制构成了工程项目的控制目标系统。这 3 项控制目标存在着既对立又统一的关系，如图 1-6 所示。

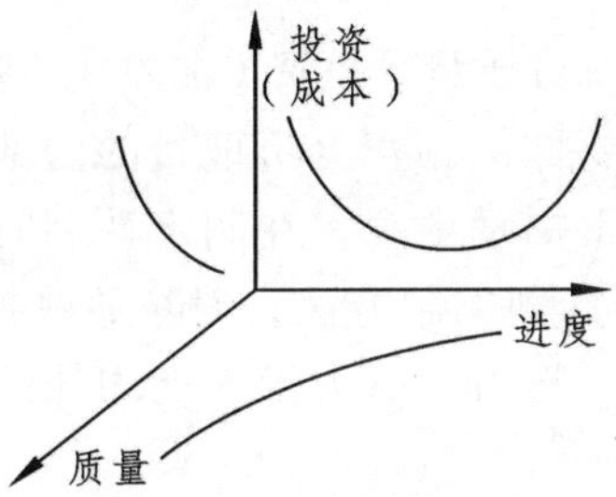

图 1-6　质量、投资（成本）、进度的关系

1. 三项控制目标之间的对立关系

工程项目三项控制目标间存在着矛盾和对立的关系。例如，通常情况下，如果业主对工程项目的使用功能、安全、美观等质量方面有较高的要求，那么就要投入较多的资金和较长的建设时间；如果要在尽可能短的时间内完成工程项目，把工期目标定得很高，那么投资就要提高，质量有可能降低；如果要减少投资，势必要考虑降低对工程质量和工期的要求。

2. 三项控制目标之间的统一关系

工程项目三项控制目标之间还存在着统一的关系。例如，适当增加投资，为采取加快进度措施和严格项目质量控制提供经济条件，就可以加快项目建设速度，缩短工期，早日建成质量有保证的项目，提前投入使用，尽早发挥投资效益，工程项目的全寿命经济效益就会得到提高。适当提高项目使用功能要求和质量标准，虽然会造成一次性投资的增加和工期的延长，但能够节约项目投入使用后的经费和维修费，降低产品成本，从而获得更好的投资效益。如果项目进度计划制定得既可行又优化，使工程进度具有连续性、均衡性，则不但可以使工期得以缩短，而且有可能获得较好质量和较低费用。

明确项目质量、投资（成本）、进度三项控制目标之间的相互关系，就能正确地进行工程项目和施工项目的目标控制工作。

2.4.3 工程项目控制程序与措施

1. 工程项目控制程序

工程项目控制是在事先制定的项目计划基础上进行的。在项目开始实施后要按计划投入人力、材料、机具、设备和方法等生产力要素，随着项目进展，不断获得实际进展情况，并将其与原计划相比，一旦出现偏差，就要采取措施，或对投入要素、或对原计划进行调整后继续实施。工程项目控制程序如图 1-7 所示。

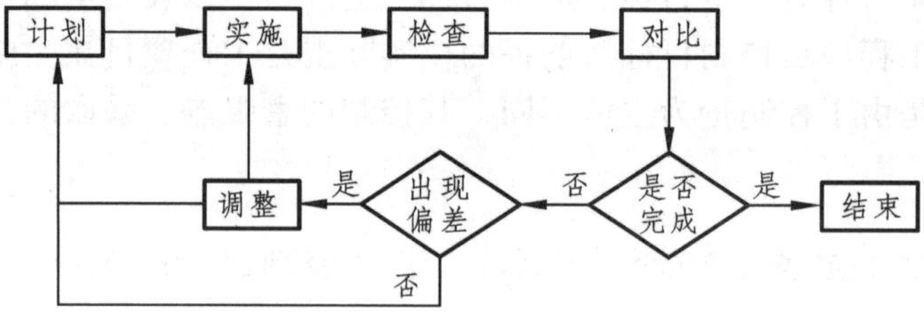

图 1-7　工程项目控制程序

1）计划

制定项目计划时，首先要将项目质量、投资（成本）、进度控制的总目标分解为各个阶段各项工作的分目标、子目标，还要详细调查分析项目的内部、外部约束条件，努力将各种影响目标实现和计划执行的潜在因素揭示出来，在制定计划时对各种风险给予充分考虑，做到计划“留有余地”，并采取科学的计划编制方法，消除那些技术上、经济上、财务上的各种隐患，制定出在时间、空间、人力、物力、财力投入上均佳的计划方案。

2）实施

在计划实施之前和实施过程中，要高质量地做好组织工作，把目标控制任务与管理职能落实到适当的部门和人员，使项目各职能部门和人员自觉执行计划，保证及时按计划投入各种生产力要素。

3）检查

在计划实施过程中，及时跟踪检查，收集能够真实反映工程实际情况的各种数据。

4）对比

将收集到的各种实际数据进行加工、分类、整理，并与原计划相比较，以确定是否出现偏离。如果出现了偏离，还要进一步分析该偏离值是否超过了允许范围。对于未出现偏离和出现未超过允许范围的偏离，均可视为实施状态正常，没有出现偏差；而对于出现了超过允许范围的偏离，应确定为出现了偏差。

5）调整

对于出现了偏差的情况，还要进一步分析该偏差能否在原计划不变的情况下，通过调整人力、物力、财力等生产力要素投入的方式和数量，在一定期限内使偏差得到纠正，恢复正常；否则就要根据实际情况调整原计划，甚至当项目原定目标无法实现时，还要修订原目标。

总之，项目控制是一个不断反复循环进行的过程。每一次循环结束，都使项目呈现一种新的状态，甚至整个项目全部完成，控制过程才宣告结束。

2. 工程项目控制措施

为了取得目标控制的理想效果，应当从多方面采取措施对项目实施有效控制。通常可以将这些控制措施归纳为组织措施、技术措施、经济措施和合同措施等。

1）组织措施

项目组织是项目管理工作的载体，是项目目标控制的依托，是控制力的源泉。组织措施在制定目标、协调目标的实现、目标检查等环节中都可以发挥十分活跃的能动作用。

2）技术措施

工程项目目标控制中所用的技术措施有两类：一类是硬技术，即工艺（作业）技术；另一类是软技术，即管理技术。管理技术在项目目标控制中尤其要引起高度重视。

3）经济措施

经济措施是项目管理的保证，是目标控制的基础。目标控制中的资源配置和动态管理，劳动力分配和物质激励，都对目标控制产生积极的作用。

4）合同措施

工程项目建设的设计、施工、材料设备供应单位是根据签订的工程合同参与工程项目建设活动的。在工程合同中明确工程项目的控制目标，对于有效控制工程项目质量、投资、进度是十分重要的。

2.5 项目管理范围

2.5.1 项目范围的概念

项目范围（Project Scope）是指为了成功地实现项目目标所必须完成的全部并且最少的工作。

全部——指实现该项目目标所进行的“所有工作”，任何工作都不能遗漏，否则将会导致项目范围“萎缩”（Project Scope Shrink）。

最少——是指完成该项目目标所规定的“必要的、最少量”的工作，工作范围不包括那些超出项目可交付成果需求的多余工作，否则将导致项目范围“蔓延”（Project Scope Creep）。

在项目管理领域里，有两个不同的范围概念：产品范围和项目范围。

1. 产品范围（Product Scope）

产品范围即确定客户对项目最终产品或服务所期望包含的功能和特征的总和，以产品需求作为衡量标准。

2. 项目范围（Work Scope）

项目范围是为了交付满足产品范围要求的产品或服务所应做和必须做的工作，以项目管理计划是否完成作为衡量标准。

2.5.2 项目范围管理

1. 项目范围管理概述

项目范围管理（Project Scope Management）包括确保项目做且只做成功而完成项目所需

的全部工作的各过程。项目范围管理主要在于定义和控制哪些工作应包括在项目内，哪些不应包括在项目内，包括确保项目能够按要求的范围完成所涉及的所有过程，实质上是一种功能管理。

2. 项目范围管理的内涵

指项目的“产品范围”和项目的“工作范围”，二者的集成能保障项目目标的实现。

3. 项目范围管理的作用

项目范围管理是项目能否成功的决定性因素,项目经理与客户在组织内界定项目范围时，还必须同时确定项目的假设、限制条件以及排除事项，也就是通常所说的“是什么，不是什么”的问题。项目范围管理在项目管理中具有十分重要的作用：

（1）为项目实施提供产出物和工作范围的框架。

（2）项目范围是确定项目费用、时间和资源计划的前提条件和基准，提高费用、时间、人力和其他资源估算的准确性。

（3）确定进度测量和控制的基准，为项目实施的有效控制提供依据和标准。

（4）明确项目责任，对项目承担者进行考核和评价。

（5）为项目的管理终结和最终成果交付提供清单。

4. 项目范围管理的主要工作

项目范围管理的主要工作概述了项目范围管理的各个过程，包括：

（1）收集需求。为实现项目目标而定义并记录干系人需求的过程，及将满足客户需求和预期的项目或产品的特征及功能确定并记录的过程。

（2）项目范围定义。制定项目和产品详细描述的过程，即制定项目范围管理计划。如何确定核实范围和控制项目范围以及如何建立和制作工作分解结构所必需的过程。

（3）创建工作分解结构（WBS）。将项目可交付成果和项目工作分解为较小的、更易于管理的组成部分的过程。

（4）项目范围确认。正式验收项目已完成的可交付成果的过程。

（5）项目范围控制。监督项目和产品的范围状态、管理范围基准变更的过程。

2.5.3 范围变更控制

影响项目范围变更的因素主要包括以下 5 个方面：

（1）项目要求发生变化。

（2）工艺技术的变化。

（3）人员变化。

（4）项目设计变化。

（5）经营环境的变化。

针对影响项目范围变更的因素，进行范围变更控制时，要以工作分解结构、项目绩效报告、来自项目内外的变更请求和范围管理计划为依据，利用范围变更控制系统、绩效测量和补充计划编制作为变更控制的工具。

1. 项目范围修改

修改项目范围时应遵循的系列程序和方法，主要包括：

（1）文档工作。

（2）项目实施跟踪系统。

（3）多种项目范围变更审批的处理。

2. 范围变更分析

在项目实施过程中，若项目范围发生变更，会对其他各个方面都产生一定的影响。变更发生以后，要分析引起范围变更的因素，根据其所造成的影响适当调整原有的项目计划，出现偏差时采取对应的纠正措施使项目回到正常轨道上来。

3. 项目范围管理计划的更新

项目范围管理计划的更新调整包括以下几种情况：

（1）重新设计项目范围管理计划。

（2）重新安排项目进度。

（3）重新分配资源。

4. 项目范围变更

1）项目范围变更的概念

项目范围变更是指项目干系人常常由于项目环境或其他各种原因要求对项目的范围基准进行修改，甚至是重新计划。

对项目范围变更的控制与管理是项目管理控制的重点工作之一。

2）项目变化

项目的变化主要是指项目的目标、项目的范围、项目的要求、内部环境以及项目的技术质量指标等偏离原来确定的项目计划。

3）项目范围变更控制

项目范围变更控制是指为使项目向着有利于项目目标实现的方向发展而变动和调整某些方面因素引起项目范围发生变化的过程。

项目范围变更控制关心的是对造成项目范围变更的因素施加影响，并控制这些变更造成的后果，确保所有请求的变更与推荐的纠正，通过项目整体变更控制过程进行处理。

4）项目范围变更的原因

（1）项目的外部环境发生变化，如政府的有关规定发生变化。

（2）在项目范围计划或定义时出现错误或遗漏。

（3）项目团队提出了新的技术、手段或方案。

（4）项目实施的组织本身发生了变化。

（5）客户对项目或项目产品的要求发生变化。

2.5.4 项目范围控制

1. 项目范围控制概念

项目范围控制（Project Scope Control）是指当项目范围发生变化时对其采取纠正措施的

过程，以及为使项目向着目标方向发展而对某些因素进行调整所引起的项目范围变化的过程。内容包括：

（1）保障和开展项目范围的实施和控制。

（2）开展项目范围变更的实施和控制。

（3）对客观实际发生的项目范围变动的控制。

（4）对主观提出的项目变更请求的管理和控制。

2. 项目范围控制工作

（1）事前控制：管理和控制能引起项目范围变更的主要因素和条件。

（2）事中控制：分析和确认变更请求的合理性和可行性、变更是否已经实际发生及其风险和影响，对变更进行严格的控制。

2.5.5 项目范围控制的方法和技术

1. 变更控制系统

范围变更控制系统定义项目范围变更的有关程序，包括文档工作、跟踪系统及对于授权变更所需要的批准层次等。其在项目管理计划中给出，包括项目范围变更控制的基本程序和方法、责任划分和授权、文档化管理、跟踪监督、变更请求的审批层次等，是项目控制系统的一部分，如果项目按合同实施，则该系统必须符合合同条款。

2. 配置管理系统

项目集成管理系统的一个组成部分，根据配置关系，实现项目范围和个要素的集成控制与管理。

3. 偏差分析

识别、分析和度量已发生的项目的变动及其原因，决策是否对这项变动或差异采取行动，出现偏差后应缩短度量周期。根据范围基准和项目绩效的比较来评估变更的程度，用于帮助评估发生偏差的程度。

4. 再编项目计划

对原有项目范围管理的各种计划文件进行必要的修改和更新或重新分析和制定新的项目范围计划，方法包括追加计划法（adding）、全面更新法（updating）、重新修订法（revising）。注意同时重新修订项目集成计划和其他专项计划。

2.5.6 项目范围变更的纠正措施

（1）分析和确定影响项目范围变动的因素和环境条件。

（2）管理和控制那些能够引起项目范围变动的因素和条件。

（3）分析和确认各方面提出的项目变动要求的合理性和可行性。

（4）分析和确认项目范围变动是否已实际发生，以及这些变动的风险和内容。

（5）当项目范围发生变动时，对其进行管理和控制，设法使这些变动朝有益的方向发展，努力消除项目范围变动的不利影响。

2.6 信息通信建设工程项目管理的发展历程

有建设就有项目，有项目就有项目管理。实践证明，实行项目管理的通信工程，在安全控制、投资控制、质量控制和进度控制等多方面可以收到良好的效果，能使综合效益得到极大提高。

项目管理的发展可分为传统项目管理和现代项目管理两个阶段。传统项目管理阶段是从20世纪40年代到70年代，其关注重点是项目的范围、费用、时间、质量和采购等方面的管理。

现代项目管理阶段开始于20世纪70年代，这一阶段更加重视人力资源、沟通、风险和整体管理。1987年美国项目管理协会出版《项目管理知识体系指南》（PMBOK），成为现代项目管理形成的里程碑。

我国建设工程项目管理的发展历程：

（1）我国从20世纪80年代初期开始引进建设工程项目管理的概念。

（2）我国于1983年由原国家计划委员会提出推行项目前期项目经理负责制。

（3）1995年，原建设部颁发了《建筑施工企业项目经理资质管理办法》，推行项目经理负责制。

（4）2002年，原人事部和原建设部颁布了《建造师执业资格制度暂行规定》（人发[2002]14号）的通知。

（5）2003年，原建设部发出《关于建筑业企业项目经理资质管理制度向建造师执业资格制度过渡有关问题的通知》（建市[2003]86号）。

（6）2004年，原人事部与国家发展和改革委员会颁布了《关于印发（投资建设项目管理师执业水平认证制度暂行规定）和（投资建设项目管理师职业水平考试实施办法）的通知》（国人部发[2004]110号）。

（7）2006年6月发布了《建设工程项目管理规范》GB/T50326-2006。

《国务院办公厅关于促进建筑业持续健康发展的意见》（国办发[2017]19号）在完善工程建设组织模式中指出：“培育全过程工程咨询。鼓励投资咨询、勘察、设计、监理、招标代理、造价等企业采取联合经营、并购重组等方式发展全过程咨询，培育一批具有国际水平的全过程工程咨询企业。”

任务 3 信息通信建设工程项目组织与协调管理

知识要点

信息通信建设工程项目组织概述；
建设项目管理的组织形式；
施工项目管理的组织形式；
项目经理；
项目经理部；
项目组织协调与沟通管理。

重点难点

信息通信建设工程项目组织形式及建立原则；
项目经理职责及要求；
项目经理部职责；
项目组织协调与沟通管理。

【相关知识阐述】

3.1 信息通信建设工程项目组织概述

3.1.1 工程项目组织概念

1. 组织

企业的组织形式是指企业财产及其社会化大生产的组织状态，它表明一个企业的财产构成、内部分工协作与外部社会经济联系的方式。项目组织（Project Organization）是指那些一切工作都围绕项目进行，通过项目创造价值并达成自身战略目标的组织，包括企业、企业内部的部门或其他类似的机构。这里所谓的项目型组织，不同于我们日常所说的项目部，它是指一种专门的组织结构。

在一个持续经营的企业中，往往同时存在着运行管理（Operation Management）和项目管理（Project Management）两种主要的管理模式，一些经营管理活动经常采用项目的方式来实现，因此项目管理本身的组织管理方式必然要受到企业的组织结构的影响，不同的企业组织结构、不同的项目组织方式在项目管理上都有不同的特点。

2. 工程项目组织

工程项目组织是指工程项目的参加者、合作者为了最优化实现项目的目标对所需资源进行合理配置，按一定的规划或规律构成的整体，是工程项目的行为主体构成的系统，是一种一次性、临时性组织机构。

组织职能是为实现组织目标，对每个组织成员规定及在工作中形成的合理的分工协作关系。对工程项目来说，其就是通过建立以项目经理为中心的组织保证系统来确保项目目标的实现。

3. 组织论和组织工具

组织论是一门学科，它主要研究系统的组织结构模式、组织分工和工作流程组织，如图1-8所示。它是与项目管理学相关的一门非常重要的基础理论学科。

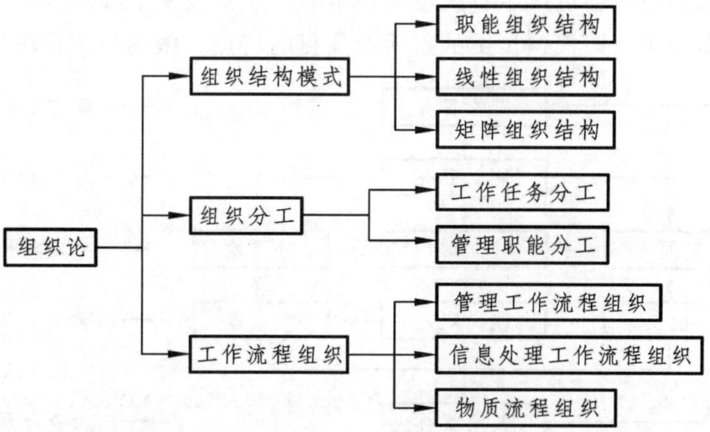

图 1-8　组织论的基本内容

组织结构模式反映了一个组织系统中各子系统之间或各元素（各工作部门或各管理人员）之间的指令关系。指令关系指的是哪一个工作部门或哪一位管理人员可以对哪一个工作部门或哪一位管理人员下达工作指令。

组织分工反映了一个组织系统中各子系统或各元素的工作任务分工和管理职能分工。

组织结构模式和组织分工都是一种相对静态的组织关系。

工作流程组织则可反映一个组织系统中各项工作之间的逻辑关系，是一种动态关系。图1-8所示的物质流程组织对于建设工程项目而言，指的是项目实施任务的工作流程组织，如：设计的工作流程组织可以是方案设计、初步设计、技术设计、施工图设计，也可以是方案设计、初步设计（扩大初步设计）、施工图设计；施工作业也有多个可能的工作流程。

组织工具是组织论的应用手段，用图或表等形式表示各种组织关系，它包括：

（1）项目结构图。

（2）组织结构图（管理组织结构图）。

（3）工作任务分工表。

（4）管理职能分工表。

（5）工作流程图等。

3.1.2 工程项目的组织机构

1. 工程项目管理组织机构的组建原则

设置工程项目管理的组织机构时，应包括确立目标、工作划分、确定机构及职责、确定人员及职权、检查与反馈以及未来的机构运行等环节，如图 1-9 所示。

在设置工程项目管理的组织机构时，应当遵循以下原则：

（1）目的性原则。即根据工程项目的规模、特点及要求，明确工程项目管理的最终目标。

（2）精干高效原则。即在履行必要职能的前提下，尽量简化机构、因事设人、以责定权。

（3）管理跨度适中原则。即一个主管直接领导的下发人员数量应当适中，如果直接领导的下属人员数量过多可能会造成主管人员应接不暇，工作效率下降。

（4）分工协作原则。即根据员工的素质及项目的特点，做到分工合理、协作明确。

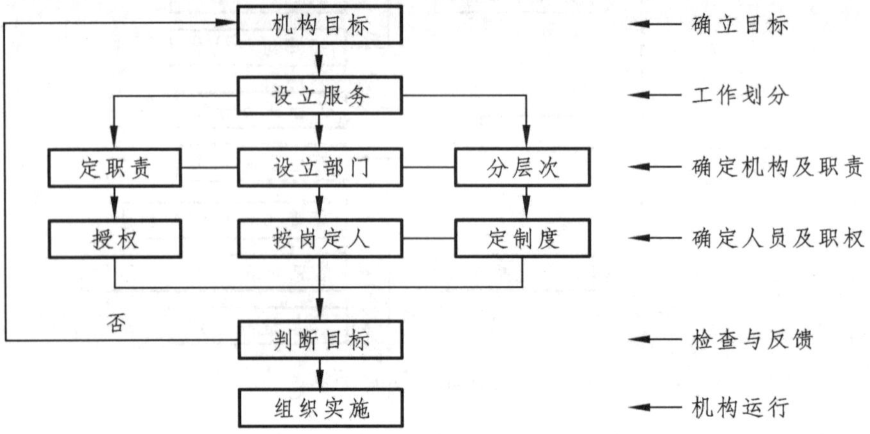

图 1-9 工程项目管理组织机构设置程序

（5）分层统一原则。即建立一条连续的等级链，实现命令统一。

（6）责、权、利相结合原则。即有职有责、责任明确、权力恰当、利益合理。

（7）相对稳定原则。既要注意机构稳定，还需根据项目内部、外部环境条件的变化，按照弹性、流动性的要求适时调整工程项目管理的组织机构。

（8）执行与监督分设原则。即工程项目管理机构除接受企业（母公司）的监督外，其内部的质量监督、安全监督等应与施工部门分开设置。

3.1.3 项目组织机构设置的程序

项目组织机构设置不仅要遵循一定原则，还要按照一定程序，如图 1-10 所示。

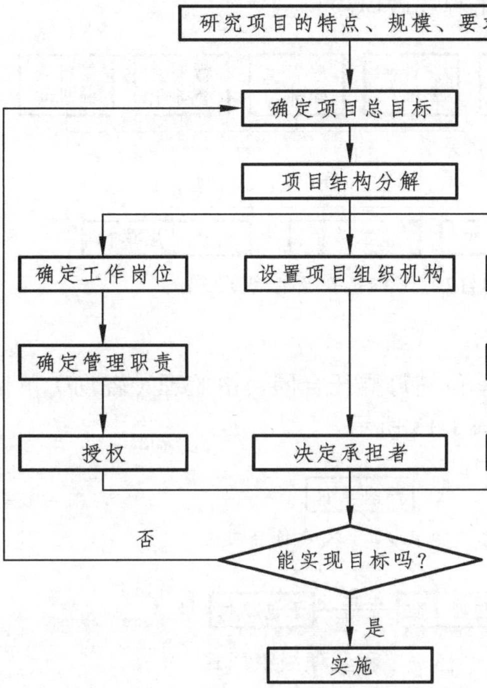

图 1-10　组织机构设置程序图

3.2 建设项目管理的组织形式

建设单位（业主）在实施工程项目管理过程中，可采用的组织形式主要有以下 5 种。

1. 建设单位自管

建设单位自己组建项目管理机构，负责建设资金的使用，办理前期手续，组织勘查设计、材料设备采购、工程施工的招标与管理及工程竣工验收等全部工作，有的建设单位还自行组织工程设计、施工等。其组织形式如图 1-11 所示。

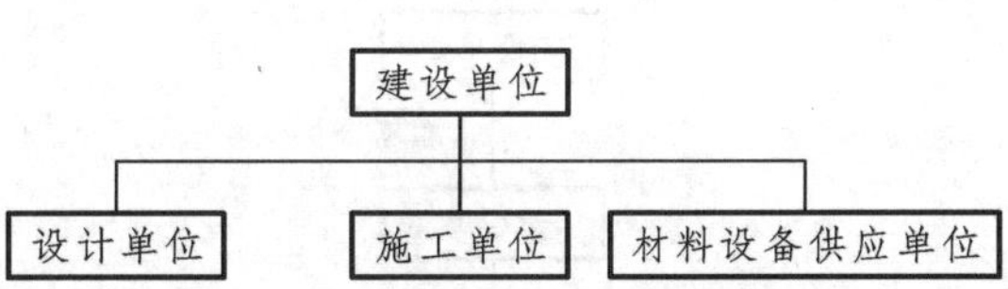

图 1-11　建设单位自管组织形式

在建设单位自管形式中，项目管理与建设单位是一套班子，可以统一领导。但组织管理机构往往因其为临时机构都不健全，管理人员一般因是非专职从事项目管理人员而经验不足，不利于实现项目管理的专业化、社会化。这种方式主要适用于小规模的工程项目。

2. 工程指挥部

工程指挥部由参与工程项目建设有关各方的代表组成。它不是一个经济实体，通常与政府主管部门或建设单位实行投资（预算）包干。其组织形式如图 1-12 所示。

工程指挥部形式可以较好地发挥参建各方的积极作用，但其机构松散、缺乏层次、责任不清、信息渠道不畅。常用于重点工程或政府项目。

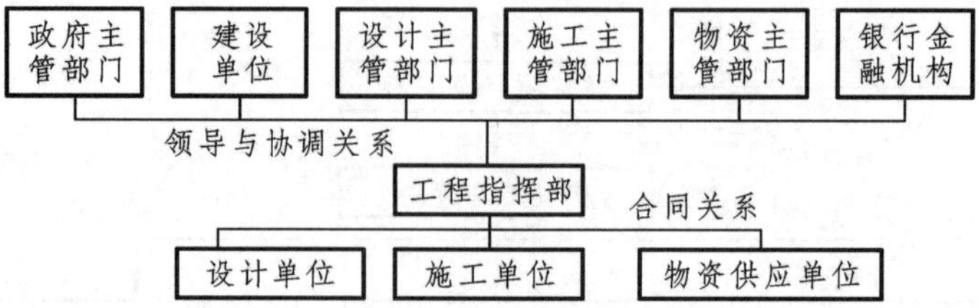

图 1-12　工程指挥部组织形式

3. 工程监理（咨询）

建设单位与工程监理（咨询）单位签订委托合同，由监理（咨询）单位代表建设单位对项目建设实施管理。其组织形式如图 1-13 所示。

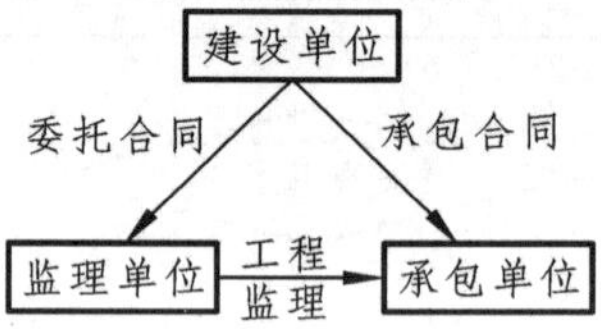

图 1-13　工程监理组织形式

工程监理（咨询）单位作为独立的第三方，接受建设单位的委托，对工程项目实施监督、管理、协调、控制。工程监理（咨询）形式实现了项目的所有权与管理权相分离，建设单位只需要对项目制定目标，提出要求，并负责最后的验收。它是国际工程中流行的项目管理形式之一。

4. 项目总承包

项目总承包，也称工程总承包，是由建设单位将工程项目的勘查设计、设备采购、工程施工等全部建设活动委托给一家具有相应资质的总承包单位负责组织实施，工程竣工验收合格后建设单位可以直接使用。其组织形式如图 1-14 所示。

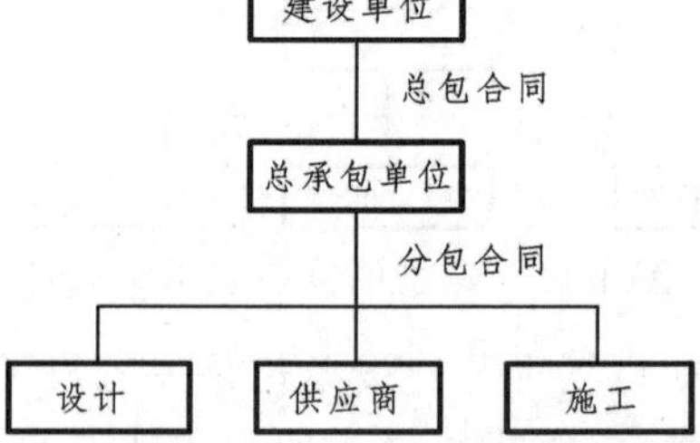

图 1-14　项目总承包组织形式

一般情况下，建设单位仅与总承包单位发生直接（合同）关系，双方职责明确，便于对工程项目实施有效的管理。项目总承包的具体方式又分为：①设计、采购、施工总承包（EPC）；②交钥匙总承包；③设计-施工总承包（E-C）；④设计-采购总承包（E-P）；⑤采购-施工总承包（P-C）；⑥特许经营总承包（BOT/PFI）等方式。

项目总承包是国内外建设工程中较为普遍的项目管理形式。

5. 项目托管

项目托管形式，又称工程项目代建制，是由建设单位将整个工程项目的全部工作（或者部分工作）委托给专门的项目管理公司，由项目管理公司代替业主从事工程项目建设管理。其组织形式如图 1-15 所示。

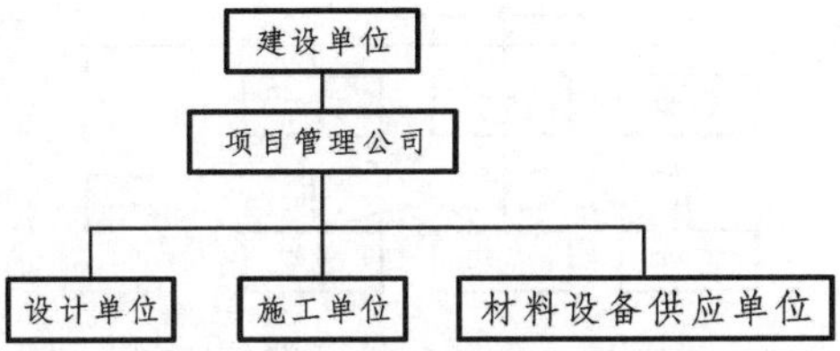

图 1-15　项目托管组织形式

项目托管的具体方式分为项目管理服务（PM）、项目管理承包（PMC）等方式。

项目托管与工程监理（咨询）、项目总承包有些相似，但项目管理公司主要负责管理工作，而且工程设计、施工单位也可以把它们承担任务范围内的组织管理工作委托给专门的项目管理公司去做。这种管理组织形式较好地发挥了专门从事项目管理的机构及其人员的作用，是国际上通行的项目管理方式之一。

3.3 施工项目管理的组织形式

3.3.1 施工项目管理的组织形式概述

施工单位在实施工程项目管理过程中，可采用的组织形式主要有以下 5 种。

1. 直线式组织形式

项目管理组织中的各种职能均按直线排列，项目经理直接进行单线垂直领导，任何一个下级只接受唯一上级的指令。其组织形式如图 1-16 所示。

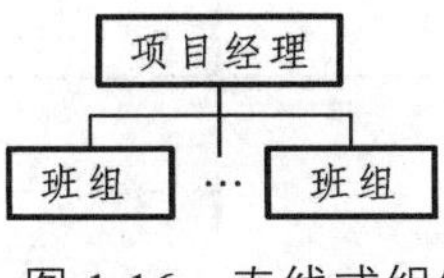

图 1-16　直线式组织形式

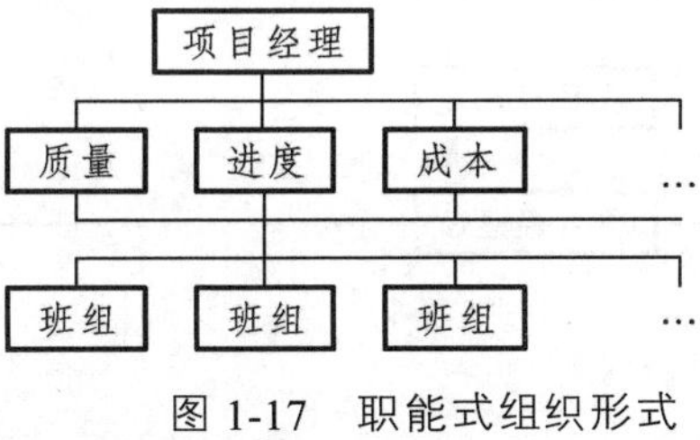

图 1-17　职能式组织形式

直线式组织形式的组织机构简单、隶属关系明确、权力集中、命令统一、职责分明、决策迅速，但对于项目经理的综合素质要求较高，因此比较适合于中小型项目。

2. 职能式组织形式

项目管理组织中设置若干职能部门，并且各个职能部门在其职能范围内有权直接指挥下级。其组织形式如图 1-17 所示。

职能式组织形式加强了项目管理目标控制的职能分工，充分发挥了职能机构的专业管理作用，但容易产生矛盾的指令，因此在项目管理中应用较少。

3. 直线职能式组织形式

项目管理组织呈直线状，并且设有职能部门或职能人员，其形式如图 1-18 所示。图中的实线为领导关系，虚线为指导关系。

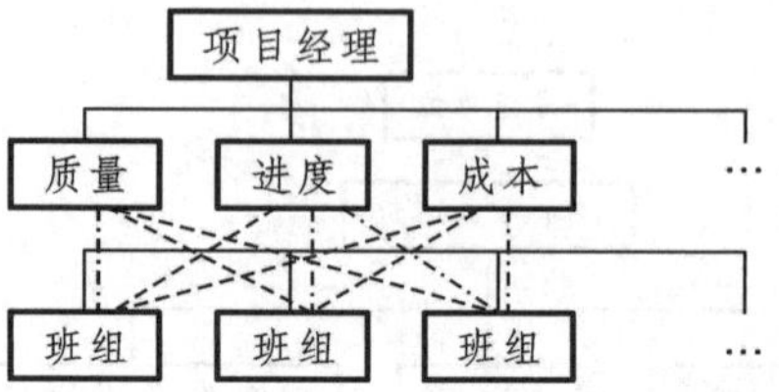

图 1-18　直线职能式组织形式

直线职能式组织形式既保持了直线式的统一指挥、职责明确等优点，又体现了职能式的目标管理专业化等优点。但职能部门可能与指挥部门产生矛盾，信息传递线路较长，主要适用于中小型项目。

4. 矩阵式组织形式

项目管理组织由公司职能、项目两套系统组成，并呈矩阵状。其中的项目管理人员由企业有关职能部门派出并进行业务指导，接受项目经理直接领导。其组织形式如图 1-19 所示。

矩阵式组织形式加强了各职能部门的横向联系，体现了职能原则与对象原则的有机结合，组织具有弹性，应变能力强。但纵向、横向的协调工作量大，可能产生矛盾指令，对于管理人员的素质要求较高。因此，主要适用于大型复杂项目或多个同时进行的项目。

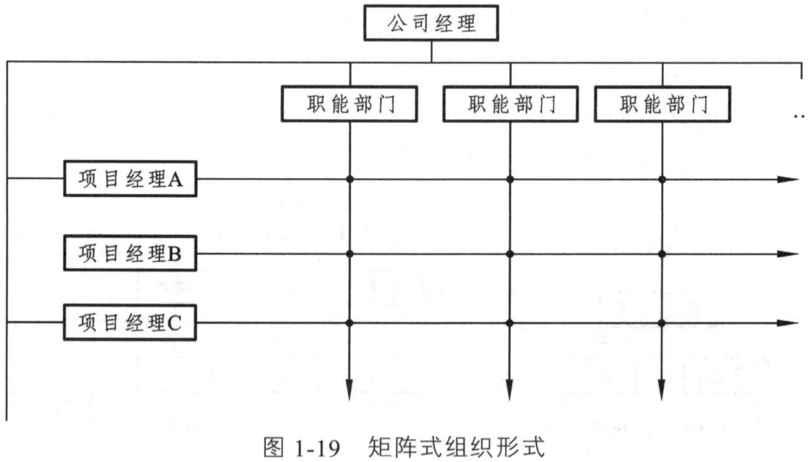

图 1-19　矩阵式组织形式

5. 事业部式组织形式

在企业内部按地区或工程类型而设立事业部，对内是一个部门，对外则是一个具有法人资格的项目管理组织。其组织形式如图 1-20 所示。

事业部式组织形式有利于延伸企业的经营职能，提高企业应变能力。但要求企业具有较强的约束机制和综合管理能力。因此，主要适用于大型施工企业在一个地区有长期的市场或拥有多种专业施工能力。

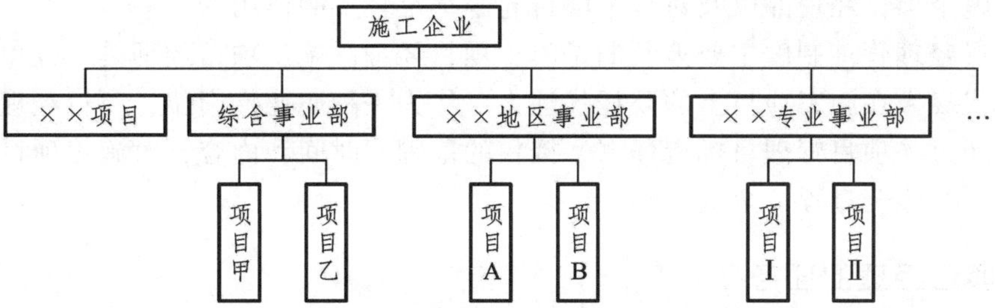

图 1-20　事业部式组织形式

3.3.2 施工项目管理组织形式的选择

一般来讲，施工项目的管理通常具有以下特点：

（1）一次性，即项目竣工，则机构解体。

（2）责任、目标的明确性。

（3）系统性，以便完成项目所有的工作。

（4）弹性和可变性，即随着项目的进展与变化而适时调整。

（5）内外部关系的复杂性。

（6）组织形式的多样性等。

施工企业在选择项目管理的组织形式时，应考虑项目的规模、业务范围、复杂性等因素，分析建设单位对项目的要求、标准规范、合同条件等情况。而且必须结合企业的类型、员工的素质、管理水平以及企业的任务、环境条件、工作基础等，选择最适宜的项目管理组织形式。施工企业可以按照下列思路选择项目管理组织形式：

（1）人员素质高，管理基础强，可以承担复杂项目的大型综合企业，宜采用矩阵式、事业部式组织形式。

（2）简单项目、小型项目、承包单一的项目，宜采用直线职能式或直线式组织形式。

（3）在同一企业内部，可以根据具体情况将几种不同的组织形式结合使用，如事业部式与矩阵式、直线职能式与事业部式，但不能将职能式与矩阵式混用，以免造成混乱。

3.4 项目经理

3.4.1 项目经理的概念

建设工程项目经理是指受企业法人代表人委托对工程项目施工过程全面负责的项目管理者，是企业法定代表在工程项目上的全权代表人。

项目经理，从职业角度方面来看，是指企业建立以项目经理责任制为核心，为对项目实行质量、安全、进度、成本管理的责任保证体系和全面提高项目管理水平设立的重要管理岗位。项目经理是为项目的成功策划和执行负总责的人。项目经理是项目团队的领导者，其首要职责是在预算范围内按时优质地领导项目小组完成全部项目工作内容，并使客户满意。

在企业内部，项目经理是项目实施全过程全部工作的总负责人，对外可以作为企业法人的代表在授权范围内负责，处理各项事务，这就决定了项目经理在项目管理中的中心地位，项目经理对整个项目经理部以及对整个项目起着举足轻重的作用。

我国项目经理管理制度主要涉及的是施工项目经理。施工项目经理是工程项目施工承包单位的法定代表人在施工项目上的委托代理人，作为一种职业性岗位，项目经理应根据企业法定代表人通过《项目管理目标责任书》授权的范围、时间和内容，对施工项目自开工准备至竣工验收，实施全过程、全面管理。

3.4.2 项目经理的任务

项目管理目标责任书是企业法定代表人与项目经理根据施工合同和经营管理目标要求而签订的，明确规定项目经理部应当达到的成本、质量、进度和安全等控制目标的管理责任文件。一般包括以下内容：

（1）企业各业务职能部门与项目经理部之间的关系。

（2）项目经理部使用作业队伍的方式，项目所需材料，机械设备的供应方式。

（3）项目应达到的进度目标、质量目标、安全目标和成本目标等。

（4）在企业制度规定以外的、由法定代表人向项目经理委托的事项。

（5）企业对项目经理部人员进行奖惩的依据、标准、办法及应承担的风险。

（6）项目经理解职和项目经理部解体的条件及方法。

项目经理的任务因项目管理目标责任书中的项目管理目标而异。一般包括以下内容：

（1）确定项目管理组织机构并配备相应人员，组建项目经理部。

（2）制定岗位责任制等各项规章制度，以有序地组织项目、开展工作。

（3）制定项目管理总目标、阶段性目标以及总体控制计划，并实施控制，保证项目管理目标的全面实现。

（4）及时准确地做出项目管理决策，严格管理，保证合同的顺利实施。

（5）协调项目组织内部及外部各方面关系，并代表企业法人在授权范围内进行有关签证。

（6）建立完善的内部和外部信息管理系统，确保信息畅通无阻，工作高效进行。

3.4.3 项目经理的素质

1. 品德素质

项目经理应当遵守国家的法律法规，服从企业的领导和监督；具有高度的事业心和责任感，坚韧不拔，开拓进取；具有良好的道德品质和团队意识，诚实守信，公道正直，以身作则，正确处理各方利益关系等。

2. 能力素质

项目经理应具有符合施工项目管理要求的能力素质，包括基本能力、领导能力两个方面。前者包括观察能力、记忆能力、整体能力、思维能力、预见能力等；后者包括策划决策能力、组织协调能力、人际交往能力、灵活应变能力、发展创新能力等。

3. 知识素质

项目经理应当接受过良好的教育，具有大中专或以上学历及相应的执业和岗位资格证书，并在工作中注意更新知识、不断提高，进而具有承担施工项目管理任务所必需的专业技术、经济、管理、法律法规、合同、造价、财会、电子商务等基本知识。

4. 身体素质

工程项目现场繁重的管理任务、艰苦的工作与生活条件，要求项目经理必须具有健康的身体、充沛的精力、宽阔的心胸、坚强的意志。

5. 实践经验

项目管理过程中存在大量的不确定性因素，以及可能遇到的各种实际、复杂问题，要求项目经理必须具有相应的施工项目管理经验以及必要的业绩。

3.4.4 项目经理的责、权、利

根据均衡、对等的原则，确定项目经理的责、权、利，是为了确定其职责，并为其履行职责、获得利益创造必要的条件。

1. 项目经理的责任

项目经理应当履行下列职责：

（1）代表企业实施施工项目管理，贯彻执行国家法律、法规、方针、政策和强制性标准，执行企业的管理制度，维护企业的合法权益。

（2）履行“项目管理目标责任书”规定的任务。

（3）组织编制项目管理实施规划。

（4）对进入现场的生产要素进行优化配置和动态管理。

（5）建立质量管理、安全和环境管理体系并组织实施。

（6）在授权范围内负责与企业管理层、劳务作业层、各协作单位、发包人、分包人和监理工程师等的协调，解决项目中出现的问题。

（7）按“项目管理目标责任书”处理项目经理部与国家、企业、分包单位以及职工之间的利益分配。

（8）进行现场文明施工管理，发现和处理突发事件。

（9）参与工程竣工验收，准备结算资料和分析总结，接受审计。

（10）处理项目经理部的善后工作。

（11）协助企业进行项目检查、鉴定和评奖申报。

2. 项目经理的权力

施工企业对于项目经理的授权，应当根据管理的需要、项目的地域与环境、项目经理的综合素质与能力，实行有限授权。项目经理应当具有下列权力：

（1）参与企业进行的施工项目投标和签订施工合同。

（2）经授权组建项目经理部，确定项目经理部的组织结构，选择、聘任管理人员，确定管理人员的职责，并定期进行考核、评价和奖惩。

（3）在企业财务制度规定的范围内，根据企业法定代表人授权和施工项目管理的需要，决定资金投入和使用，决定项目经理部各类人员的计酬办法。

（4）在授权范围内，按物资采购程序性文件的规定，行使采购权。

（5）根据企业法定代表人授权或按照企业的规定，选择、使用作业队伍。

（6）主持项目经理部工作，制定施工项目的各项管理制度。

（7）根据企业法定代表人授权，协调、处理与施工项目管理有关的内部与外部事项。

3. 项目经理的利益

施工企业应当确立、维护项目经理的地位和正当权利，并做到分配合理、奖惩得当。一般来讲，项目经理应当享有以下利益：

（1）获得基本工资、岗位工资和绩效工资。

（2）除按项目管理目标责任书规定可获得的物质奖励外，还可获得表彰、记功、优秀项目经理等荣誉称号。

（3）经考核和审计，未完成项目管理目标责任书确定的项目管理责任目标或造成亏损的，应按其中有关条款承担责任，并接受经济或行政处罚。

3.4.5 项目经理的选配

世界各国对于项目经理（建造师）的任职条件要求虽然有所不同，但都普遍实行持证上岗制度，主要强调其知识和经验两个方面。

1. 项目经理的申请与考核

根据《建筑施工企业项目经理资质管理办法》的有关规定，我国项目经理的资质分为一、二、三、四级，其申请条件如下：

一级项目经理：担任过一个一级施工企业资质标准要求的工程项目，或两个二级施工企业资质标准要求的工程项目施工管理工作的主要负责人，并已取得国家认可的高级或中级专业技术职称者。

二级项目经理：担任过两个工程项目，其中至少一个为二级施工企业资质标准要求的工程项目施工管理工作的主要负责人，并已取得国家认可的中级或初级专业技术职称者。

三级项目经理：担任过两个工程项目，其中至少一个为三级施工企业资质标准要求的工程项目施工管理工作的主要负责人，并已取得国家认可的中级或初级专业技术职称者。

四级项目经理：担任过两个工程项目，其中至少一个为四级施工企业资质标准要求的工程项目施工管理工作的主要负责人，并已取得国家认可的初级专业技术职称者。

项目经理经过培训并考试合格后颁发项目培训合格证。再经过项目经理岗位工作实践后，达到项目经理资质申请条件者，由本人提出申请，经企业法定代表人签署意见，参加相应级别的项目资质考核。资质考核完成后，颁发相应等级的《施工企业项目经理资质证书》。

2. 建造师执业资格制度

根据中华人民共和国人事部、建设部《建造师执业资格制度暂行规定》（人发[2002]111号）的有关规定，国家对建设工程项目总承包和施工管理关键岗位的专业技术人员实行执业资格制度，纳入全国专业技术人员执业资格制度统一规划。建造师分为一级建造师和二级建造师，并主要担任建设工程项目施工的项目经理或从事其他施工活动的管理工作。

按规定，凡遵守国家法律、法规，具备下列条件之一者，可以申请参加一级建造师执业资格考试：

（1）取得工程类或工程经济类大学专科学历，工作满 6 年，其中从事建设工程项目施工管理工作满 4 年。

（2）取得工程类或工程经济类大学本科学历，工作满 4 年，其中从事建设工程项目施工管理工作满 3 年。

（3）取得工程类或工程经济类双学士学位或研究生班毕业，工作满 3 年，其中从事建设工程项目施工管理工作满 2 年。

（4）取得工程类或工程经济类硕士学位，工作满 2 年，其中从事建设工程项目施工管理工作满 1 年。

（5）取得工程类或工程经济类博士学位，从事建设工程项目施工管理工作满 1 年。

申请注册建造师资格的人员，必须同时具备以下条件：

（1）取得建造师执业资格证书。

（2）无犯罪记录。

（3）身体健康，能坚持在建造师岗位上工作。

（4）经所在单位考核合格。

其中，对一级建造师的执业技术能力要求应当包括：

（1）具有一定的工程技术、工程管理理论和相关经济理论水平，并具有丰富的施工管理专业知识。

（2）能够熟练掌握和运用与施工管理业务相关的法律、法规、工程建设强制性标准和行业管理的各项规定。

（3）具有丰富的施工管理实践经验和资历，有较强的施工组织能力，能保证工程质量和安全生产。

（4）具有一定的外语水平。

3. 我国项目经理的选配

我国从 2008 年开始，正式实施建造师执业资格制度，只有获得建造师执业资格的人，才能受聘到项目经理岗位。

项目经理只宜担任一个施工项目的管理工作，当其负责管理的施工项目临近竣工且经单位同意，才可以兼任另一项工程的项目管理工作。因此，企业应当有一支具备相应素质的项目经理队伍。而且，对于项目经理进行科学的选拔和培训，进行工程技术、经济、管理、法律和职业道德等方面的继续教育和能力培训，是施工企业的长期任务。

从长远看，应当将项目管理作为一个专业，在国民教育系列中进行有计划地培养，以改变目前项目管理人员匮乏的局面。就目前而言，可以从实际工作岗位中选派具有潜在素质和培养前途的项目管理人员在高等院校或其他培训机构进行培训，并提供相应的锻炼机会。

目前，我国选配项目经理的方式主要有以下 3 种：

1）竞争聘任制

本着先内后外的原则，面向社会进行招聘。其程序是：个人自荐、组织审查、答辩讲演、择优选聘。这种方式既可择优，又可增强项目经理的竞争与责任意识。

2）经理委任制

委任的范围一般限于企业内部的管理人员。其程序是：经理提名、组织人事部门考察、经理办公会议决定。这种方式对于企业经理以及组织人事部门具有较高的要求。

3）基层推荐、内部协商制

企业各基层施工队或劳务作业队向公司推荐若干人选，然后由组织人事部门汇总各方意见进行严格考核后，提出拟聘用人选，报经理办公会议决定。

项目经理一经任命产生，在施工项目从开工到竣工期间，企业不得随意撤换项目经理。当施工项目发生重大安全、质量事故或项目经理违法、违纪时，企业才可撤换项目经理，并应征得建设单位同意。

3.4.6 项目经理责任制

1. 项目经理责任制的主体和重点

1）项目经理责任制介绍

项目经理责任制是以项目经理为责任主体的施工项目管理目标责任制度。其制度构成一般包括项目经理在企业中的地位定位，项目经理部在企业中的管理定位，项目经理应具备的条件，项目经理部的管理动作机制，项目管理的责任、权限和利益定位，项目管理目标责任书的内容构成等，并应在企业的项目管理制度中予以明确。项目经理责任制的实施，有利于强化项目管理，明确施工企业、项目经理部以及职工的责、权、利关系，进而提高经济效益与社会效益。

2）项目经理责任制的主体

项目经理责任制的主体是项目经理个人全面负责，项目经理部集体承包。其中个人负责是指在施工项目管理活动中，由项目经理代表项目经理部统一指挥，并承担主要的责任；集体承包是指项目管理班子根据工作分工，承担相应的责任并享受相应的利益。

3）项目经理责任制的重点

项目经理责任制的重点是管理。企业的承包是经营承包，而施工项目的承包则属于管理（目标）承包。因此，项目经理责任制的重点是遵循科学规律，注重管理的内涵与运用，通过强化项目管理，全面实现项目管理目标责任书的内容与要求。

2. 项目经理责任制的特点

与其他责任制度或承包制度相比，项目经理责任制具有以下特点：

1）对象的终一性

项目经理责任制以施工项目为对象，实行建设产品形成过程的一次性全额承包。它不同于其他行政单位实行的年度或阶段性承包。

2）主体的直接性

项目经理责任制强调项目经理的主要责任，属于“经理负责、全员管理、集体承包、风险抵押、单独核算、自负盈亏”的目标管理制度。它不同于一般的集体承包或个人承包。

3）内容的全面性

根据项目管理目标责任书的内容或管理责任，项目经理责任制不仅包括降低成本，而且涉及提高质量、确保进度、安全文明施工等控制目标。它不同于简单的利润或其他单项指标的承包。

4）责任的风险性

项目经理责任制充分地体现了“目标突出、责任明确、利益直接、考核严格”的基本要求，而且考核结果与项目管理人员，尤其是项目经理的利益、奖惩、资质复查等直接挂钩。

3. 施行项目经理责任制的条件

施行项目经理责任制，必须坚持管理层与作业层相分离的原则，完善企业内部市场，实行人、财、物等各种资源的优化组合，在发挥管理系统职能，使项目管理向专业化、科学化发展的同时，赋予项目经理相应的权力，促使施工项目高速、优质、低耗地进行。

具体地说，实行项目经理责任制应当具备以下条件：

（1）项目任务落实，开工手续齐全，具有切实可行的施工组织设计。

（2）各种工程技术资料、施工图纸、劳动力配备、主要材料等已经落实，可以保证按计划供应。

（3）拥有相当数量的懂技术、会管理、敢负责并具有施工项目管理经验的人才，可以组织一个精干、得力、高效的项目管理班子。

（4）实现企业业务工作系统化管理，形成良好的内外部环境，具有为项目经理部提供劳务、材料、机械设备及生活设施等服务的功能。

4. 项目经理责任制的考核评价

项目经理责任制的考核评价，是指由项目考核评价主体（派出项目经理的单位）依据项目管理目标责任书，对于考核评价客体（项目经理部，尤其是项目经理）的项目管理行为、水平及成果进行全面考核并做出评价的过程。其目的在于，通过全面的考核和评价，规范项目管理行为，鉴定项目管理水平，确认项目管理成果。

1）考核评价的方式

具体的方式主要包括：按年度或按工程进度进行阶段性考核评价和全面的终结性考核评价。对于工期超过 2 年的大型项目，实行年度考核；使用网络计划时，实行按网络进度计划的关键节点考核；工程项目完工后，对其进行全面的终结性考核。

工程竣工验收合格后，进行终结性考核前，应给项目经理部预留一段时间，以便其整理资料、遣散人员、退还机械、清理场地、结清账目等。

2）考核评价的内容

阶段性考核内容一般包括完成工程施工合同、经济效益、回收工程款、执行承包人各项管理制度、各种资料归档等情况，以及“项目管理目标责任书”中其他要求内容的完成情况。终结性考核的内容应包括确认阶段性考核的结果，确认项目管理的最终结果，确认该项目经理是否具备“解体”的条件。

只有经考核评价后，才能兑现“项目管理目标责任书”确定的奖励和处罚。

3）考核评价的程序

一般来讲，考核评价可按下列程序进行：

（1）组织考核评价委员会。一般应由企业的主管领导和有关业务部门从事项目管理工作的人员组成，必要时也可聘请社团组织或大专院校的专家、学者参加。

（2）制订考核评价方案，经企业法定代表人审批后施行。

（3）听取项目经理部汇报，查看项目经理部的有关资料，对项目的管理层和劳务层进行调查。

（4）考察已完工程。

（5）对项目管理的实际动作水平进行考核评价。

（6）提出考核评价报告。报告内容一般应包括考核评价的方案与程序，考核评价的指标、计分办法及有关说明，考核评价的依据，考核评价的结果等内容。

（7）向被考核评价的项目经理部公布评价意见。

4）考核评价的指标

考核评价的定量指标一般应包括工程质量情况、工程成本降低率、工期及其提前率、安全考核指标等。定量指标体现了四大控制目标的完成情况，其具体计算方法应由考核评价委员会选择，并注意项目管理目标责任书中的对比标准。

考核评价的定性指标一般应包括执行企业各项制度的情况，项目管理资料的收集、整理情况，思想工作方法与效果，发包人及用户的评价，在项目管理中应用的新技术、新材料、新设备、新工艺，在项目管理中采用的现代化管理方法和手段，环境保护等。定性指标反映了项目管理的多方面水平，应较定量指标占有更大的权重，并应制定合理、可行的计分方法。

3.5 项目经理部

项目经理部是由项目经理在施工企业的支持下组建的项目管理组织机构。它隶属项目经理的领导，接受企业业务部门指导、监督、检查和考核，负责施工项目从开工到竣工的全过程管理工作，是履行施工合同的主体机构。

3.5.1 项目经理部的设立

施工现场设置项目经理部，有利于各项管理工作的顺利进行。因此，对于大中型施工项目，承包人必须在施工现场设立项目经理部，并根据目标控制和管理的需要设立专业职能部门；对于小型施工项目，一般也应设立项目经理部，但可简化；如果企业法定代表人决定由其他项目经理部兼管本项目，也可以不单独设立项目经理部，但委托兼管应征得项目发包人同意，并不得削弱兼管者的项目管理责任。

1. 项目经理部的设立原则

设立施工项目经理部时，一般应遵循以下原则：

（1）根据管理组织形式进行设置。即根据施工企业的管理方式和对项目经理部的授权，以及项目部的力量、人员素质、管理职责等加以选择。

（2）根据项目的规模、复杂程度和专业特点进行设置。例如，大中型项目宜采用矩阵式，远离企业管理层的大中型项目宜采用事业部式，中小型项目则宜按直线式、直线职能形式设置施工项目经理部。

（3）建立有弹性的一次性组织机构。项目经理部应随着工程的进展而适时地做出调整，并在工程完工、审计后解体。

（4）人员的设备要满足施工现场管理的需要。即面向施工现场，满足计划、调配、技术、质量、成本核算、资源管理、信息管理、安全与文明施工等需要。

2. 项目经理部的设立程序

设立施工项目经理部时，一般应按以下程序进行：

（1）根据企业批准的“项目管理规划大纲”，确定项目经理部的管理任务和组织形式。

（2）确定项目经理部的层次，设立职能部门与工作岗位。

（3）确定人员及其职责、权限。

（4）由项目经理根据项目管理目标责任书进行目标分解。

（5）组织有关人员制定规章制度和目标责任考核、奖惩制度。

（6）项目经理部经企业的法定代表人批准后正式成立，并以书面形式通知发包人和项目监理机构。

3. 项目经理部的职能部门

项目经理部的职能部门及其人员配置，应当满足施工项目管理工作中进度控制、质量控制、安全控制、成本控制、人力资源管理、材料管理、机械设备管理、技术管理、资金管理、合同管理、信息管理、现场管理，以及项目的组织协调、竣工验收、考核评价、回访保修等各项管理内容的需要。

因此，为了具有计划、组织、控制、指挥、协调等职能，施工项目经理部通常应设置以下几个部门：

（1）经营核算部门。主要负责预算、合同、索赔、资金收支、成本核算、劳动力的配置与分配等工作。

（2）工程技术部门。主要负责生产调度、文明施工、技术管理、施工组织设计、计划统计等工作。

（3）物资设备部门。主要负责材料的询价、采购、计划供应与管理，以及运输工具管理、机械设备的租赁配套使用等工作。

（4）监控管理部门。主要负责工程质量、安全管理、消防保卫、环境保护等工作。

（5）测试计量部门。主要负责计量、测量、试验等工作。

项目经理部职能部门及管理岗位的设置，必须贯彻因事设岗、有岗有责和目标管理的原则，明确各岗位的责、权、利和考核指标，并对管理人员的责任目标进行检查、考核与奖惩。其中，大型项目的项目经理必须具有一级项目经理（一级建造师）的资质，管理人员中具有高级职称人员的比例不应低于 10%。

3.5.2 项目经理部的管理制度

管理制度是为保证组织任务的完成和目标的实现，是关于例行活动应当遵循的方法程序、要求及标准所做出的规定。它是完善施工项目组织关系、保证组织机构正常运行的基本手段。

施工项目管理制度的种类较多，按颁发单位不同可以有企业制度和项目经理部制度，按约束力不同可以有责任制度和规章制度，等等。就施工项目经理部的管理制度而言，围绕着计划、责任、核算、奖惩等方面，其一般应包括以下内容：

（1）项目管理人员岗位责任制度。

（2）项目技术管理制度。

（3）项目质量管理制度。

（4）项目安全管理制度。

（5）项目计划、统计与进度管理制度。

（6）项目成本核算制度。

（7）项目材料、机械设备管理制度。

（8）项目现场管理制度。

（9）项目分配与奖励制度。

（10）项目例会及施工日志制度。

（11）项目分包及劳务管理制度。

（12）项目组织协调制度。

（13）项目信息管理制度。

3.5.3 项目经理部的解体

施工项目经理部是一次性的具有弹性的现场生产组织机构。在工程项目竣工且审计完成后，其使命便告结束，可按规定程序予以解体。因此，必须高度重视项目经理部的解体和善后工作。

一般来讲，项目经理部解体时，应当具备下列条件：

（1）工程已经通过竣工验收。

（2）与各分包单位已经结算完毕。

（3）已协助企业管理层与发包人签订了“工程质量保修书”。

（4）“项目管理目标责任书”已经履行完成，并经企业管理层审计合格。

（5）已与企业管理层办理了有关手续。

（6）现场最后清理完毕。

3.6 项目组织协调与沟通管理

3.6.1 项目组织协调概述

1. 组织协调的概念

协调就是联结、联合、调和所有的活动和力量。协调工作应贯穿于施工项目管理的全过程，以排除障碍、解决矛盾、保证项目目标的顺利实现。

施工项目管理的组织协调一般包括三大类：一是“人员/人员界面”；二是“系统/系统界面”；三是“系统/环境界面”。

2. 组织协调的范围和层次

根据系统协调的范围和层次可以分为系统（承包企业及项目经理部）内部关系协调和系统外部关系协调。系统外部关系协调又可分为近外层关系协调和远外层关系协调。近外层关系协调是指承包企业（项目经理部）与同发包单位签有合同的单位之间的关系协调；远外层关系协调是指承包企业（项目经理部）与和项目管理工作有关但没有合同约束的单位之间的关系协调。

3. 协调的工作内容

组织协调应坚持动态工作原则，根据施工项目运行的不同阶段所出现的主要矛盾做动态调整。如项目进行的初期主要是供求关系的协调，项目进行的后期主要是合同和法律、法规约束关系的协调。组织协调的常见内容有：

（1）人际关系。包括施工项目组织内部、施工项目组织与关联单位人际关系的协调，以处理相关工作结合部中人与人之间在管理工作中的联系和矛盾。

（2）组织机构关系。包括协调项目经理部与企业管理层及劳务作业层之间的关系，以实现合理分工、有效协作。

（3）供求关系。包括协调企业物资供应部门与项目经理部及生产要素供需单位之间的关系，以保证人力、材料、机械设备、技术、资金等各项生产要素供应的优质、优价、适时、适量。

（4）协作配合关系。包括近外层关系的配合，以及内部各部门、上下级、管理层与劳务作业层之间关系的协调。

（5）约束关系。包括法律法规约束关系、合同约束关系，主要通过提示、教育、监督、检查等手段防范矛盾，并及时、有效地解决矛盾。

4. 组织协调的方法。

项目经理及其他管理人员实施组织协调的常用方法有：

（1）会议协调法，包括召开工地例会、专题会议等。

（2）交谈协调法，包括面对面交谈、电话交谈等。

（3）书面协调法，包括信函、数据电文等。

（4）访问协议法，包括走访、邀请，主要用于系统外部协调。

（5）情况介绍法，通常结合其他方法，共同使用。

3.6.2 项目沟通管理

1. 项目沟通的概念

项目沟通是凭借一定符号载体，为了设定的目标，把信息、思想和情感在个人或群体间传递的过程。沟通是一门艺术，有它特殊的原则、方法和技巧。

2. 项目沟通的分类

按照不同的依据，沟通可以分为人际沟通和组织沟通两种。这两种沟通不可分割，辩证统一，组织沟通是通过具体的人际沟通来实现的，而人际沟通往往正代表了所处组织或社团的利益。

（1）人际沟通，就是将信息从一个人传递给另一个人，如项目经理与下级人员之间的沟通。

（2）组织沟通是指组织之间的信息传递。

其中，人际沟通是群体沟通、组织沟通以及管理沟通的基础，也是项目管理者进行沟通管理的基本着眼点。它符合沟通一般模式，又有自己的特点。这主要表现在人际沟通主要通过语言来进行；信息交流的同时也交流着情感、思想和观念；交流动机、目的、态度等心理因素有着重要意义，交流的结果要改变人的行为。因此，在人与人之间的沟通过程中，会出现特殊的沟通障碍，即人所特有的心理障碍。

3. 沟通管理的定义和特征

在项目组织内，沟通是正式的、非正式的领导与被领导之间的自上而下或自下而上的沟通信息的过程。在项目管理中，沟通管理是进行项目各方面管理的纽带，是在人、思想和信息之间建立的联系，它对于项目取得成功是必不可少的，而且是非常重要的。

1）项目沟通管理定义

项目沟通管理，就是为了确保项目信息合理收集和传输，以及最终处理所需实施的一系列过程。

2）项目沟通管理特征

项目沟通管理具有以下特征：

（1）复杂。

每一个项目的建立都与大量的公司、企业、居民、政府机构等密切相关。另外，大部分项目都是由特意为其建立的项目班子实施的，具有临时性。因此，项目沟通管理必须协调各部门之间的关系，以确保项目顺利实施。

（2）系统。

项目是开放的复杂系统。项目的确立或将局部地涉及社会政治、经济、文化等诸多方面，对生态环境、能源将产生或大或小的影响，这就决定了项目沟通管理应从整体利益出发，运用系统的思想和分析方法，全过程、全方位地进行有效的管理。

4. 沟通管理的重要性

没有良好的信息沟通，对项目的发展和人际关系的改善，都会存在着制约作用。沟通管理的作用主要有以下几方面：

1）决策和计划的基础

项目班子要想做出正确的决策，必须以准确、完整、及时的信息作为基础。通过项目内、外部环境之间的信息沟通，就可以获得众多的变化的信息，从而为决策提供依据。

2）组织和控制管理过程的依据和手段

在项目班子内部，没有好的信息沟通，情况不明，就无法实施科学的管理。只有通过信息沟通，掌握项目班子内的各方面情况，才能为科学管理提供依据，才能有效地提高项目班子的组织效能。

3）是建立改善人际关系必不可少的条件

信息沟通、意见交流，将许多独立的个人、团体、组织贯通起来，成为一个整体。信息沟通是人的一种重要的心理需要，是人们用以表达思想、感情与态度，寻求同情与友谊的重要手段。畅通的信息沟通，可以减少人与人的冲突，改善人与人、人与班子之间的关系。

4）项目经理成功领导的重要手段

项目经理是通过各种途径将意图传递给下级人员并使下级人员理解和执行的角色。如果沟通不畅，下级人员就不能正确理解和执行领导意图，项目就不能按照经理的意图进行，最终导致项目混乱甚至项目失败。因此，提高项目经理的沟通能力，与领导过程的成功性关系极大。

【练习题】

1. 什么是建设项目？建设项目如何分类？
2. 信息通信建设工程建设范围有哪些？
3. 信息通信建设工程特点有哪些？
4. 信息通信建设工程按单项工程分为哪些？按类别划分又为哪些？
5. 信息通信建设工程建设程序有哪些？
6. 信息通信建设工程立项阶段包括哪些内容？
7. 信息通信建设工程实施阶段由哪些步骤组成？
8. 验收投产阶段的主要内容包括哪些？
9. 什么是项目？
10. 项目的特征有哪些？
11. 什么是工程项目？
12. 什么是项目管理？其管理内容和要素有哪些？
13. 什么是工程项目管理？其主要任务有哪些？
14. 建设项目的建设过程包括哪些？
15. 工程项目管理的主要任务有哪些？
16. 什么是项目控制？其控制目标和措施有哪些？
17. 工程项目的质量、投资（成本）、进度控制目标的关系如何？
18. 项目范围管理的内涵和作用是什么？
19. 项目范围变更的原因有哪些？
20. 什么是项目范围控制？
21. 什么是工程项目组织？
22. 项目组织工具包括哪些？
23. 工程项目管理组织机构的组建原则和程序有哪些？
24. 建设项目管理的组织形式包括哪些？其优缺点有哪些？
25. 施工项目管理的组织形式包括哪些？其优缺点有哪些？
26. 项目经理应具备的素质有哪些？
27. 我国项目经理的选配方式有哪些？
28. 什么是项目经理部？
29. 项目经理部的解体条件有哪些？
30. 组织协调的常见内容有哪些？

项目二　信息通信建设工程项目设计管理

任务 1　信息通信建设工程设计管理概述

知识要点

信息通信建设工程项目管理实施设计管理的必要性；
信息通信建设工程设计阶段及其基本内容；
信息通信建设工程设计变更管理。

重点难点

信息通信建设工程的设计阶段及其基本内容；
信息通信建设工程设计变更管理。

【相关知识阐述】

1.1 信息通信建设工程项目管理实施设计管理的必要性

1.1.1 设计管理的概念

设计管理是工程项目管理的一个重要组成部分，它的职责范围根据各单位的性质和分工的差异有所不同。一般来说，设计管理的职责范围包括设计单位的选定、对设计进度进行跟踪管理、设计图纸的审查、严格控制设计变更，从而实现对工程项目三大目标（投资、进度和质量）的控制。

1.1.2 设计单位的选定

设计单位的选定可以采取直接指定、设计招标及设计方案竞赛等方式实现。对于一些特殊行业的项目设计，由于一些和项目有关的设计参数以及运行数据掌握在相关行业的设计院中，其他设计院无法参与其中，故只能采取直接指定的方式。例如，××炼油化工有限公司一体化项目中配套的厂外供电和化工铁路等项目的设计就采取直接委托的方式。而对于通用的设计项目，为了优选以保证工程设计质量，降低设计费用，缩短设计周期，就采用设计招标来选定设计单位。例如，××炼油化工有限公司现有宾馆通信改造项目的设计就采取设计招标的方式来选定设计单位。而设计方案竞赛的主要目的是用来获得理想的设计方案，同时也有助于选择理想的设计单位，从而为以后的工程设计打下良好的基础。例如，××炼油化工有限公司一体化项目中配套的青兰山原油库区护岸项目的设计原来直接委托给国内一家甲级设计单位（A 设计院）进行设计，后来又邀请国内另一家甲级设计单位（B 设计院）参与设计方案竞赛，为了慎重起见，业主邀请了五位专家对两家设计单位的设计方案进行比选，最后经专家评审，B 设计院的设计方案被采用。

当设计单位选定以后，建设单位和设计单位就设计费用及委托设计合同中的一些细节进行谈判、磋商，双方取得一致意见后，就签订建设工程设计合同。在该合同中，需要明确设计进度及设计成果交付的时间和数量。建设工程中项目管理对设计进度控制的主要任务是出图控制，也就是通过采取一些有效措施使工程设计者如期完成初步（基础）设计、施工图设计等各阶段的设计工作，并提交相应的设计图纸和说明。而目前国内大部分的设计合同在某种程度上来讲，不利于甲方，缺乏对设计方进度控制的约束。为了更好地解决这一问题，应该在设计合同中明确表示出以项目设计阶段的可交付成果（里程碑）作为支付设计费用的必要要求。设计管理人员应和合同管理人员一道按照合同要求对设计单位的工作进度进行严格的控制。这一点我们在实际工作中深深感受到了它的重要性。

1.1.3 工程项目管理实施设计管理的必要性

投资控制贯穿于项目建设的全过程。影响项目投资最大的阶段，是约占工程项目建设周期 1/4 的技术设计结束前的工作阶段。在初步设计阶段，影响项目投资的可能性为 75%～95%；在技术设计阶段，影响项目投资的可能性为 35%～75%；在施工图设计阶段，影响项目投资的可能性为 5%～35%。很显然，项目投资控制的重点在于施工以前的投资决策和设计阶段，而在项目做出投资决策后，控制项目的投资关键就在于设计。据西方一些国家分析，设计费一般只相当于建设工程全寿命费用的 1%以下，但正是这少于 1%的费用却基本决定了几乎全部随后的费用。由此可见，设计对整个建设工程的效益是何等重要。目前国内工程建设项目有关投资控制存在的问题在于设计、采购与施工分家，这就导致了工程项目管理的过程中工作的衔接方面出现了比较大的问题，使工程造价普遍较高。怎么解决这一问题，关键就在于如何很好地应用设计管理到工程项目管理中来，这样做的目的不仅有利于很好地衔接工作，而且能够在功能方面，更能够满足合理化、人性化的要求，更好地体现客户的要求，真正做到客户利益最大化。要解决这一问题，可采用价值工程（价值分析）的方法，即运用集体智慧和有组织的活动，着重对产品进行功能分析，使之以最低的成本，可靠地实现产品必要的功能，从而提高产品价值的一套科学的技术经济分析方法。价值工程目前在我国还刚刚处于起步阶段，但大量事实证明，它在工程设计中对于控制项目投资，提高工程价值是大有可为的。对于一些特定或投资较大的项目，可以采用目前国际上流行的 EPC 或其他工程承包方式，价值工程会越来越显示它对控制项目投资所能发挥的巨大作用。

设计单位完成各阶段的可交付成果（设计成果）后，设计管理单位应组织相关单位对可交付成果进行审查。如果业主没有相应的专业技术人员，应聘请相关有专业资质的单位或专家参与审查。在审查过程中，应审查设计单位是否严格遵守有关工程建设及质量管理方面的法律、法规；是否严格遵守有关工程建设的技术标准；审查设计项目是否满足业主所需要的功能和使用价值。

在项目的实施过程中，不可预见的因素很多，不可避免地会发生一些设计变更。设计变更是指设计部门对原施工图纸和设计文件中所表达的设计标准状态的改变和修改。设计变更是工程变更的一部分内容，因而它也关系到进度、质量和投资控制，所以加强设计变更的管理，对规范各参与单位的行为，确保工程质量和工期，控制工程造价等有十分重要的意义。

作为设计管理部门，它的职责是对设计变更进行技术经济比较，严格控制设计变更。对非发生不可的变更，则设计变更发生越早越好。变更发生得越早，则损失越小，反之就越大。如果在设计阶段变更，只需修改图纸，其他费用尚未发生，损失有限；如果在采购阶段变更，不仅需要修改图纸，设备材料还必须重新采购；若在施工阶段变更，除上述费用外，已施工的工程还须拆除，势必造成重大变更损失。为此，要建立相应的设计管理制度，尽可能把设计变更控制在设计阶段，对影响工程造价的重大设计变更，需进行由多方人员参加的技术经济论证，获得有关管理部门批准后方可进行，使工程造价得到有效控制。设计变更费用一般应控制在建安工程总造价的5%以内，由设计变更产生的新增投资额不得超过基本预备费的1/3。目前的国内工程项目中变更数多达20%，做得较好的也有10%左右，这说明了工程项目管理工作的不到位，即设计管理工作的不深入。

1.2 信息通信建设工程的设计阶段及其基本内容

1.2.1 设计阶段划分

设计是基本建设的重要环节。在建设项目的选址和设计任务书已定的情况下，建设项目是否能做到技术上先进和经济上合理，设计将起着决定作用。

针对不同的工程建设项目，根据其规模的不同划分为不同的设计阶段，如图2-1所示。

工程设计阶段划分
- 三阶段设计
  - 初步设计阶段
  - 技术设计阶段
  - 施工图设计阶段
- 二阶段设计
  - 初步设计阶段
  - 施工图设计阶段
- 一阶段设计：施工图设计阶段

图2-1　工程建设项目设计阶段图

按我国现行规定，一般建设项目按初步设计和施工图设计两个阶段进行。对于技术复杂而又缺乏经验的项目，经主管部门指定，需增加技术设计阶段；对一些大型联合企业、矿区和水利枢纽，为解决总体部署和开发问题，还需进行总体规划设计或总体设计。

1.2.2 总体规划设计

总体规划设计须能满足初步设计的开展、主要大型设备和材料的预先安排以及土地征用准备工作的要求。其内容包括：

（1）建设规模。

（2）产品方案。

（3）原料来源。

（4）工艺流程等概况。

（5）主要设备配置。

（6）主要建筑物和构筑物。

（7）公用及辅助工程。

（8）“三废”治理和环境保护方案。

（9）占地面积估算。

（10）总图布置及运输方案。

（11）生产组织概况和劳动定员估计。

（12）生活区规划设想。

（13）施工基地的部署和地方材料的来源。

（14）建设总进度及进度配合要求。

（15）投资估算。

1.2.3 初步设计

初步设计是根据批准的可行性研究报告，以及有关的设计标准、规范，并通过现场勘查工作取得设计基础资料后编制的设计文件。初步设计的内容包括：

（1）建设规模。

（2）设计依据。

（3）设计指导思想。

（4）产品方案、原料、燃料、动力的用量和来源。

（5）工艺流程。

（6）主要设备选址及配置。

（7）总图运输。

（8）主要建筑物、构筑物。

（9）公用、辅助设施。

（10）新技术采用情况。

（11）主要材料用量。

（12）外部协作条件。

（13）占地面积及土地利用情况。

（14）综合利用和“三废”治理方案措施。

（15）生活区建设。

（16）抗震和人防措施。

（17）生产组织和劳动定员。

（18）各项技术经济指标。

（19）建设顺序和期限。

（20）总概算中初步设计应达到的深度。

1.2.4 技术设计

技术设计的内容，有关部门可根据工程的特点和需要，自行制定。它是为了解决某些重大或特殊项目在初步设计阶段无法解决的某些技术问题而进行设计的。主要包括：（1）特殊工艺流程方面的试验、研究和确定；（2）新型设备的试验、研制及确定；（3）某些技术复杂、要求慎重对待的问题的研究和方案的确定等。

1.2.5 施工图设计

施工图设计的内容，主要是根据批准的初步设计和技术设计，绘制出正确、完整和尽可能详尽的建筑、安装施工图纸，使得各有关方面能据此安排设备和材料的订货，据此安排施工。其内容包括三大部分：

（1）设计说明。

（2）施工图纸。

（3）施工图预算编制。

1.3 信息通信建设工程设计任务书

设计任务书是工程建设的大纲，是确定建设项目建设方案的基本文件和编制设计文件的主要依据，也是制约建设全过程的指导性文件。按我国现行基本建设程序，一个拟建的信息通信建设工程项目，经可行性研究或技术经济论证后，如果新建该项目是必要的和可行的，则应编制设计任务书，且只有经过批准了的设计任务书，才能构成委托初步设计的前提。

1.3.1 新建大中型信息通信建设工程项目设计任务书的内容

设计任务书的内容随建设规模大小和内容的复杂程度不同而有所不同。就大中型信息通信建设项目的设计任务书，一般应包括下列各项：

（1）建设的目的和依据。

（2）建设规模、方案或提纲。

（3）生产方式或工艺原则。

（4）水文地质和工程地质条件。

（5）主要协作条件。

（6）资源综合利用情况及生态平衡、环境保护的要求。

（7）建设地区或地点及占地估算。

（8）建设工期。

（9）投资总额及资金来源。

（10）定员控制数。

（11）要求达到的经济效益。

1.3.2 小型信息通信建设工程项目设计任务书的内容

小型信息通信建设项目的设计任务书内容一般比大中型项目简单，其内容包括：

（1）建设目的和依据。

（2）建设地点和占地估算。

（3）建设规模和标准。

（4）主要协作配合条件。

（5）控制造价、投资总额及资金来源。

（6）建设工期。

（7）经济效益指标。

设计任务书由主管部门组织有关部门或委托咨询机构编制，由建设单位发给设计单位。设计单位在做具体设计之前要认真阅读、领会设计任务书里的要求。

任务2　信息通信建设工程设计会审及设计变更

知识要点

设计会审的含义、目的；
会审的内容；
设计会审的实施程序；
会审纪要；
设计变更管理；
设计变更单的填写。

重点难点

设计会审的含义、目的；
会审的内容；
设计会审的实施程序；
设计变更管理；
会审纪要。

【相关知识阐述】

2.1 信息通信建设工程设计会审制度

2.1.1 施工图会审的定义

图纸会审是指承担施工阶段监理的监理单位组织施工单位、建设单位以及材料、设备供货等相关单位，在收到审查合格的施工图设计文件后，在设计交底前进行的全面细致熟悉和审查施工图纸的活动。

2.1.2 图纸会审的目的

一是使施工单位和各参建单位熟悉设计图纸，了解工程特点和设计意图，找出需要解决的技术难题，并制定解决方案；二是为了解决图纸中存在的问题，减少图纸的差错，将图纸中的质量隐患消灭在萌芽之中。

2.1.3 图纸会审的内容

（1）是否无证设计或越级设计，图纸是否经设计单位正式签署。
（2）地质勘探资料是否齐全。
（3）设计图纸与说明是否符合当地要求。

（4）设计地震烈度是否符合当地要求。

（5）几个设计单位共同设计的图纸相互间有无矛盾；专业图纸之间、平立剖面图之间有无矛盾；标注有无遗漏。

（6）总平面与施工图的几何尺寸、平面位置、标高等是否一致。

（7）防火、消防是否满足。

（8）建筑结构与各专业图纸本身是否有差错及矛盾；结构图与建筑图的平面尺寸及标高是否一致；建筑图与结构图的表示方法是否清楚；是否符合制图标准；预埋件是否表示清楚；有无钢筋明细表或钢筋的构造要求在图中是否表示清楚。

（9）施工图中所列各种标准图册施工单位是否具备。

（10）材料来源有无保证，能否代换；图中所要求的条件能否满足；新材料、新技术的应用是否有问题。

（11）地基处理方法是否合理，建筑与结构构造是否存在不能施工、不便于施工的技术问题，或容易导致质量、安全、工程费用增加等方面的问题。

（12）工艺管道、电气线路、设备装置、运输道路与建筑物之间有无矛盾，布置是否合理。

（13）施工安全、环境卫生有无保证。

（14）图纸是否符合监理大纲所提出的要求。

2.1.4 会审的程序

图纸会审应在开工前进行。如施工图纸在开工前未全部到齐，可先进行分部工程图纸会审。

（1）图纸会审的一般程序：

①业主或监理方主持人发言。

②设计方图纸交底。

③施工方、监理方代表提问题。

④逐条研究。

⑤形成会审记录文件。

⑥签字、盖章后生效。

（2）图纸会审前必须组织预审。阅图中发现的问题应归纳汇总，会上派一代表为主进行发言，其他人可视情况适当解释、补充。

（3）施工方及设计方专人对提出和解答的问题做好记录，以便查核。

（4）整理成为图纸会审记录，由各方代表签字盖章认可。

2.1.5 参与单位及人员

参加图纸会审的单位有建设方、施工方、设计方、监理方，必要时可邀请相关专家、财务、维护等部门参与。图纸会审一般由监理单位负责组织，施工单位、建设单位、设计单位等派人参加。下列人员必须参加图纸会审：

（1）建设单位（业主）：现场负责人员及其他技术人员。

（2）设计单位：设计院总工程师、项目负责人及各个专业设计负责人。

（3）咨询（监理）单位：项目总监、副总监及各个专业监理工程师。

（4）施工单位：项目经理、项目副经理、项目总工程师及各个专业技术负责人。

（5）其他相关单位：技术负责人。

2.1.6 监理工程师对施工图审核的原则和重点

1. 监理工程师对施工图审核的主要原则

（1）是否符合有关部门对初步设计的审批要求。

（2）是否对初步设计进行了全面、合理的优化。

（3）安全可靠性、经济合理性是否有保证，是否符合工程总造价的要求。

（4）设计深度是否符合设计阶段的要求。

（5）是否满足使用功能和施工工艺要求。

2. 监理工程师进行施工图审核的重点

（1）图纸的规范性。

（2）建筑功能设计。

（3）建筑造型与立面设计。

（4）结构安全性。

（5）材料代换的可能性。

（6）各专业协调一致情况。

（7）施工可行性。

2.1.7 会审纪要

施工图会审后要形成会审纪要，会审纪要格式如表 2-1 所示。

表 2-1　图纸会审纪要

工程名称：　　　　　　　　　　　　　　　　　　　　　工程编号：

出席单位	出席会议人员姓名	单位代表签字（盖章）
建设单位		
监理单位		
设计单位		
承包单位		
主持人：		记录人：
会议地点：		
会议时间：		
会议要点：		

本表一式五份，建设单位、监理单位、设计单位各一份，承包单位两份。此表由承包单位填写，报送监理单位审核。

2.2 信息通信建设工程设计变更管理

2.2.1 设计变更概述

设计变更是指设计部门对原施工图纸和设计文件中所表达的设计标准状态的改变和修改。根据以上定义，设计变更仅包含由于设计工作本身的漏项、错误或其他原因而修改、补充原设计的技术资料。设计变更和现场签证两者的性质是截然不同的，凡属设计变更的范畴，必须按设计变更处理，而不能以现场签证处理。设计变更是工程变更的一部分内容，因而它也关系到进度、质量和投资控制。所以加强设计变更的管理，对规范各参与单位的行为，确保工程质量和工期，控制工程造价，全面提高设计技术都具有十分重要的意义。

设计变更费用一般应控制在建筑工程总造价的 5%以内，由设计变更产生的新增投资额不得超过基本预备费的三分之一。下面着重谈谈施工图完成以后设计变更的管理。

2.2.2 设计变更产生的原因

产生设计变更的原因包括以下几个方面：

（1）修改工艺技术，包括设备的改变。

（2）增减工程内容。

（3）改变使用功能。

（4）设计错误、遗漏。

（5）提高合理化建议。

（6）施工中产生错误。

（7）使用的材料品种的改变。

（8）工程地质勘查资料不准确而引起的修改。

2.2.3 设计变更的签发原则

设计变更无论是由哪方提出，均应由咨询（监理）单位会同建设单位、设计单位、施工单位协商，经过确认后由设计单位发出相应图纸或说明，并由监理工程师办理签发手续，下发到有关部门付诸实施。但在审查时应注意以下几点：

（1）确属原设计不能保证工程质量要求，设计遗漏，确有错误以及与现场不符无法施工非改不可。

（2）一般情况下，即使变更要求可能在技术经济上是合理的，也应全面考虑，将变更以后所产生的效益（质量、工期、造价）与现场变更往往会引起施工单位的索赔等所产生的损失加以比较，权衡轻重后再做出决定。

（3）工程造价增减幅度是否控制在总概算的范围之内，若确需变更但有可能超概算时，更要慎重。

（4）设计变更应简要说明变更产生的背景，包括变更产生的提出单位、主要参与人员、时间等。

（5）设计变更必须说明变更原因，如工艺改变、工艺要求、设备选型不当，设计者考虑需提高或降低标准、设计漏项、设计失误或其他原因。

（6）建设单位对设计图纸的合理修改意见，应在施工之前提出。在施工试车或验收过程中，只要不影响生产，一般不再接受变更要求。

（7）施工中发生的材料代用，办理材料代用单。要坚决杜绝内容不明确的，没有详图或具体使用部位，而只是增加材料用量的变更。

2.2.4 设计变更的实施与费用结算

设计变更的实施后，由监理工程师签署实施意见，应注明以下内容：

（1）本变更是否已全部实施，若原设计图已实施后，才发生变更，则应注明，因为牵扯到原图制作加工、安装、材料费以及拆除费。若原设计图没有实施，则要扣除变更前部分内容的费用。

（2）若发生拆除，已拆除的材料、设备或已加工好但未安装的成品、半成品，均应由监理人员负责组织建设单位回收，由施工单位编制结算单，经过造价工程师按照标书或合同中的有关规定审核后作为结算的依据。还应注意以下几点：

①由于施工不当或施工错误造成的，正常程序相同，但监理工程师应注明原因，此变更费用不予处理，由施工单位自负，若对工期、质量、投资效益造成影响的，还应进行反索赔。

②由设计部门的错误或缺陷造成的变更费用，以及采取的补救措施，如返修、加固、拆除所生的费用，由监理单位协助业主与设计部门协商是否索赔。

③由于监理部门责任造成损失的，应扣减监理费用。

④设计变更应视作原施工图纸的一部分内容，所发生的费用计算应保持一致，并根据合同条款按国家有关政策进行费用调整。

⑤材料的供应及自购范围也应同原合同内容相一致。

⑥属变更削减的内容，也应按上述程序办理费用削减，若施工单位拖延，监理单位可督促其执行或采取措施直接发出的削减费用结算单。

⑦合理化建议也按照上面的程序办理，奖励、提成另按有关规定办理。

⑧由设计变更造成的工期延误或延期，则由监理工程师按照有关规定处理，此处不再赘述。

凡是没有经过监理工程师认可并签发的变更一律无效；若经过监理工程师口头同意的，事后应按有关规定补办手续。

【练习题】

1. 为什么要进行设计管理？设计管理主要内容是什么？
2. 设计任务书的作用是什么？
3. 项目任务书主要包括哪些内容？
4. 为什么要进行设计会审？

5. 设计会审由谁来组织？设计会审的程序是怎么样的？

6. 设计变更的签发原则是什么？

7. 产生设计变更的原因有哪些？某高档小区的宽带接入由原来的 ADSL 接入修改为 FTTH 接入而产生设计变更，此原因属于哪一类？

8. 案例分析 1

[背景]

2020 年 1 月至 6 月，为了改善学院的学习、办公、生活环境，依据湖南省“数字湖南”“智慧城市”等建设规划，结合湖南电信光纤接入、无线接入等建设标准，××学院拟自筹资金 102 万元、银行贷款 100 万元对校园进行信息化建设，对学院的教学楼、办公楼、实验楼、图书馆、培训楼、学生宿舍、教师宿舍等进行全方位的有线或无线信号覆盖。聘请湖南邮电规划设计院为设计单位，勘查设计时间为 1 个月，施工工期为 5 个月。在校园内建设 2 孔塑料管道 2 150 m，新建手孔 24 个，布放 96 芯光缆 2 440 m、48 芯光缆 4 680 m、24 芯光缆 5 048m、12 芯光缆 6 248 m、6 芯光缆 2 442 m、4 芯光缆 10 245m，新增语音信息点 2 554 个，数据信息点 4 664 个，视频监控点 458 个，并对所有大楼进行室内无线信号覆盖。主要由设计院、通信建设公司、通信监理公司、学院重点项目建设办公室协调配合。

[问题]

根据该工程内容，编写一份设计任务书。内容包括：

（1）建设目的和依据。

（2）建设地点。

（3）建设规模和标准。

（4）主要协作配合条件。

（5）控制造价、投资总额及资金来源。

（6）设计周期。

（7）经济效益指标。

9. 案例分析 2——模拟会审

[背景]

图 2-2 为××宽带接入工程项目的设计图纸，把班上的学生分成建设单位（业主）、施工单位、监理单位、设计单位、维护单位、外聘专家等，就此图纸组织模拟会审，并形成会议纪要（会议纪要见表 2-1）。

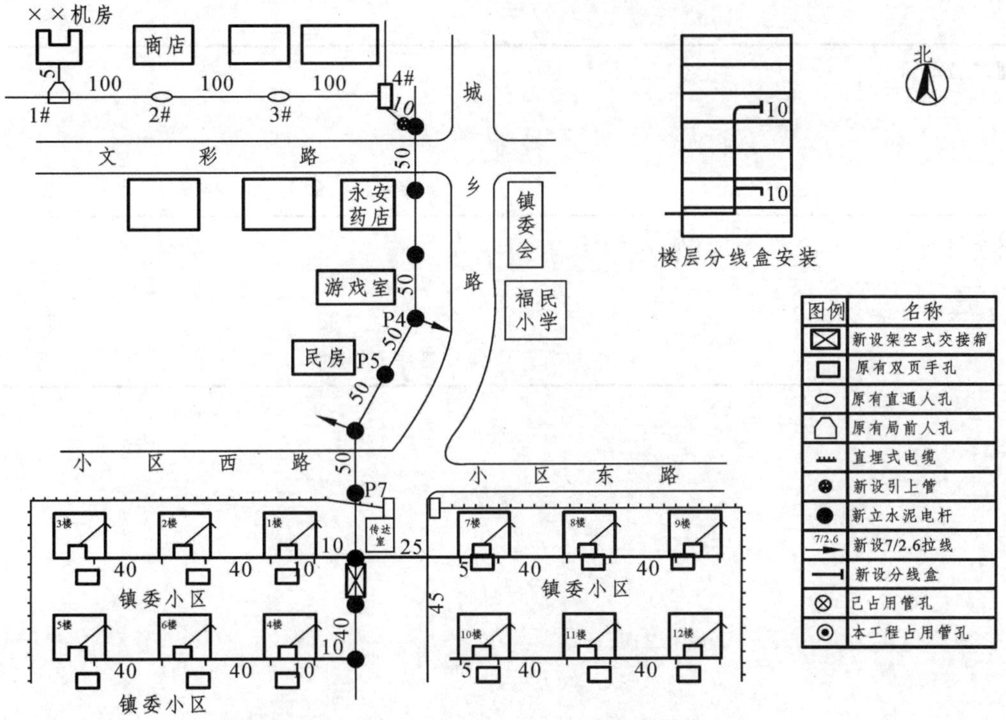

图 2-2　××宽带接入工程项目施工图

10. 案例分析 3——模拟填写设计变更单

【背景】

某光缆通信工程，工程项目编号为 2022-GL-01，设计编号为 2022—GL—50，原设计从 1#手孔到韶大基站长度 400 m 采用架空方式，后因出现阻工，改为建设 1 孔管道 400m 进行敷设，新建单盖手孔 6 个，监理单位同意，报送建设单位后也同意。

【问题】

请根据以上内容填写以下工程变更申报表。

工程变更申报表

工程名称：　　　　　　　　　　　　　　　　编号：

项目编号		工程变更原因	
设计编号		工程变更建议人	
原设计内容 设计单位签字：（盖章）		工程变更后的工作内容： 施工单位签字：（盖章）	

续表

监理单位意见 签字：（盖章）　　年　　月　　日
建设单位意见 签字：（盖章）　　年　　月　　日

项目三　信息通信建设工程项目成本管理

任务1　信息通信建设工程成本管理

知识要点

信息通信建设工程施工项目成本影响因素的分析方法；

影响信息通信建设工程施工项目成本变动的因素。

重点难点

信息通信建设工程施工项目成本影响因素及分析方法；

影响信息通信建设工程施工项目成本变动的因素。

【相关知识阐述】

信息通信建设工程市场竞争日益激烈，承包建设的工程项目施工企业利润日益减少。承建企业要想在市场竞争中立于不败之地，关键在于能否使所承包建设的工程项目在保证工期、质量的前提下降低施工成本。因此，承包建设的工程项目企业及项目经理部应掌握施工项目成本影响因素的分析方法，辨识影响成本的因素，降低施工项目成本。

1.1 信息通信建设工程施工项目成本影响因素的分析方法

要准确地分析信息通信建设工程施工项目成本的影响因素，就应掌握施工项目的成本构成，深入施工现场了解工程的具体特点，收集工程项目的成本信息，明确项目不同阶段的成本内容，在了解项目成本形成过程的基础上，分析影响成本的因素。

1.1.1 信息通信建设工程施工项目的成本构成

信息通信建设工程施工项目的成本主要包括固定成本和变动成本两部分。

1. 固定成本的定义

固定成本是指不受工程进度影响的成本，即不随工程项目的不断进展发生变化的各项成本费用，如非生产人员工资、折旧费、无形资产及其他资产摊销费、办公费等企业管理费。施工企业应分析固定成本的构成情况，通过对固定成本的分析降低企业的固定开支。

2. 变动成本的定义

变动成本是指施工过程中随工程项目的不断进展，开支水平成正比例变化的各项成本。变动成本主要包括现场人工费、材料费、机械使用费、其他直接费、临时设施费及现场管理费等直接工程费。项目经理部的成本分析应着重分析变动成本，通过对变动成本的分析来降低现场开支水平。

1.1.2 信息通信建设工程施工项目不同阶段的成本内容

信息通信建设工程施工项目是从工程投标阶段开始，经过项目的实施阶段到达项目的竣工验收阶段。信息通信建设工程施工项目的成本也是伴随着项目建设的进程逐渐形成的。项目的各个时期，成本的特点和内容各不相同。下面在不考虑固定成本的条件下，对项目经理部承接项目及其项目施工活动中的成本内容进行分析。

1. 施工前的成本

施工前的成本主要包括项目投标阶段和施工准备阶段的成本。

1）项目投标阶段的成本

项目投标阶段的成本主要包括信息通信建设工程施工单位项目跟踪费用以及标书购置费、投标保证金、现场勘查费、标书制作费、投标人员的工资和差旅费、办公费、固定资产使用费等投标过程中发生的费用。

2）施工准备阶段的成本

施工准备阶段的成本主要包括项目经理部的人员工资和差旅费、办公费、固定资产使用费以及编制施工组织设计、准备施工资源、现场设立临时设施等发生的费用。

2. 施工期间的成本

施工期间的成本主要包括施工现场的费用及企业管理费。其中施工现场的费用主要包括施工人员的人工费、调遣费、材料购置费、机械使用费以及其他直接费（除工程点交、场地清理费）和现场经费。

3. 竣工验收阶段的成本

竣工验收阶段的成本主要包括相应人员的工资、津贴、差旅费以及办公费、固定资产使用费、临时设施费、工程点交及场地清理费、调遣费、税金等竣工验收及工程收尾工作发生的费用。

1.1.3 信息通信建设工程施工项目成本的分析原则

分析信息通信建设工程施工成本影响因素的目的是降低工程的成本。降低成本不能忽视工程的具体要求，而片面地、不顾客观实际需要地减少成本开支。从成本分析的效果出发，施工项目成本分析应该符合以下原则。

1. 要实事求是

成本分析一定要根据施工现场的实际状况进行，要有充分的事实依据，对成本进行如实的评价。不同的工程项目，其所在地区的地方法规、风俗习惯、地理环境、气候环境、施工季节、施工期间、合同要求等多方面的因素各不相同。即使是在同一施工现场再次做同一建设单位的工程项目，也很难找到两个完全相同的施工环境。在不同的施工环境下施工，施工项目的成本构成也必然会存在差别。所以，工程项目的成本分析必须依据施工现场的实际状况进行。

2. 要有翔实的统计数据

成本分析要充分利用会计核算、业务核算、统计核算和有关辅助记录（台账）的数据进行定量分析。统计数据的获得应真实可靠，核算的方法应准确合理。

3. 要注重时效

成本分析要及时，发现问题要及时，解决问题更要及时。在施工过程中，项目经理部对成本开支情况应进行动态分析，应根据施工准备阶段编制的成本控制计划核算施工过程各阶段的成本开支情况，发现偏差时应及时分析产生的原因，并制定和落实相应的纠正措施。

4. 要为生产经营服务

工程项目成本分析的目的是控制开支，降低成本。降低成本应控制在一定的水平上，应以保证工程项目的顺利进行为前提。如果片面地、无视客观要求地硬性压低施工成本、经营成本，将会导致施工现场入不敷出、企业经营举步维艰的问题。

1.2 影响信息通信建设工程施工项目成本变动的因素

影响信息通信建设工程项目成本变动的因素主要有两个方面，即外部的属于市场经济方面的因素和内部的属于企业经营管理方面的因素。

1.2.1 市场经济方面的因素

影响施工项目成本变动的市场经济方面的因素是由施工单位的规模和实力决定的。施工单位是否具有适应市场要求的管理模式和人员、装备实力，能否在激烈的市场竞争中处于优势，决定了施工单位的经营生产业绩。这些外部的属于市场经济方面的因素如果存在问题，不是施工单位在短期内所能改变的。外部的属于市场经济方面的因素主要包括：

1. 施工企业的规模和技术装备水平

施工企业的规模和技术装备水平决定了企业的市场竞争实力。规模大、技术装备水平高的企业，市场竞争力较强，承揽的工程项目较多，工程项目单位成本中所包含的固定成本就会降低。所以，企业的规模和技术装备水平在一定程度上决定了企业施工成本的高低，扩大企业规模、适当提高技术装备水平可以降低施工项目的成本。

2. 施工企业的专业化和协作的水平

施工企业的专业化和协作水平决定了施工项目的进度和质量，施工企业因此可以影响施工成本。比如对于一个通信综合楼设备安装工程，其中需要传输、交换、电源等专业的技术人员。只有项目经理部找到了相应专业的技术人员，工程项目才能开工；在施工过程中，只有各专业相互协作，工程项目才能顺利完成。工程项目顺利实施，减少了返工，工程成本才会降低。

3. 企业员工的技术水平和操作的熟练程度

通信领域最大的一个特点就是科技含量高、技术发展快，因此参与工程项目人员的技术水平和操作熟练程度决定了施工项目的进度和返工量。适当选择技术水平高、操作熟练的人员参与工程项目，可以降低施工成本。

1.2.2 企业经营管理方面的因素

内部的属于企业经营管理方面的因素主要包括人工费的开支水平、仪表及设备利用效果、材料及能源的管理、施工质量水平、安全管理水平、进度控制水平等方面，这些因素都直接影响到施工项目直接成本的构成。因此项目经理部应将施工项目成本影响因素分析的重点放在影响施工项目成本升降的内部因素上。上述因素对施工项目成本的影响主要包括：

1. 人工费开支水平的合理性

在施工过程中,人力资源控制的关键在于施工人员的使用,使用的关键在于提高劳动 生产率，提高劳动生产率的关键是如何调动施工人员的积极性。因此，确定合理的人工费开支，提高施工人员的工作效率，可以降低施工成本。

2. 机械设备、仪表的租赁及利用效果

（1）通信工程所用的机械设备、仪表都比较昂贵。如果施工单位合理计划、加速周转、充分利用现有机械、仪表，即可减少机械、仪表等设备的购置量，降低企业固定资产的比率，从而达到降低施工成本的目的。

（2）在施工过程中，项目经理部通过加强培训，合理地使用和保养现有机械设备、仪表，提高其完好率和利用率，可以减少维修费用开支，降低工程成本开支。

（3）对于项目经理部租赁的机械、仪表，不用时及时归还也可降低成本开支。

3. 材料、能源利用的效果

（1）通信建设工程项目的材料费开支一般来说都占到项目总开支的一半以上，因此加强材料的管理，提高材料的利用效果，可以在很大程度上降低工程项目的成本。

（2）由于目前能源紧张，油价上涨，施工现场的燃油开支也将直接影响到施工成本的构成。在条件允许的情况下，施工单位减少施工车辆的使用量，加强车辆、机具的维护工作，也可以降低施工成本。

4. 施工质量水平

质量成本是指控制项目质量的成本与处理项目故障（即返修）的成本之和。保证施工质量的控制成本包括预防成本和鉴定成本两部分，其开支水平与质量水平成正比关系，即工程质量越高，鉴定成本和预防成本就越大；质量不合格而必须进行返修的故障成本包括内部故障成本和外部故障成本，其损失费用与质量水平成反比关系，即工程质量越高，故障成本就越低。所以，把握好工程项目的施工质量，以保证工程质量满足合同要求为控制点，可以降低施工项目的成本支出。

5. 安全管理水平

施工现场发生了安全事故，处理安全事故必将增大工程的成本。为了避免安全事故的发生，项目经理部就应做好安全控制措施的制定及落实、安全用品的采购及发放、安全教育及安全交底、安全检查及跟踪检查等工作。这些工作所需经费也将构成成本。这些工作在实施过程中应满足安全管理的要求，将其费用开支控制在合理的水平上。

6. 进度控制水平

工程进度应满足合同的工期要求。一般情况下，工程进度超前或滞后都将增大工程的成本。因此，在施工过程中，项目经理部应按照进度控制方法对工程进度进行控制，保证工程进度满足计划的要求。

任务 2　信息通信建设工程概预算编制

知识要点

信息通信建设工程概预算定义；
信息通信建设工程不同设计阶段概预算的划分；
信息通信建设工程概预算的作用；
信息通信建设工程概预算的构成；
信息通信建设工程概预算定额；
信息通信建设工程费用定额。

重点难点

信息通信建设工程不同设计阶段概预算的划分；
信息通信建设工程概预算的构成；
信息通信建设工程概预算定额；
信息通信建设工程费用定额。

【相关知识阐述】

2.1 信息通信建设工程概预算概述

2.1.1 信息通信建设工程概预算定义

建设工程项目的设计概预算是指初步设计概算和施工图设计预算的统称。信息通信建设工程概预算是工程项目设计文件的重要组成部分，它是根据各个不同设计阶段的深度和建设内容，按照相关主管部门颁发的相关定额、设备、材料价格、编制方法、费用定额等有关文件，对通信建设项目、单项工程预先计算和确定其全部费用的文件。

设计概预算实质上是工程的计划价格对工程项目设计概预算的管理和控制，即是对建设工程实行科学管理和监督的一种重要手段。设计概预算是以初步设计和施工图设计为基础编制的，它不仅是考核设计方案经济性和合理性的重要指标，而且也是确定建设项目建设计划、签订合同、办理贷款、进行竣工决算和考核工程造价的主要依据。

及时、准确地编制出工程概预算，对加强建设项目管理，提高建设项目投资的社会效益、经济效益有着重要意义，也是加强建设项目管理的重要内容。随着改革的深化和国民经济的发展，加强建设项目概预算编制和管理工作是非常必要的。

2.1.2 信息通信建设工程不同设计阶段概预算的划分

针对不同的工程建设项目，根据其规模的不同划分成不同的设计阶段，如图 3-1 所示。

- 工程设计阶段划分
  - 三阶段设计
    - 初步设计阶段
    - 技术设计阶段
    - 施工图设计阶段
  - 二阶段设计
    - 初步设计阶段
    - 施工图设计阶段
  - 一阶段设计：施工图设计阶段

图 3-1　工程设计阶段的划分

不同的设计阶段要求编制不同的概预算文件，具体如下：

1. 三阶段设计

（1）初步设计阶段要求编制设计概算。

（2）技术设计阶段要求编制修正概算。

（3）施工图设计阶段要求编制施工图预算。

2. 二阶段设计

（1）初步设计要求编制设计概算；

（2）施工图设计时要求编制施工图预算。

3. 一阶段设计

编制施工图预算，按单项工程处理，反映工程费、工程建设其他费和预备费，即反映全部概算费用。

2.1.3 信息通信建设工程概预算的作用

1. 设计概算的作用

（1）概算是确定和控制固定资产投资、编制和安排投资计划、控制施工图预算的主要依据。

（2）概算是核定贷款额度的主要依据。

（3）概算是考核工程设计技术经济合理性和工程造价的主要依据。

（4）概算是筹备设备、材料和签订订货合同的主要依据。

（5）概算在工程招标承包制中是确定标底的主要依据。

2. 施工图预算的作用

（1）预算是考核工程成本，确定工程造价的主要依据。

（2）预算是签订工程承、发包合同的依据。

（3）预算是工程价款结算的主要依据。

（4）预算是考核施工图设计技术经济合理性的主要依据。

2.1.4 信息通信建设工程概预算的构成

1. 初步设计概算的构成

建设项目在初步设计阶段必须编制概算。设计概算的组成由建设项目规模的大小确定，一般由建设项目总概算、若干单项工程概算组成。单项工程概算由工程费、工程建设其他费用、预备费、建设期利息四部分组成；建设项目总概算等于各单项工程概预算之和，是一个建设项目从筹建到竣工验收的全部投资之和，如图 3-2 所示。

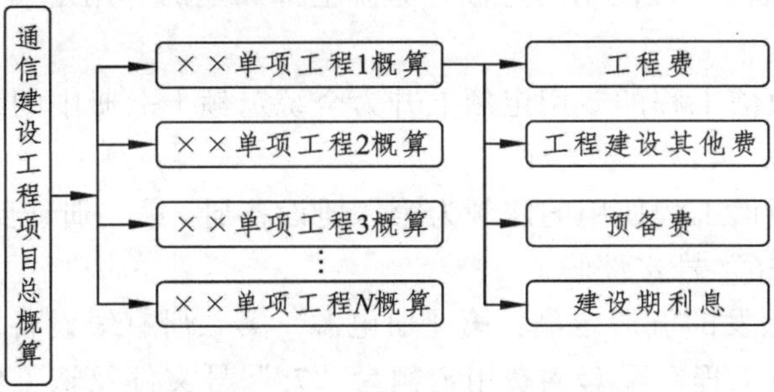

图 3-2　建设项目总概算构成

2. 施工图设计预算的构成

建设项目在施工图设计阶段编制预算。施工图预算一般有单位工程预算、单项工程预算、建设项目总预算的结构层次，单项工程预算如图 3-3 所示。

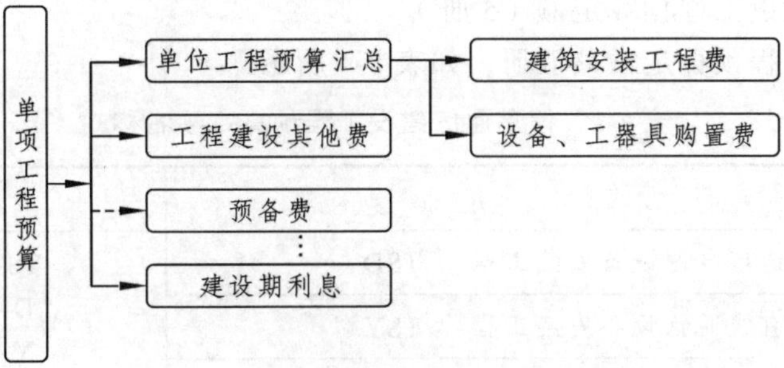

图 3-3　建设项目单项工程预算构成

2.2 信息通信建设工程概预算定额

2.2.1 信息通信建设工程概预算定额定义

在生产过程中，为了完成某一单位合格产品，需要消耗一定的人工、材料、机具设备和资金，由于这些消耗受技术水平、组织管理水平及其他客观条件的影响，所以其消耗水平是不相同的。因此，为了便于统一管理和核算，就必须制定一个统一考核的平均消耗标准，这个标准就是定额。

所谓定额，就是在一定的生产技术和劳动组织条件下，为完成单位合格产品所必需的人工、材料、机械（台班）消耗方面的数量标准。

2.2.2 信息通信建设工程概预算定额的发展过程

第一阶段：1950—1957 年，建立时期。

第二阶段：1958—1966 年，弱化时期。

第三阶段：1966—1976 年，停滞时期。

第四阶段：1976—20 世纪 90 年代，发展时期。

第五阶段：20 世纪 90 年代初—至今：逐步改革的时期。

2.2.3 通信工程预算定额的演变过程

（1）1985 年以前通信工程使用的定额是原邮电部颁发的专用定额共十一册，配套的费用定额为“613”号文件。

（2）1986 年以后通信工程的专用定额上升为全统定额十七册中的第四册设备和第五册线路，配套的费用定额为“433”号文件。

（3）1995 年以后通信工程使用的定额为第一册设备册，第二册线路册，第三册邮政设备，配套的费用定额为“626”号文件。

（4）2008 年 5 月颁发的五册定额：第一册电源，第二册有线设备，第三册无线设备，第四册线路，第五册管道工程。配套的费用定额为“75”号文件及施工机械、仪表台班费用定额。

（5）2016 年 12 月“451”号文件发布新的定额、费用定额及机械仪表台班定额等。

2.2.4 信息通信建设工程定额的构成

（1）信息通信建设工程预算定额（5 册）。

信息通信建设工程预算定额共五册，如表 3-1 所示。

表 3-1　信息通信建设工程预算定额名称

<table>
<tr><th>册名</th><th>备注</th></tr>
<tr><td>第一册 通信电源设备安装工程　TSD</td><td rowspan="3">TS——通信设备
D——电源设备
Y——有线设备
W——无线设备</td></tr>
<tr><td>第二册 有线通信设备安装工程　TSY</td></tr>
<tr><td>第三册 无线通信设备安装工程　TSW</td></tr>
<tr><td>第四册 通信线路工程　TXL</td><td>TXL——通信线路</td></tr>
<tr><td>第五册 通信管道工程　TGD</td><td>TGD——通信管道</td></tr>
</table>

每册构成：总说明、册说明、章节说明、定额项目表和附录。

各册内容安排：

①各专业册涵盖了所属专业项目的全部施工项目内容，即在一册定额中就可完成本专业单项工程的所有子项查询，避免了交叉误套，并且查询更简单方便。但是，每册之间有一定的重复。

②调整了预算定额表格结构，定额单位在表格中独立占据一行，使用者在使用时一目了然。

（2）通信建设工程费用定额（含施工机械、仪表台班费用定额）。

（3）工程勘查设计收费标准（国家计委、建设部计价格[2002]10 号文）。

（4）工程监理费（670 号）、招标代理服务费等相关文件。

2.2.5 信息通信建设工程概预算表

信息通信建设工程概预算表格统一使用五种十张表格组成，即：

（1）汇总表：建设项目总概（预）算表，用于汇总各个单项工程的总费用。

（2）表一：《工程概（预）算总表》，供编制建设项目总费用使用。

（3）表二：《建筑安装工程费用概（预）算表》，供编制建安费使用。

（4）（表三）甲：《建筑安装工程量概（预）算表》，供编制建安工程量使用。

（5）（表三）乙：《建筑安装工程机械使用费概（预）算表》，供编制建安机械台班费使用。

（6）（表三）丙：《建筑安装工程仪器仪表使用费概（预）算表》，供编制建安仪器仪表台班费使用。

（7）（表四）甲：《国内器材概（预）算表》，供编制设备费、器材费使用。

（8）（表四）乙：《引进器材概（预）算表》，供编制引进设备费、器材费使用。

（9）（表五）甲：《工程建设其他费概（预）算表》，供编制工程建设其他费使用。

（10）（表五）乙：《引进设备工程建设其他费概（预）算表》，供编制引进工程建设其他费使用。

信息通信建设工程概预算表一至表五请扫二维码获取。

信息通信建设
工程概预算表

2.2.6 信息通信建设工程定额分类

1. 按物质消耗内容分类

信息通信建设工程概预算定额包含劳动消耗定额，材料消耗定额，机械消耗定额。

1）劳动消耗定额

也称人工定额，是指完成一定量的合格产品所必须消耗的劳动时间标准（人）。（表三甲）

2）材料消耗定额

是指完成一定量的合格产品所必须消耗的材料数量标准（材）。（表四）

3）机械（仪表）消耗定额

是指完成一定量的合格产品所必须消耗的施工机械（仪表）消耗的数量标准（机、仪）。（表三乙、丙）

注：关于人工工日及消耗量的确定。

（1）人工工日：包括基本用工、辅助用工、其他用工。

（2）材料用量：只反映主要材料，其辅助材料另行计算。包括主要材料的净用量和规定的损耗量。

（3）机械台班/仪表台班：凡是单位价值在 2 000 元以上，构成固定资产的机械、仪表定额子目中均给定了台班消耗量。购置原值为 2 000 元以下的计入生产工具用具使用费。

2. 按编制程序和用途分类

1）施工定额

包括劳动定额、机械（仪表）台班定额和材料消耗定额等。

2）预算定额

包括人工工日数、各种材料的消耗量、机械台班数量和仪表台班数量等。

3）概算定额

内容与预算定额相似，项目划分较粗，准确性不如预算定额高。

4）投资估算指标

投资估算值与可研阶段相适应，主要作用为项目决策和投资控制提供依据。

5）工期定额

规定施工期限的定额天数，包括建设工期定额和施工工期定额两个层次。

3. 按主编单位和管理权限分类

1）行业定额

是指各行业主管部门根据其行业工程技术特点以及施工生产和管理水平编制的，在本行业范围内使用的定额。

2）地区性定额

是指各地区主管部门考虑本地区特点而编制的，在本地区范围内使用的定额。

3）临时定额

是指随着设计、施工技术的发展，在现行各种定额不能满足需要的情况下，为了补充缺项由设计单位会同建设单位所编制的定额。

4）企业定额

是指由施工企业考虑本企业具体情况，参照行业或地区性定额的水平编制的定额。企业定额只在本企业内部使用，是企业素质的一个标志。

2.2.7 信息通信建设工程概预算定额的特点

信息通信建设工程概预算定额水平以符合社会必要劳动量为原则,即在正常施工条件下,多数企业经过努力可以达到的水平。定额具有科学性、系统性、统一性和时效性的特点。

1. 科学性

科学性是指从生产活动客观实际出发，按照规律的要求，采用科学的方法在测定、计算的基础上制定的，它是随生产技术发展而不断提高和完善起来的，反映了工程消耗的普遍规律。

2. 系统性

工程建设具有庞大的系统性，类别多，层次多，要求有与之相适应的多种类、多层次的定额。

3. 统一性

定额是由国家主管部门或由它授权的机关统一制定的，一经颁发即具有法规性，不得有随意性，也不得任意修改。这些定额在一定范围内对工程规划、组织、调节、控制具有统一的尺度。

4. 时效性（实践性）

定额反映的是一定时期内的生产力水平，它需要保持相对稳定。但随着技术和管理水平的不断提高，需对原有定额进行必须地修订或制定新的定额。

2.2.8 信息通信建设工程概预算定额的作用

1. 概算定额的作用

（1）概算定额是初步设计阶段编制建设项目概算和技术设计阶段编制修正概算的依据。

（2）概算定额是对设计方案进行比较的依据。所谓设计方案比较，目的是选择出技术先进可靠、经济合理的方案。在满足使用功能的条件下，达到降低造价和资源消耗的目的。

（3）概算定额是编制主要材料需要量的计算基础，是筹备和签订设备、材料订货合同的依据。

（4）概算定额是编制概算指标和投资估算，安排投资计划，控制施工图预算的依据。

（5）概算定额在招标承包制中是确定标底的依据。

2. 预算定额的作用

（1）预算定额是编制概算定额和概算指标的基础。

（2）预算定额是编制施工图预算，合理确定和控制建筑安装工程造价的计价基础。

（3）预算定额是落实和调整年度建设计划，对设计方案进行技术经济比较、分析的依据。

（4）预算定额是编制标底、投标报价的基础和签订承包合同的依据。

（5）预算定额是工程结算的依据。

2.3 信息通信建设工程费用定额

信息通信建设工程费用定额是指工程建设中各项费用的计取标准，其表现形式主要是以人工费为基数，计取各项建设费用的发生额。通信建设工程费用定额依据工程的特点，对其费用的构成、定额及计算规则进行了相应的规定。

通信建设工程项目的总费用，是由各个单项工程的费用之和构成。如果一个建设工程只含有一个单项工程，那么这个建设项目的总费用就等于这个单项工程的费用。

通信建设工程项目的费用由工程费、工程建设其他费、预备费、建设期利息四部分组成，如图 3-4 所示。

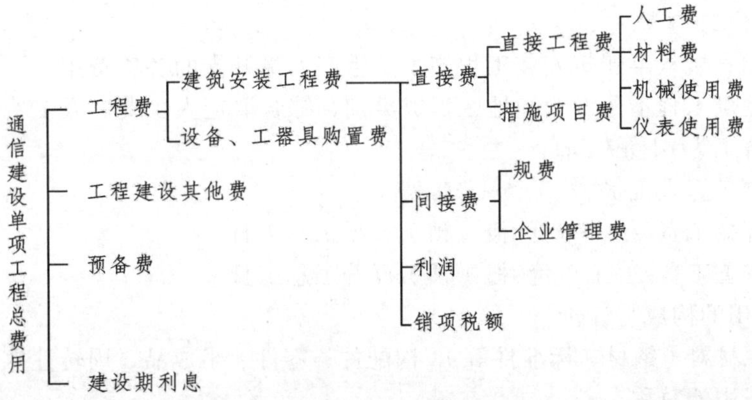

图 3-4　建设单项工程总费用

2.3.1 工程费

工程费由建筑安装工程费和设备、工器具购置费组成。其中建筑安装工程费由直接费、间接费、计划利润和销项税额组成。直接工程费又由人工费、材料费、机械使用费和仪表使用费构成。

1. 建筑安装工程费用的构成

建筑安装工程费又称建安费，是建筑工程费与安装工程费的统称，由直接费、间接费、利润和销项税额组成，其中直接费又由直接工程费和措施项目费构成。

（1）直接费——为形成工程实体，所需人工、材料、机械、仪表和组织施工生产的相关费用。

（2）间接费——应摊入工程项目合同价中的附加成本。

（3）利润——作为市场运营主体所应计取的报酬。

（4）销项税额——指按国家税法规定应计入建筑安装工程造价的增值税销项税额。

建安费计算依据（以人工费为计价基础），如表 3-2 所示。

表 3-2　建安费计算依据

序号	费用项目	计算方法	备注
1	直接工程费	按预算表	人、材、机、仪
2	直接工程费中人工费	按预算表	总工日×单价标准
3	措施项目费（16 项）	按规定标准计算	辅助生产费用
4	措施项目费中人工费	按规定标准计算	单价标准同 2
5	小计	1 + 3	
6	人工费小计	2 + 4	
7	间接费（5 项）	6×相应费率	规费、企管费
8	利润	6×相应利润率	
9	合计	5 + 7 + 8	
10	含税总价	9×（1 + 相应税率）	

1）工日单价的构成

人工费：指直接从事建筑安装工程施工的生产人员开支的各项费用。

（1）通信建设工程不分专业和地区工资类别，综合取定人工费。人工费单价为：技工为 114 元/工日，普工为 61 元/工日。

（2）概（预）算人工费=技工费+普工费

概（预）算技工费=技工单价×概（预）算技工总工日

概（预）算普工费=普工单价×概（预）算普工总工日

2）材料费用的构成与计价

材料费：原材料（钢材、标准件等）、构配件、零件、半成品、周转性摊销料、采购费用等与辅助材料费用的总称。

（1）材料费计价。

材料费=材料原价（供货价）+运杂费+运输保险费+采购及保管费+采购代理服务费。

材料费总价=材料费×（1+辅材系数）

①编制概算时，水泥及其制品运距按 500 km，其他材料按 1 500 km 计算。

②编制预算时，运距按实计列。

材料费计算方法如表 3-3 所示。

表 3-3　主要材料费计算依据

序号	项目名称	计算方法	备注
1	材料原价	供应价或供货地点价	
2	运杂费	1×相应费率	材料自来源地运至工地仓库（或指定堆放地点）所发生的费用；按运输里程分档费率
3	运输保险费	1×相应费率	自来源地运至工地仓库所发生的保险费用
4	采购及保管费	1×相应费率	为组织材料采购及材料保管过程所需的各项费用
5	采购代理服务费	按实计列	指委托中介采购代理服务的费用
6	国外引进工程	根据相关规定	

（2）辅助材料费。

辅助材料费=主要材料费×辅助材料费费率

其计算依据如表 3-4 所示。

表 3-4　辅助材料费费率表

工程名称	计算基础	费率%
通信设备安装工程	主要材料费	3.0
电源设备安装工程		5.0
通信线路工程		0.3
通信管道工程		0.5

3）机械使用费的计价

（1）机械使用费=台班单价×预算台班定额

（2）台班单价的计算：

台班单价=折旧费+大修理费+经常修理费+安拆及场外运费+人工费+燃料动力费+其他费用

（3）机械设备原值与费率的取定参照《全国统一施工机械台班费用编制规则》（建标[2001]196 号）。

4）仪表使用费的计价

（1）仪表使用费=台班单价×预算台班定额

（2）台班单价的计算：

台班单价=折旧费+经常修理费+计校费+人工费

（3）仪表原值与费率的计算：

①仪表原值采用通信工程施工行业统计值。

②费率的取定参照：

《施工、房地产开发企业财务制度》(93)财预字第6号；

《关于计量费标准的通知》国家技术监督局、国家物价局、财政部技监局法发(1991)323号；

《关于计量费标准调价的有关规定》国家技术监督局、国家物价局、财政部技监局法发(1994)241号。

5）措施费（其他直接费）

措施费：辅助生产费用，为组织施工生产在施工前与施工中非实体工程所发生的费用。

措施费项目共分为15项：文明施工费、工地器材搬运费、工程干扰费、工程点交与场地清理费、临时设施费、工程车辆使用费、夜间施工增加费、冬雨季施工增加费、生产工具用具使用费、施工用水电蒸汽费、特殊地区施工增加费、已完工程及设备保护费、运土费、施工队伍调遣费、大型施工机械调遣费。归类的目的是便于工程项目招标、投标操作。

（1）文明施工费。

文明施工费指施工现场文明施工所需要的各项费用：

文明施工费=人工费×费率（0.8%~1.1%）

（2）工地器材搬运费。

其指由工地仓库至施工现场转运器材而发生的费用，费率如表3-5所示。

表3-5 工地器材搬运费费率表

工程名称	计算基础	费率/%
通信设备安装工程	人工费	1.3
通信线路工程		5.0
通信管道工程		1.6

（3）工程干扰费。

其指通信线路工程、通信管道工程由于受市政管理、交通管制、人流密集、输配电设施等影响工效的补偿费用，费率如表3-6所示。

工程干扰费=人工费×相关费率

表3-6 工程干扰费费率表

工程名称	计算基础	费率/%
通信线路工程、通信管道工程（干扰地区）	人工费	6.0
移动通信基站设备安装工程		4.0

（4）工程点交与场地清理费。

其指按规定编制竣工图及资料、工程点交、施工场地清理等发生的费用，费率如表3-7所示。

工程点交与场地清理费=人工费×相关费率

表 3-7　工程点交与场地清理费费率表

工程名称	计算基础	费率/%
通信设备安装工程	人工费	3.5
通信线路工程		5.0
通信管道工程		2.0

（5）临时设施费。

其指施工企业为进行工程施工而必须设置的生活和生产用的临时建筑物、构筑物和其他临时设施费用等，费率如表 3-8 所示。

临时设施费=人工费×相关费率

表 3-8　临时设施费费率表

工程名称	计算基础	费率/%	
		距离≤35 km	距离>35 km
通信设备安装工程	人工费	6.0	12.0
通信线路工程		5.0	10.0
通信管道工程		12.0	15.0

（6）工程车辆使用费。

工程车辆使用费=人工费 × 工程车辆使用费费率

其费率如表 3-9 所示。

表 3-9　工程车辆使用费费率表

工程专业	计算基础	费率/%
无线通信设备安装工程、通信线路工程	人工费	5.0
有线通信设备安装工程、电源设备安装工程、通信管道工程		2.2

（7）夜间施工增加费。

其指因夜间施工所发生的夜间补助费、夜间施工降效、夜间施工照明设备摊销及照明用电等费用，费率如表 3-10 所示。

夜间施工增加费=人工费×相关费率

表 3-10　夜间施工增加费费率表

工程名称	计算基础	费率/%
通信设备安装工程	人工费	2.0
通信线路工程（城区部分） 通信管道工程		3.0

（8）冬雨季施工增加费。

冬雨季施工增加费=人工费×冬雨季施工增加费费率，费率如表 3-11 所示，冬雨季施工地区分类表如表 3-12 所示。

表 3-11　冬雨季施工增加费费率表

工程专业	计算基础	费率/%		
通信设备安装工程（室外部分）	人工费	Ⅰ	Ⅱ	Ⅲ
通信线路工程、通信管道工程		3.6	2.5	1.8

表 3-12　冬雨季施工地区分类表

地区分类	省、自治区、直辖市名称
Ⅰ	黑龙江、青海、新疆、西藏、辽宁、内蒙古、吉林、甘肃
Ⅱ	陕西、广东、广西、海南、浙江、福建、四川、宁夏、云南
Ⅲ	其他地区

注：此费用在编制预算时不考虑施工所处季节均按相应费率计费。如工程跨越多个地区分类档，按高档计取该项费用。综合布线工程不计取该项费用。

（9）生产工具用具使用费。

其指施工所需的不属于固定资产的工具用具等的购置、摊销、维修费，费率如表 3-13 所示。

生产工具用具使用费=人工费×相关费率

表 3-13　生产工具用具使用费费率表

工程名称	计算基础	费率/%
通信设备安装工程	人工费	2.0
通信线路工程、通信管道工程		3.0

（10）施工用水电蒸汽费。

通信线路、通信管道工程依照施工工艺要求按实计列施工用水电蒸汽费。

（11）特殊地区施工增加费。

其指在原始森林地区、海拔 2 000 m 以上高原地区、化工区、核污染区、沙漠地区、山区无人值守站等特殊地区施工所需增加的费用，如表 3-14 所示。如果有两种以上特殊地区同时存在，只按高位计一次，不重复计列。

特殊地区施工增加费=概（预）算总工日×特殊地区补贴金额/工日

表 3-14　特殊地区分类及补贴表

地区分类	高海拔地区		原始森林、沙漠、化工、核工业、山区无人值守站地区
	4 000 米以下	4 000 米以上	
补贴金额（元/天）	8	25	17

（12）已完工程及设备保护费。

承包人依据工程发包的内容范围报价，经业主确认计取已完工程及设备保护费，如表 3-15

所示。

表 3-15 已完工程及设备保护费表

工程专业	结算基础	费率/%
通信线路工程	人工费	2.0
通信管道工程		1.8
无线通信设备安装工程		1.5
有线通信及电源设备安装工程（室外部分）		1.8

（13）运土费。

通信线路（城区部分）、通信管道工程根据市政管理要求，按实计取运土费，计算依据参照地方标准。

（14）施工队伍调遣费。

施工队伍调遣费按调遣费定额计算。施工现场与企业的距离在 35 km 以内时，不计取此项费用，如表 3-16，表 3-17 所示。

施工队伍调遣费=单程调遣费定额×调遣人数×2

表 3-16 施工队伍单程调遣费定额表

调遣里程（L）/km	调遣费（元）	调遣里程（L）/km	调遣费/元
$35<L\leqslant 100$	141	$1\,600<L\leqslant 1\,800$	634
$100<L\leqslant 200$	174	$1\,800<L\leqslant 2\,000$	675
$200<L\leqslant 400$	240	$2\,000<L\leqslant 2\,400$	746
$400<L\leqslant 600$	295	$2\,400<L\leqslant 2\,800$	918
$600<L\leqslant 800$	356	$2\,800<L\leqslant 3\,200$	979
$800<L\leqslant 1\,000$	372	$3\,200<L\leqslant 3\,600$	1 040
$1\,000<L\leqslant 1\,200$	417	$3\,600<L\leqslant 4\,000$	1 203
$1\,200<L\leqslant 1\,400$	565	$4\,000<L\leqslant 4\,400$	1 271
$1\,400<L\leqslant 1\,600$	598	$L>4\,400$ km 后，没增加 200 km 增加调遣费	48

注：调遣里程依据铁路里程计算，铁路无法到达的里程部分，依据公路、水路里程计算。

表 3-17 施工队伍调遣人数定额表

概（预）算技工总工日	调遣人数/人	概（预）算技工总工日	调遣人数/人
通信设备安装工程			
500 工日以下	5	4 000 工日以下	30
1 000 工日以下	10	5 000 工日以下	35
2 000 工日以下	17	5 000 工日以上，每增加 1 000 工日增加调遣人数	3
3 000 工日以下	24		
通信线路、通信管道工程			
500 工日以下	5	9 000 工日以下	55

续表

概（预）算技工总工日	调遣人数/人	概（预）算技工总工日	调遣人数/人
1 000 工日以下	10	10 000 工日以下	60
2 000 工日以下	17	15 000 工日以下	80
3 000 工日以下	24	20 000 工日以下	95
4 000 工日以下	30	25 000 工日以下	105
5 000 工日以下	35	30 000 工日以下	120
6 000 工日以下	40	30 000 工日以上，每增加 5 000 工日增加调遣人数	3
7 000 工日以下	45		
8 000 工日以下	50		

（15）大型施工机械调遣费。

大型施工机械调遣吨位由费用定额及预算定额共同确定，如表 3-18，表 3-19 所示。

$$大型施工机械调遣费=2\times调遣用车运价\times调遣运距$$

表 3-18　大型施工机械吨位表

机械名称	吨/t	机械名称	吨/t
混凝土搅拌机	2	水下光（电）缆沟挖冲机	6
电缆拖车	5	液压顶管机	5
微观微缆气吹设备	6	微控钻孔敷管设备（25 t 以下）	8
气流敷设吹缆机	8	微控钻孔敷管设备（25 t 以上）	12
回旋钻机	11	液压钻机	15
型钢剪断机	4.2	磨钻机	0.5

表 3-19　调遣用车吨位及运价表

名称	吨/t	运价（元/km）	
		单程运距＜100 km	单程运距＞100 km
工程机械运输车	5	10.8	7.2
工程机械运输车	8	13.7	9.1
工程机械运输车	15	17.8	12.5

6）间接费

间接费由规费与企业管理费组成。

规费——政府有关部门规定应计入生产成本的费用：工程排污费、养老保险费、失业保险费、医疗保险费、生育保险费、工伤保险费、住房公积金、危险作业意外伤害保险。

企业管理费——施工企业应在单项工程合同价中分摊的经营管理费。

计价方法：

$$项目费用=人工费\times相关费率$$

2. 设备、工器具购置费计价方法

设备、工器具购置费计价方法如表 3-20 所示。

表 3-20　设备、工器具购置费计价方法

序号	项目名称	计算方法	备注
1	设备原价	供应价	
2	运杂费	1×相应费率	按运输里程分档费率
3	运输保险费	1×相应费率	
4	采购及保管费	1×相应费率	
5	采购代理服务费	按实计列	
6	国外引进工程	根据相关规定	

2.3.2 工程建设其他费

工程建设其他费用项目，是项目的建设投资中较常发生的费用项目，但并非每个项目都会发生这些费用项目，建设工程中不发生的其他费用项目不应计取。

为方便投资估算和概算的编制，对工程建设其他费用项目可以进行适当简化和同类费用归并，但这种简化和归并有一个前提条件，即不影响项目的建设投资估算结果。

一般建设项目很少发生或一些具有较明显行业特征的工程建设其他费用项目，如地震安全性评价费、地质灾害危险性评价费等具体项目发生时依据有关政策规定计取。

工程建设其他费计价方法：

1. 依据行政管理部门的相关规定

建设单位管理费、可行性研究费、勘查设计费、环境影响评价费、建设工程监理费、安全生产费、工程招标代理费（共 6 项）。

2. 依据建设项目所在地投资环境

建设用地及综合培补费（共 1 项）。

3. 依据建设项目规模与技术要求

研究试验费、引进技术和引进设备其他费、工程保险费、工程招标代理费、专利及专用技术使用费、其他费用、生产准备及开办费（共 7 项）。

安全生产费：施工企业按照国家有关规定和建筑施工安全标准，购置施工防护用具、落实安全生产措施以及改善安全生产条件所需要的各项费用。

取费标准=建安费（税前）×1.5%

注：非竞争性费用，标外管理，其计算、支付、使用均有严格的要求。

2.3.3 预备费

预备费是指在初步设计及概算内难以预料的工程费用。预备费包括基本预备费和价差预备费。

1. 基本预备费

（1）进行技术设计、施工图设计和施工过程中，在批准的初步设计和概算范围内所增加

的工程费用。

（2）由一般自然灾害所造成的损失和预防自然灾害所采取的措施费用。

（3）竣工验收为鉴定工程质量，必须开挖和修复隐蔽工程的费用。

2. 价差预备费

设备、材料的价差。

3. 预备费计算方法

预备费计算费率如表 3-21 所示。

表 3-21　预备费计算费率表

工程名称	计算基础	费率/%
通信设备安装工程	工程费+工程建设其他费	3.0
通信线路工程	工程费+工程建设其他费	4.0
通信管道工程	工程费+工程建设其他费	5.0

2.3.4 建设期利息

按建设期时段贷款利率计算。此项成本属于时间价值的范畴。

2.4 信息通信建设工程工程量的统计原则

信息通信建设工程工程量是编制概预算的基本依据，准确地统计、计算工程量是做好概预算文件的基础。编制初步设计概算技术设计补充概算和施工图预算均需要计算工程量。

2.4.1 信息通信建设工程概预算人员进行工程量统计时应把握的要求

（1）工程量计算的主要依据是施工图设计文件、现行预算定额的有关规定及相关资料。

（2）概预算人员必须能够熟练的阅读图纸，这是概预算人员所必须具备的基本功。

（3）概预算人员必须掌握预算定额中定额项目的“工作内容”说明、注释及定额项目设置、定额项目的计量单位等，以便统一或正确换算出工程量与预算定额的计量单位。

（4）概预算人员对施工组织、设计也必须了解和掌握，并且掌握施工方法以利于工程量计算和套用定额。

（5）概预算人员必须掌握和运用与工程量计算相关的资料。

（6）工程量计算顺序，一般情况下应按预算定额项目排列顺序及工程施工的顺序逐一统计，以保证不重不漏，便于计算。

（7）工程量计算完毕后，要进行系统整理。

（8）整理过的工程量，要进行检查、复核，发现问题应及时修改。

2.4.2 信息通信建设工程工程量计算的基本准则

（1）工程量的计算应按工程量计算规则进行，即工程量项目的划分，计量单位的取定，有关系数的调整换算等，都应按相关的计算规则确定。

（2）工程量的计量单位有物理计量单位和自然计量单位，用来表示分部、分项工程的计量单位。物理计量单位应按国家规定的法定计量单位表示，如长度用“米”“千米”，重量用“克”“千克”，体积用“立方米”“百立方米”，面积用“平方米”“百平方米”，相对应的单位符号如 m、km、g、kg、m^2、m^3 等。自然计量单位常用的有台、套、盘、部、架、端、系统等。

（3）通信建设工程无论是初步设计还是施工图设计，都依据设计图纸统计计算工程量，按实物工程量编制通信建设工程概预算。

（4）工程量计算应以设计规定的所属范围和设计分界线为准，布线走向和部件设置以施工验收技术规范为准，工程量的计量单位必须与施工定额计量单位相一致。

（5）工程量应以施工安装数量为准，所用材料数量不能作为安装工程量，因为所用材料数量和安装使用的材料数量（即工程量）有一个差值。

2.4.3 信息通信建设工程工程量的计算依据

工程量计算的主要依据是设计图纸、现行的概预算定额和有关文件。

2.5 信息通信建设工程概预算编制

2.5.1 信息通信建设工程概预算的编制依据

信息通信建设工程有预算定额和费用定额，但没有概算定额，在编制概算时，暂用预算定额代替。各种定额执行的文件如下：

（1）《信息通信建设工程预算定额》，其执行文件包括：第一册，通信电源设备安装工程；第二册，有线通信设备安装工程；第三册，无线设备安装工程；第四册，通信线路工程；第五册，通信管道工程。《工业和信息化部关于印发信息通信建设工程预算定额、工程费用定额及工程概预算编制规程的通知》，通信建设工程工信部通信[2016]451 号。

（2）《信息通信建设工程施工机械、仪表台班单价》。《工业和信息化部关于印发信息通信建设工程预算定额、工程费用定额及工程概预算编制规程的通知》，通信建设工程工信部通信[2016]451 号。

（3）《信息通信建设工程费用定额》。《工业和信息化部关于印发信息通信建设工程预算定额、工程费用定额及工程概预算编制规程的通知》，通信建设工程工信部通信[2016]451 号。

（4）《工程勘查设计收费管理规定》。《国家计委、建设部关于发布〈工程勘查设计收费管理规定〉的通知》，计价[2016]10 号。

（5）《通信建设工程价款结算暂行办法》。

（6）引进设备安装工程的概预算的编制依据。

经国家或有关部门批准的引进设备安装工程项目订货合同、细目及价格；国外有关技术、经济资料及相关文件。

国家或有关部门发布的现行通信建设工程概算、预算编制办法、定额及有关规定。

2.5.2 信息通信建设工程概预算的编制原则

（1）编制信息通信建设工程概预算，必须由持有勘查设计证书的单位编制，编制人员持有概预算资格证书。

（2）邮政设备安装工程不计取间接费和计划利润。集体所有制施工企业的收费标准除已有规定外，应由各省级邮电管理局参照邮部[1995]626号文件精神制定。

（3）直接费、现场经费、间接费，可根据工程规模、技术难易程度、施工场地、工期长短及企业资质等情况不同而不同，应作为可变费用逐步由企业根据工程情况自行确定报价，以利于竞争。

（4）根据国家规定，计划利润按照工程类别实行差别利润率。施工企业在资质等级范围内承包工程时，按相应工程类别费率标准取费。施工企业经批准越级承包工程时，也不得越级取费。

（5）成建制普工仅指在军民共建工程中部队参与工程项目的施工人员。此项费用不计取计划利润。

（6）概算是初步设计的组成部分，要严格按照批准的可行性报告和其他有关文件编制。

（7）预算是施工图设计文件的重要组成部分，编制时要在批准的初步设计文化概算范围内编制。

（8）概算或预算应按新时期工程编制，通信行业概算定额还没有颁布，暂由预算定额代替。

（9）引进设备安装工程的概、预算的编制。

①引进设备安装工程的概预算除必须编制引进国的设备价款外，一律按设备到岸价（CIF）的外币折成人民币的价格，再按照本办法有关条款进行编制。

②引进设备安装工程，应由国内设计单位作为总体设计单位，并编制总概算、预算。

③引进设备安装工程的概预算应用两种货币表现形式，即外币和人民币。外币可用美元或引进国的货币。

④引进设备的概预算除包括本办法和费用定额规定的费用外，还应包括关税、增值税、工商统一费（商费）、进口调节税、海关监督费、外贸手续费、银行财务费等以及国家规定应计取的其他费用。

2.5.3 信息通信建设工程概预算文件的组成

（1）概预算是设计文件的重要组成部分，主要由编制说明及概预算表格两部分组成。

（2）概预算说明应包括：

①工程概况、规模、用途、生产能力和概、预算总价等。

②编制依据，说明所引用的文件，定额价格及对有关地方政府规定部分和信息产业部未做统一规定的费用计算依据和说明。

③投资分析，主要分析各项投资比例和费用构成，分析投资情况，分析设计合理性、技术先进性等情况。

④建设项目的特殊条件、问题及处理意见。

2.5.4 信息通信建设工程概预算的编制程序

收集资料→熟悉图纸→计算工程量→套用定额→选定材料价格→计算各项费用→复核→编写说明→审核出版。

（1）编制概预算前，要针对工程的具体情况，收集与本工程有关的资料，并对图纸全面检查和审核。

（2）准确统计和计算工程量，套用定额时要注意定额的标注和说明，计量单位要和定额一致。

（3）认真复核，要对所列项目、工程量的统计和计算结果、套用定额、器材选用单价、标准等逐一审核。

（4）编制说明要简明扼要，凡设计文件的图表中不能明确反映的事项，以及编写中必须说明的问题，如对施工工艺的要求，施工中注意的问题，工程验收技术指标等都应以文字表达出来。

（5）凡是由企业运营费列支费用不应计入工程总造价，其数字可以用符号加以区别，如生产准备费，按运营费处理。

（6）施工项目承包费和预备费不能同时在概预算表中存在，只有在编制初步设计和一阶段施工图设计时列预备费。

（7）最后经审核印刷和出版。

要编制上述费用，必须掌握设计文件中对概预算表格（表一至表五）的编制要求。首先要编制表三甲，即工程量的计算。工程量是按每道施工工序的定额规定编写的。在预算定额中包括三部分内容，即人工工时、材料用量、机械使用费用，它的编制应以工信部部[2016]451号文件规定的机械台班使用单价为依据。表四甲为工程中材料用量及费用，其中材料单价应以国家公布价为依据，地方材料应以当地价格为依据。

在表三甲、乙、丙和表四甲编制完毕后，即可进行表二即工程建筑安装费的编制，然后再进行表五甲即工程建设其他费的编制，最后计算编制表一，即各项总费用。

概预算表格的编写及审查顺序为表三甲→表三乙→表三丙→表四甲→表二→表五甲→表一。

任务3 信息通信建设工程成本控制

【相关知识阐述】

知识要点

信息通信建设工程成本控制的概念；
信息通信建设工程成本控制的任务；
信息通信建设工程成本控制的内容；
信息通信建设工程成本控制的方法；
信息通信建设工程成本的降低措施。

重点难点

信息通信建设工程成本控制的内容；
信息通信建设工程成本控制的方法；
信息通信建设工程成本的降低措施。

【相关知识阐述】

3.1 信息通信建设工程成本控制的概念

信息通信建设工程项目的成本控制通常是指在项目成本的形成过程中，对生产经营所消耗的人力资源、物质资源和费用开支进行指导、监督、调节和限制，及时纠正将要发生和已经发生的偏差，把各项生产费用控制在计划成本的范围之内，以保证成本目标的实现。成本控制应在对项目的工作内容进行结构分解的基础上计算每个单位工程、每种施工段落、每道施工工序的单位成本。因此，施工单位或项目经理部要想做好成本控制，首先应该掌握施工项目不同阶段成本控制的任务，并在此基础上正确使用项目成本控制的方法。成本控制的方法很多，项目经理部应合理选用。

3.2 信息通信建设工程成本控制的任务

对于施工单位来说，工程项目的实施是分阶段进行的，一般分为施工前阶段、施工阶段以及竣工验收阶段三个阶段，各阶段成本控制的任务也不相同。

1. 施工前阶段成本控制的任务

施工单位项目施工前的主要工作包括项目投标和中标后的施工准备等两项工作。在这两项工作中，施工单位在成本控制方面的任务如下：

（1）施工单位在投标报价时，应根据施工现场的具体特点，认真、周密地计算工程成本，保证报价满足工程的需要，满足企业的利润要求；项目中标以后，施工单位应组建与项目规模相适应的项目经理部，并应以中标后签订的合同文件为依据确定项目的成本目标。

（2）施工准备阶段，项目经理部应根据施工合同、设计、规范等文件及企业下达的经济责任目标编制出明细而具体的成本控制计划，并按照部门、施工队和班组的分工进行分解，作为部门、施工队和班组的成本控制目标落实下去，为今后的成本控制做好准备。

2. 项目实施阶段成本控制的任务

项目实施阶段的成本控制主要是按照成本控制计划，在施工过程中定期对工程的开支情况进行分析，发现偏差时应分析影响因素，采取措施，防止成本失控。项目实施阶段的成本控制要求项目经理部做好施工任务单和限额领料单的管理、成本核算以及相关方工作情况的检查。

3. 竣工验收阶段成本控制的任务

竣工验收阶段，项目经理部应进行竣工成本分析，盘点、核算工程成本，分析施工过程中影响成本的因素，为今后工程的成本控制积累经验。

3.3 信息通信建设工程成本控制的内容

对施工项目成本的控制，应把重点放在项目的直接成本方面。直接成本主要是指在施工过程中发生的人工费、材料费、机械使用费、其他直接费及现场经费等，它是一个可以变化的量。直接成本的控制应以成本控制计划和预算定额控制成本支出，实行动态控制。

1. 控制人工费开支

人工费的开支水平应以本企业的人工费开支标准和工程项目所在地的消费水平为依据确定。对人工费的控制应严格控制用工数量，合理控制管理人员与作业人员、技工与普工的比例，充分利用当地的施工资源，注意避免施工现场出现窝工问题。对于无定额依据的计时工（如环保、安保、文明施工等项目的用工）可采用包工的方式进行控制。

2. 控制材料费开支

材料费的控制包括材料价格控制和材料用量控制两个方面。由于材料费在整个工程造价中所占比例很大，因此项目经理部应编制材料成本控制计划，明确材料采购方式和材料保管、领用要求。在工程项目施工过程中，项目经理部的材料管理人员应在做好收发料工作的前提下，深入施工现场，检查材料的使用情况，发现问题应分析原因，制定纠正措施。材料费的控制应满足以下要求：

（1）加强对材料的计划管理，做好材料价格控制工作。材料价格控制应做好买价控制、运费控制工作，要考虑资金的时间价值。

（2）对工程材料的控制，不但要对光（电）缆、钢绞线、钢筋等材料进行理论用量的控制，而且还要对损耗量进行控制，保证施工队设法节约材料，降低成本。材料用量控制应坚持按定额确定材料消费量，实行限额领料制度，力求用价格低的材料代替价格高的材料，做好认真计量验收及合理分屯工作。

3. 控制机械使用费及仪器仪表使用费的开支

通信线路工程、传输工程、微波工程及移动通信工程一般都有机械使用费和仪器仪表使用费。机械使用费属于直接费，仪器仪表使用费属于其他直接费，两者都是直接成本。工程项目开工前，项目经理部应编制施工机械使用计划及仪器仪表使用计划，核算施工机械及仪表的调遣费（或运输费）及使用费，比较、确定租赁或自带施工机械、仪表；施工过程中，项目经理部应严格执行批准的机械、仪表使用计划，发现问题应分析原因，制定纠正措施。

4. 控制其他直接费的开支

其他直接费的测定要根据工程实际情况充分考虑必须的施工措施费用及因工期原因可能导致的赶工费用。另外随着时间的推移，总有一些不确定因素，构成了项目的风险，造成增加一部分意外费用。这些费用在成本控制计划中都要适当考虑。

5. 控制现场经费的开支

现场经费包括临时设施费和现场管理费两部分。临时设施费因工程规模和工期长短的不同存在很大的差别；由于建设单位、项目环保的要求，企业形象建设等原因，增大了现场经费的开支。因此，项目经理部应根据施工组织设计的要求编制成本控制计划，既要满足各方面的要求，又要节约工程成本。

3.4 信息通信建设工程成本控制的方法

1. 偏差分析法

在成本控制中，偏差分析法是一种常用的分析方法。关于偏差分析法的知识内容，此处不再赘述。

2. 信息通信建设工程成本控制方法的合理选用

不同专业的施工特点不同，不同的施工特点，成本控制的方法也不一样；不同的施工号位的管理模式、管理水平不同，其成本控制的要求也不相同。因此，成本控制要求施工单位应根据自己的实际状况，结合工程的具体特点，在满足项目的工期和质量要求的前提下，具体问题具体分析，找出适合自己工程项目的成本控制方法。

3.5 信息通信建设工程成本的降低措施

通过对信息通信建设工程项目成本影响因素的分析，可以看出影响项目成本的因素是多方面的。要降低工程的施工成本，就应该针对具体的施工项目，分析影响其成本的因素有哪些；然后再针对分析出来的影响因素，在保证工程顺利实施的前提下制定相应的、合理的控制措施。

降低施工项目成本的措施有很多，一般可以从成本管理体系的建立、成本结构的分析、施工方法的合理运用、施工资源的有效使用以及施工合同的全面管理等多个方面制定。具体的控制措施有：

1. 建立成本管理体系

降低项目成本是企业所期望的。对此，企业应建立起自己的成本管理体系，依照企业定额实行全过程管理，完善财务管理制度，以达到施工项目成本降低的目的。成本管理体系的建立要求和使用方法如下：

1）确立管理组织，依照企业定额进行工作

施工企业应根据本单位的实际状况编制自己的企业定额，依据企业定额进行投标报价、合同签订、成本计划的编制、成本指标的下达、施工组织设计的编制、工程中工作量的分配以及材料的使用、考核成本责任制的完成情况等工作。要完成上述工作，施工企业应首先建立起与之相配套的管理组织。

2）实行全过程控制

施工项目成本的发生涉及项目的整个过程，因此施工企业（或项目经理部）要对项目的投标、中标、实施及竣工验收的全过程进行成本控制。

3）加强财务与核算管理

（1）施工单位应严格实行项目管理，对各项成本费用的支出进行限制和监督，杜绝与本工程无关的费用摊入结算。

（2）项目经理部要及时分析和预测未完工程施工成本，发现可能造成成本增加的因素时应积极主动采取预防措施，制止可能发生的浪费，确保成本目标的实现。

（3）项目经理部应建立项目成本审核签证制度，控制成本开支范围，执行费用开支标准和有关财务制度。审核成本费用的支出必须以有关规定和合同为依据。

2. 分析项目的成本结构

工程项目的成本是由固定成本和变动成本组成。要降低项目的成本，企业应做好以下工作：

（1）精简企业机构，减少固定成本。

（2）控制施工现场开支水平，降低变动成本。

（3）项目经理部应以施工图预算为基础，根据施工合同的要求和企业定额的标准，编制成本控制计划。

（4）施工过程中，项目经理部应依据成本控制计划对施工成本实行动态控制。

（5）加强合同预算管理，增创工程预算收入。项目经理部要认真分析施工图预算，做好工程项目的变更和索赔工作。

（6）做好工程项目的结算。

（7）加大企业经营力度，降低施工项目中单位成本的固定成本含量

3. 采用合理的施工方法

工程项目开工前，项目经理部应认真会审图纸，针对工程项目编制先进的、经济合理的施工组织设计，制定可行的施工方案和成本控制计划；施工过程中，施工单位应根据工程的具体特点加强质量管理，组织均衡施工，减少窝工、返工等问题，控制质量成本；工程收尾阶段，项目经理部认真编写竣工资料，保证工程项目顺利验收，以减少不必要的开支。

4. 提高资源使用效率，降低施工项目成本

施工单位应采取措施加快工程施工过程中所使用的机械设备和仪器仪表的周转速度，提

高其使用效率，这样可以使得企业减少机械设备和仪器仪表等固定资产购置，从而可以减少固定资产分摊，降低企业的固定成本，达到降低施工项目成本的目的。

5. 加强合同管理

加强合同管理，一方面应综合考虑工期与成本两者之间的关系，另一方面应强化索赔意识。

（1）合理安排工期，降低工期成本。合理的工期，将使项目成本支出控制在合理水平。实际工期比合同工期提前或滞后都意味着工程成本的提高。

（2）强化索赔观念，加强索赔管理。在竞争日趋激烈的市场中，特别是承包国际工程项目时，索赔已经成为合同实施过程中的重要内容之一。索赔是相互的、双向的，承包人可以向发包人索赔，发包人也可以向承包人索赔。这就要求施工企业提高合同管理水平，增强合同意识、索赔意识。

【练习题】

1. 信息通信建设工程施工项目的成本主要包括哪些？
2. 什么是固定成本？
3. 什么是变动成本？
4. 信息通信建设工程施工项目不同阶段的成本内容分别有哪些？
5. 信息通信建设工程施工项目成本的分析原则有哪些？
6. 信息通信建设工程施工项目成本变动的因素包括哪些？
7. 信息通信建设工程不同设计阶段概预算如何划分？
8. 信息通信建设工程概预算的作用包括哪些？
9. 信息通信建设工程概预算由哪些构成？
10. 什么是信息通信建设工程概预算定额？
11. 信息通信建设工程预算定额分为哪几册？
12. 信息通信建设工程定额分为哪些？
13. 信息通信建设工程概预算定额的特点有哪些？
14. 什么是信息通信建设工程成本控制？
15. 信息通信建设工程成本的降低措施有哪些？

项目四　信息通信建设工程项目进度管理

任务 1　信息通信建设工程项目进度控制概述

知识要点

信息通信建设工程项目进度控制的概念；
信息通信建设工程项目进度的影响因素识别方法；
信息通信建设工程影响进度的因素。

重点难点

信息通信建设工程项目进度的影响因素识别方法；
信息通信建设工程影响进度的因素。

【相关知识阐述】

信息通信建设工程项目的进度控制是工程项目建设的重点控制目标之一，是保证工程项目按期完成，合理安排资源供应、节约工程成本，及时发挥项目的投资效益和社会效益的重要措施。

1.1 信息通信建设工程项目进度控制的概念

信息通信建设工程项目进度控制是指根据进度目标实行资源优化配置的原则，对项目建设各个阶段的工作内容、工作程序、持续时间和衔接关系编制计划并付诸实施，然后再对进度计划的实施过程进行经常性检查，将实际进度与计划进度相比较，若出现偏差，分析产生的原因并采取必要的调整措施纠正偏差，如此循环，直到工程竣工验收交付使用。

进度控制在工程建设过程中与质量控制、投资控制互相依存、互相制约，信息通信建设工程项目进度控制的总目标是确保项目的计划目标工期的实现，或者在保证质量和成本目标的条件下，能够适当缩短工期。

1.1.1 信息通信建设工程项目进度的影响因素

信息通信网络覆盖面广的特点，决定了信息通信网络建设工程项目的施工地点、施工环境复杂多样，影响因素众多。哪些因素可能影响工程项目的进度，对工程进度会产生多大的影响，对这些影响因素的辨识和分析评价是项目经理部工程管理工作中至关重要的任务。

1. 信息通信建设工程进度影响因素的识别方法

进度影响因素的识别方法是指项目经理部的相关管理人员根据工程的施工特点，在了解工程项目施工现场具体环境状况及社会治安状况等因素的基础上，对影响工程进度的因素进行具体识别的一种方法。通过对影响进度的因素的分析，项目经理部可以找出影响工程进度的具体原因，并对其进行控制，以达到保证工期的目的。进度影响因素的识别方法主要包括：

1）确定对进度可能产生影响的单位及事件

（1）由于工程项目涉及的部门众多，所以工程施工过程中会受到来自各方面的影响。在识别进度的影响因素时，应考虑工程的哪些参与单位、哪些和工程有关的单位会对工程进度产生影响。

（2）由于通信网络的畅通是政府下达指令、百姓交流信息的保证，所以在一些重大事件发生时，通信网络一般要封网，通信施工单位因此需要停工。这将严重影响工程进度。

2）按照工序识别影响进度的因素

信息通信建设工程各施工专业都有很多工序，在识别影响进度的因素时，应按照所施工专业的工序顺序，查找影响施工进度的因素，以避免遗漏影响进度的因素，从而对进度的控制效果产生影响。

3）按照管理内容识别影响进度的因素

对于工程项目的施工过程来说，施工单位及项目经理部一般要对工程项目的合同签订、组织建立、施工资源配备、工程协调、质量及安全事故处理等问题进行管理。在识别影响进度的因素时，也应从这些方面着手考虑。

4）按照保证质量的要求识别影响进度的因素

保证工程质量，减少返工的工作量，可以在一定程度上保证工程进度。影响工程质量的因素主要有施工人员的素质及数量、施工机械及仪表设备配备的数量及完好性、工程所用材料的质量及供货时间、施工方法的采用、施工环境的适宜性等。这些方面都可能影响到工程的进度。

5）按照安全要求识别影响进度的因素

工程项目施工过程中，避免发生安全事故在一定程度上可以保证工程进度。对此，识别影响进度的因素也应从安全施工的要求方面考虑。

6）根据施工现场的特点识别影响进度的因素

不同的工程项目施工现场环境各异，因此在识别影响进度的因素时，应充分分析施工 现场的具体特点，根据施工现场的具体状况确定影响进度的因素。

信息通信建设工程项目除电源设备、交换设备、传输设备、数据设备、移动及微波通信机房设备等安装工程的作业位于室内以外，其余线路、铁塔及天馈线的安装等工程的作业环境一般都在室外。对于室内工作量来说，受外界人为因素、自然因素的影响较小，但施工时受到设计因素以及设备、材料供应时间等因素的影响较大；对于室外工作量来说，一般都会受到天气等自然因素的影响，特别是光（电）缆线路工程的施工，还会受到当地各种人为因素的严重影响。

2. 可能影响工程项目施工进度的因素

信息通信建设工程项目影响施工进度的因素较多，对于规模较大和较复杂的施工项目，这个特点更加明显。这些因素可归纳为人的因素、材料因素、技术因素、资金因素、地形及地质因素、交通因素、气象因素、环境因素以及其他难以预料的因素，其中人的因素影响最多也最严重。从产生的根源来看，有来源于建设单位及其上级主管机构的，有来源于设计单位的，有来源于分包商的，有来源于材料设备供应商的，有来源于监理单位的，有来源于政府部门的，也有来源于社会和各种自然条件的。编制和执行施工进度控制计划时必须充分认识和估计这些因素，才能克服或减轻其影响，使施工进度尽可能按计划进行。当出现偏差时，应考虑有关影响因素，分析产生的原因，尽可能地消除其影响。

1）相关单位的影响

在施工过程中，施工单位对工程进度起决定性作用，但是建设单位与设计单位、银行信贷部门、材料设备供应部门及政府的有关部门等都可能给施工某些方面造成困难而影响施工进度。各单位对工程进度的影响情况如下：

（1）设计图纸有错误以及建设单位或有关部门对设计方案的变动是经常发生和影响进度最大的因素。

（2）材料、设备不能按期供应，或到货的质量、规格不符合要求，都将使施工停顿。

（3）施工资金没有保证，会使得施工进度中断或速度减慢。

2）大型事件的影响

大型事件发生时，工程往往被迫停工。可能要求施工单位停工的事件主要包括：政府的重要会议、重大节假日、国家的重大活动、大型军事活动等。这些事件都将严重地影响到工程进度。

3）施工条件的变化

勘查设计文件与地下环境、工程地质条件、水文地质条件等现场环境不符，如地下存在文物或古墓、地质断层、溶洞、地下障碍物、松软地基以及恶劣气候、暴雨、高温和洪水等，这些因素都会造成临时停工或使已完成的施工成果遭到破坏，影响施工进度。

4）技术失误

施工单位采用的施工方法或技术措施不当，施工中发生技术事故，应用新技术、新材料、新工艺时缺乏经验，不能保证质量等都要影响施工进度。

5）施工组织管理不力

流水作业组织不合理、施工资源调配不当、工程不能及时变更、工程进度款不能及时到位等都将影响施工进度计划的执行。

6）意外事件的出现

施工中如果出现意外的事件，如战争、严重自然灾害、火灾、重大工程事故等都会影响施工进度计划。

3. 信息通信设备安装工程中可能影响进度的因素

信息通信设备安装工程一般在室内施工，受外界因素的影响相对较小。影响设备安装工程进度的因素主要包括建设单位、设计单位、设备材料供应单位、咨询（监理）单位、政府部门等相关单位以及施工单位等方面的因素。

1）来自相关单位的影响因素

（1）配套线路未建好，电路不通。

（2）配套机房、基站等未建好，不具备供电条件（DC48 V、AC220 V）。

（3）材料或设备不能及时到达施工现场，或备件欠缺。

（4）材料及设备厂家提供的设备、备件和材料规格等不符合设计要求，使用了不合格材料或备件。

（5）设计不合理，设计变更，增加了工程量。

（6）合同不能及时签订，施工方得不到急需的建设资金，要求垫资的项目超出施工方垫资能力，合同签订了，但资金不能按合同要求及时拨付。

（7）测试阶段，跨单位/区域协调不到位；测试人员乘车时交通不畅。

（8）政府召开重大会议、重要节假日等。

2）来自施工单位的影响因素

（1）管理方面：工作安排不合理、窝工；无周密的施工计划，对突发情况应对不力；管理水平低。

（2）装备方面：车辆及主要机具、仪表的数量或性能不能满足工程需要。

（3）技术方面：技术力量不足，如设备监测人员技术不熟，生手太多，员工素质低。

（4）协调困难：跨区域施工，协调、联系困难。

（5）质量问题：因质量问题造成大量返工。

（6）材料或备件问题：材料或备件不能及时到达施工现场；使用了不合格的材料或备件。

（7）财务方面：现场资金紧缺。

（8）安全方面：发生了安全事故。

4. 信息通信线路、信息通信管道工程中可能影响进度的因素

信息通信线路、信息通信管道工程一般在室外施工，受外界因素的影响相对较大。影响信息通信线路、信息通信管道工程的因素主要包括建设单位、设计单位、材料供应单位、咨询（监理）单位、当地的政府部门等外部的影响因素和施工单位内部的影响因素。

1）外部的影响因素

（1）通信管道未建或障碍多。

（2）配套机房、基站等未建好。

（3）建设单位提供设备、材料未到货，或到货不及时，或材料有质量问题，规格不符合要求。

（4）青苗赔补困难，穿越铁路、高等级公路、运河等特殊路段及城市路由报建时，赔补谈判困难。

（5）合同不能及时签订，施工方得不到急需的建设资金；或要求垫资的项目超出施工单位垫资能力；虽然签订了合同，但资金不能按合同及时拨付。

（6）设计单位不能及时提供满足要求的施工图设计。

（7）设计路由选择不当，改变路由而增加工程量。

（8）政府召开重要会议或遇上重要节假日禁止施工。

（9）特殊气候及地质情况。

2）施工单位内部影响进度的因素

（1）管理方面：工作安排不合理，窝工；无周密施工计划，对突发情况应对不力。

（2）装备方面：为工程配备的车辆及主要机具、仪表、设备不能满足工程的需要。

（3）技术投入方面：投入的技术力量不能满足工程需要，如光缆接续人员技术不熟，生

手太多；施工过程中，因质量问题造成大量返工。

（4）协调方面：当地居民阻止施工。

（5）材料供应方面：材料不能及时到达施工现场或使用了不合格的材料。

（6）财务方面：施工现场资金紧缺。

（7）安全施工方面：施工过程中发生安全事故，处理安全事故影响了进度。

任务 2 信息通信建设工程项目进度计划编制

知识要点

信息通信建设工程施工工序的合理划分；
信息通信建设工程施工工序特点；
信息通信建设工程施工工序划分方法；
信息通信建设工程工作分解结构；
信息通信建设工程工作工序安排要求；
信息通信建设工程施工进度计划的编制要求；
信息通信建设工程施工进度计划编制依据；
信息通信建设工程施工进度计划的表示方法；
信息通信建设工程进度计划的内容；
信息通信建设工程施工进度计划的编制方法；
信息通信建设工程进度计划图的优化方法；
信息通信建设工程施工进度的监测与调整。

重点难点

信息通信建设工程施工工序划分方法；
信息通信建设工程施工进度计划的编制要求；
信息通信建设工程进度计划的内容；
信息通信建设工程施工进度计划的编制方法；
信息通信建设工程施工进度的监测与调整。

【相关知识阐述】

2.1 信息通信建设工程施工工序的合理划分

施工企业和项目经理部一切生产经营活动的最终目标就是在合同要求的工期内保质保量地完成施工项目，使其按期投产或交付使用，使得项目利润最大化。因此，项目经理部的计划决策人员应利用各种科学管理手段，对各种管理信息进行优化、决策，确定工程项目的施工顺序。工程项目的施工工序是由其工程特点决定的，工程管理人员只能依照其特点的要求组织施工。对此，并不是说工程管理人员只能被动地按照工序顺序施工，工程管理人员可以根据工序的具体特点、工序划分方法、工作分解结构以及工序安排要求，合理组织交叉作业，灵活、方便地安排工作任务。

2.1.1 信息通信建设工程施工工序特点

信息通信建设工程施工顺序是施工过程中的固有规律，工序之间存在着空间、时间等顺序。通常的信息通信建设工程项目，除交换设备工程和电源工程以外，其余项目的施工作业过程均是处于不同场地或不同空间，并且项目内的单位工程同时或前后交错搭接地进行，前面的工作不完成，后面的工作就不能开始。信息通信建设工程项目的施工工序具有以下特点：

1. 各工序的分工界限明确

工程项目各专业施工工序的分工界限是十分明显的，各工序所包含的工作量都是完成阶段性工作。例如架空光缆线路工程的放缆工作，通常是指从敷设光缆开始至卡钩挂设完毕以及光缆整理完毕的一系列工作，这与其前面的敷设吊线工序以及后面的光缆接续工序都有明显的界限，不会引起混淆。

2. 工序的前后顺序相对固定

工程项目各工序的施工顺序是相对固定、不可调整的。工序前后顺序的不可调整性存在两种情况：

（1）在施工过程中，前面的工序如果不完成，后面的工序仍可以进行，但这样做不符合施工及验收规范的要求。例如在直埋光缆线路工程施工中，穿越通航河流时，如果先敷设水线光缆后埋设水线标志牌，其结果是过河的光缆可能被过往的船只挂断。因此，正常的工序应该先安装水线标志牌，后敷设水线光缆。这些工序是不能颠倒的。

（2）在施工过程中，前道工序没有完成，后面的工序就不具备施工条件。例如架空光缆线路工程中，敷设光缆这道工序后面是光缆接续，如果没有敷设光缆这道工序，光缆接续就无从谈起。在施工过程中，工序之间的这种关系较为普遍。

3. 每一工序中存在诸多顺序不可调整的工作

信息通信建设工程中，大部分工序都包含着许多工作，也就是说每一道工序都是由若干项工作组成，并且其顺序不可调整。

2.1.2 信息通信建设工程施工工序划分方法

信息通信建设工程项目的施工过程有其自身的规律，按照其规律去组织施工，才能保证各种施工活动的紧密衔接和相互促进，充分利用资源，确保工程质量，加快施工速度。施工工艺及其技术特点，是工程工序固有的规律。例如通信管道工程中人孔上覆的钢筋加工工作，其工艺顺序是钢筋调直、除锈、下料、弯曲和成形，其中任何一道工序都是不能省略或颠倒的，如果颠倒了，就可能降低工效，不具备施工条件或不符合规范的要求，这些不仅是施工工艺要求的，也是技术特点要求的。对于不同的通信工程施工专业，其特点各不相同。

项目经理部在安排现场作业活动的时候，只能在服从工艺顺序及其技术要求的基础上考虑工序之间的交错搭接关系，从而保证现场的灵活施工、均衡施工。施工程序和工艺顺序是随着施工项目的规模、性质、设计要求、施工条件和使用功能不同而变化的。例如某架空光缆线路工程是在原有杆路上加挂光缆，那么此工程的立杆、制装拉线、敷设吊线等工序就可以省略，敷设完光缆以后即可进行光缆接续工作。经验证明，这种变化仍有其可供遵循的共同规律。

1. 正确理解施工准备与正式施工的关系

施工准备之所以重要，是因为它是后续施工活动能够按时开始的充分必要条件。准备工作没有完成就贸然施工，不仅会引起工地的混乱，而且还会造成资源的浪费。因此确定施工程序时，应首先安排相应的准备工作，如编制施工组织设计等。

2. 处理好地下与地上的关系

处理直埋光缆、新建管道等地下工程的关系时，应遵循先地下后地上、先深后浅的原则。对于地下工程要制定安全技术措施，保证其安全施工。例如在直埋光缆工程中，应先进行光缆的埋设工作，之后才可以进行光缆标石埋设、护坡及护坎的制作等工作。在进行光缆沟、管道沟的开挖时，还应注意保护好地下设施。

3. 把握好各工序的工作与主体工程之间的关系

一般情况下，主体工程施工在前，各工序的工作（如埋设标石等）的施工在后。当主体工程施工进展到一定程度，为相应工序的工作的施工提供了施工作业面时，该工序的工作才可以进行。当然，随着施工技术的发展和提高，它们之间的先后时间间隔的长短也将发生变化。

4. 充分考虑空间顺序与工种顺序的关系

在安排施工顺序时，既要考虑施工组织要求的空间顺序，又要考虑施工工艺要求的工种顺序。空间顺序要以工种顺序为基础，工种顺序应该尽可能地为空间顺序提供有利的施工条件。研究空间顺序是为了解决施工流向问题，它是由施工组织、缩短工期和保证质量的要求来决定的；研究工种顺序是为了解决工种之间的时间搭接问题，它必须在满足施工工艺要求的条件下，尽可能地利用工作面，使相邻两个工种在时间上合理地和最大限度地搭接起来。例如在架空线路工程的立杆、制装拉线、敷设吊线等工序的施工过程中，既要考虑工序间的空间前后顺序，保证后道工序具备施工条件，又要考虑工序之间交错搭接的工种顺序，以保证方便、灵活地进行施工。

2.1.3 信息通信建设工程工作分解结构

项目工作分解结构（Work Breakdown Structure，WBS）是在项目目标确定以后，为了进行有效的项目管理，按照一定的规律把项目分解成一个一个的工作包，这种分解通常是按照一定层次进行的。其实质上是项目任务的一种自上而下、层层分解的表达方式，使每项任务都被安排到整个项目结构的适当位置。分解的目的是便于项目的执行，便于成本的核算、进度的安排和资源的分配，便于对项目检查和控制。信息通信建设工程工作分解的方法视工程项目的具体特点而定，不同的项目参与单位、不同的施工专业、不同的施工环境下，为了达到节约资源、加快工程进度的目的，分解的方法也不一样。

1. 建设单位的工作分解

建设单位的工作分解，应按照通信工程基本建设程序的要求，分阶段对工作进行分解。各阶段的工作应分解到操作层。

2. 设计单位的工作分解

设计单位的工作分解，应按照设计项目的具体特点及设计步骤，对设计工作进行分解。

3. 施工单位的工作分解

施工单位的工作分解，可以参考定额子目进行。一般工程项目的工作分解可参考以下要求：

（1）按照建设项目—单项工程、单位工程施工部位—工序的顺序分解。

（2）按照施工位置分解。对于传输设备安装、移动通信基站安装、微波等分散作业的工程，由于各站的施工地点相距较远，分解时，为了降低施工成本，只能完成一个站的工作以后再进行下一个站的安装。

（3）按照平行作业的方式进行工作分解。对于大型光缆线路工程，一般几个中继段同时施工，工作分解时应考虑几个中继段平行作业。

2.1.4 信息通信建设工程工作工序安排要求

信息通信建设工程实施过程中，项目经理部应根据工程专业、作业内容、现场环境等具体特点，利用先进的管理方法，合理、高效地安排施工工序，确定先做哪道工序，后做哪道工序。安排施工工序时可采用以下方法：

1. 采用流水施工方法均衡、连续地施工

国内外经验证明，采用流水施工方法组织施工，不仅能使施工有节奏、均衡、连续地进行，而且会带来很大的技术经济效果。

1）组织流水施工的条件

（1）可以把工程的施工分为若干个过程，每个过程分别由固定的作业队负责完成。

（2）可以把工程划分为劳动量大致相等的施工段（也称流水段）。

（3）各作业段施工持续的时间相近。

（4）各作业队按一定的施工工艺要求配备必要的施工资源，依次地、连续性地由一个施工段转移到另一个施工段，反复地完成同类工作。

（5）各作业队完成各施工过程的时间段可以适当地搭接起来。

2）流水施工方法特点

（1）生产专业化强，劳动效率高，操作人员熟练，工程质量好。

（2）生产节奏性强，资源利用均衡。

（3）工人连续作业，工期短，成本低。

2. 充分利用网络计划技术

网络计划技术是当代计划管理的最新方法，它应用网络图形表达计划中各项工作之间的相互关系，在各种计划管理中都得到广泛的应用。实践经验证明，在信息通信建设工程的施工项目计划管理中，采用网络计划技术，其经济效果更为显著。网络计划技术具有以下特点：

（1）逻辑严密、思维层次清晰、主要矛盾突出。

（2）有利于计划的优化、控制和调整。

（3）有利于计算机在计划管理中的应用。

2.2 信息通信建设工程施工进度计划编制

信息通信建设工程施工进度计划是施工现场各项施工活动在时间上的体现。编制施工进度计划就是根据施工部署中的施工方案和工序要求，为全工地的所有施工项目做出时间上的安排。项目的进度计划是项目施工组织设计的组成部分，应在施工的准备阶段编制，应由项目经理组织项目经理部的相关人员编制，并由项目经理审核，报相关领导或机构批准以后才可以实施。掌握进度计划的编制要求、编制条件、表示方法以及施工进度计划的编制方法对于工程管理是非常重要的。

2.2.1 信息通信建设工程施工进度计划的编制要求

在信息通信建设工程施工进度计划的编制过程中，编制人员应了解工程的具体特点和合同要求，对工程项目应统筹考虑，规划项目的实施步骤，制定必要的控制措施，以保证项目的顺利进行。项目经理部应按照以下要求编制进度计划：

（1）进度计划应保证工程项目在施工合同规定的期限内完成。

（2）进度计划应保证工程项目迅速发挥投资效益。

（3）进度计划应保证工程项目施工的连续性和均衡性。

（4）进度计划应保证工程项目节约施工费用。

2.2.2 信息通信建设工程施工进度计划编制依据

信息通信建设工程项目的项目经理部要想编制一个可行的进度计划，必须对工程项目全面了解，同时还要依据以下信息和资源：

（1）施工合同。

（2）批准的施工图设计。

（3）概预算定额。

（4）现场摸底报告，或者已经掌握的施工现场具体环境及工程的具体特点。

（5）企业能为此项目配备的施工资源（包括施工人员、仪器、仪表、机具、设备、车辆等）数量。

（6）材料供应计划。信息通信建设工程的材料供应应注意：

①如果是包工不包料或包工包部分主材的工程，项目经理部应根据建设单位的供货计划编制项目进度计划；或依照项目经理部的进度计划要求向建设单位提出供货计划，由建设单位按照项目经理部的进度计划订货、供货。

②如果是包工包料的工程，项目经理部应在施工准备阶段根据进度计划选定材料供应商，落实供货时间。

（7）以往类似工程的实际进度及经济指标。

2.2.3 信息通信建设工程施工进度计划的表示方法

信息通信建设工程施工进度计划按表现形式可分为横道图和网络图两类。

1. 横道图

横道图又称甘特图，最早为甘特提出并开始使用，它以图示的方式通过活动列表和时间刻度形象地表示出任何特定项目的活动顺序与持续时间。一般用横坐标表示时间，纵坐标表示工程项目或工序，进度线为水平线条，如图 4-1 所示。由于其形象直观且易于编制和理解，因此长期以来被广泛运用于工程建设进度控制中。适用于编制总体性控制计划、年度计划、月度计划等，也可以用来对进度计划的实施进行监测。

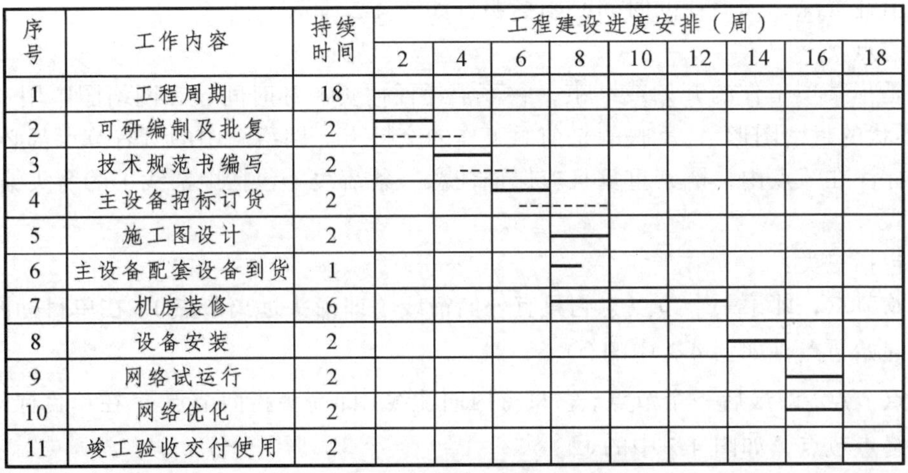

图 4-1　横道图示意图

2. 网络图

网络图是用箭线和节点将某项工作的流程表示出来的图形，适用于编制实施性的控制性的进度计划。

1）网络图分类

根据绘图表达方法的不同，分为双代号表示法（以箭线表示工作）和单代号表示法（以节点表示工作）；根据计划目标的多少，可以分为单目标网络模型和多目标网络模型。

2）网络图表示方法——双代号网络图

双代号网络图是应用较为普遍的一种网络计划形式，它是以箭线及其两端节点的编号表示工作的网络图，具体组成元素包括箭线、节点和线路，如图 4-2 所示。

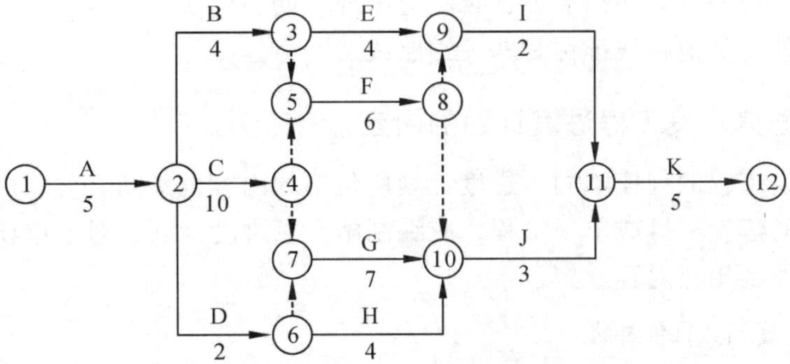

图 4-2　双代号网络示意图

（1）箭线。

在双代号网络中，箭线表示工作（需要消耗人力、物力和时间的具体活动过程，既可以是一个建设项目、一个单项工程，也可以是一个分项工程乃至一个工序）及其走向，箭尾 i

表示工作开始，箭头 j 表示工作结束，工作名称写在箭线的上方，该工作消耗的时间则写在箭线的下方，箭线方向代表工作前进方向。

有些工作既不消耗资源也不占用时间，称为虚工作，用虚箭线表示。在网络图中设立虚工作主要用于正确表达工作之间的逻辑关系。除虚箭线外，任意一条箭线（工作）都需要占用时间，消耗资源，其消耗的时间必须标明，如图 4-2 所示。

（2）节点。

节点是指某项工作的开始或结束，它不消耗任何资源和时间，在网络图中用“O”表示（或其他形状的封密图形），反映的是前后工作的交接点。网络图中的所有节点都必须编号，代号必须标注在节点内，严禁重复且应保证任意一条箭线（包括虚箭线）的箭头编号比箭尾编号大。

节点包括三类：

①起始节点，即第一个节点，它只有外向箭线（即箭头远离节点），在单目标网络图中，只有一个起始节点，如图 4-2 中的①。

②终点节点，即最后一个节点，它只有内向箭线（即箭头指向节点），在单目标网络图中，只有一个终点节点，如图 4-2 中的⑫。

③中间节点，既有内向箭线又有外向箭线的节点，如图 4-2 中的除去起始节点和终点节点以外的其他节点。

（3）线路。

线路是指网络图中从起始节点开始，沿箭头方向通过一系列箭线与节点，最后达到终点节点的通路。

一个网络图中一般有多条线路，线路可以用节点的代号来表示，一条路线上各项工作的时间之和是该路线的总长度（路长）。如图 4-2 中，①—②—⑥—⑩—⑪—⑫为一条线路，线路的长度为 19（5+2+4+3+5）。

在所有线路中，必然存在总时间最长的线路，称为关键线路，一般用双线或粗线标注，网络图中至少有一条关键线路，关键线路上的节点叫关键节点，关键线路上的工作叫关键工作，关键线路上工作的时间必须保证，否则会出现工期的延误。

除关键路线外的其他路线统称为非关键路线。

2.2.4 信息通信建设工程进度计划的内容

信息通信建设工程的规模不同，进度计划所包括的内容也不同。对于由若干个中继段或若干个机房组成的建设项目或单项工程，应编制施工总进度计划；对于单项工程中的单位工程，应按照要求编制相应内容。

1. 施工总进度计划的内容

施工总进度计划的内容包括：编制说明、施工总进度计划表、各单位工程的开完工日期及工期一览表、资源需要量及供应平衡表。其中，关键是“施工总进度计划表”。单位工程开完工日期及工期一览表是在“施工总进度计划表”的基础上整理出来的，可以一目了然地判断其合理性，并可作为投标竞争的条件。“资源需要量及供应平衡表”是支持性计划，是在确定了“施工总进度计划表”以后，为保证其实现而安排的需求数量，包括劳力、材料、仪表、设备等施工资源。供应量应满足需求量，供应有困难时，可在条件许可的情况下调整施工总进度计划，以求工序平衡。

2. 单位工程施工进度计划的内容

单位工程施工进度计划一般包括：编制说明、进度计划图、进度计划的风险分析及控制措施。

1）编制说明

编制说明的内容主要包括：编制依据、执行重点与措施、存在的问题、职责分工等。

2）进度计划图

（1）横道图的进度线中间应填写工程量、人工及机械量需求数量、持续时间等内容；

（2）在网络图之外应列出以下内容：工作（或工序）名称、工程量、起止时间及持续时间等。

3）进度计划的风险分析及控制措施

（1）风险分析的内容主要包括：进度实施过程中可能遇到的风险、它对进度的影响程度及应对措施等。

（2）常见的风险一般有：工程变更、工程量增减、材料等物资供应不及时、劳动力供应不及时、仪器仪表及机械设备供应不及时或使用过程中损坏、自然条件干扰、拖欠工程款、分包影响等因素。

（3）控制措施应从技术、组织、经济、合同 4 个方面考虑，应抓住重点。

2.2.5 信息通信建设工程施工进度计划的编制方法

信息通信建设工程施工进度计划是项目施工规划阶段编制的。在编制施工项目进度计划时，项目经理部需在上述编制条件具备的情况下才可编制出一个可行的进度计划。施工进度计划的具体编制步骤如下：

1. 列出工程的施工项目一览表，计算其工程量

项目经理部应在施工项目一览表的基础上确定工序顺序，并按照项目的工序要求计算主要实物工程量。此时计算工程量的主要目的是：

（1）选择施工方案和主要的资源配备量。

（2）规划主要施工过程的流水施工。

（3）估算各项目的完成时间。

2. 确定工程各工序的施工期限

工程的施工期限是由施工合同决定的，项目经理部编制的工程进度计划的施工期限必须满足施工合同的工期要求。对于不同的施工单位，由于其施工技术水平及管理水平、机械化程度、劳动力和材料供应情况等不同，为了满足合同要求，需投入的施工资源会有很大的差别。项目经理部应根据施工图设计、合同工期的要求、概预算定额、施工现场的具体特点、拟参加项目施工的主要施工人员的施工实力以及本单位对项目的施工资源配备能力，对工程项目的工作结构进行分解，确定工程项目中各工序的施工期限。

3. 确定工程各工序的开始和完成时间及相互搭接关系

在施工部署中确定总的施工期限、施工顺序和各系统的控制期限及搭接时间。此时通常应考虑以下各主要因素：

（1）保证重点，兼顾一般。在安排进度计划时，要分清主次，抓住重点，同时期进行的项目不宜过多，以免分散有限的人力和物力。

（2）满足连续、均衡的施工要求。在安排施工进度计划时，应尽量使各工种施工人员、施工机械及仪表在施工中连续作业，同时尽量使劳动力、施工机具、仪表和物资消耗在施工中达到均衡，避免出现突出的高峰和低谷，以利于施工资源的充分利用。

（3）满足生产工艺要求。要根据工艺的施工特点，确定各工序的施工期限，合理安排施工顺序。

（4）全面考虑各种条件限制。在确定施工顺序时，还应考虑各种客观条件的限制。如施工企业的施工力量，各种原材料、机械设备、仪表的供应情况，设计单位提供图纸的时间等。

4. 绘制进度计划图

施工进度计划可以用横道图或网络图表示。表示总进度计划时，项目的排列可按施工方案所确定的工序排列。

2.2.6 信息通信建设工程进度计划图的优化方法

编制出的进度计划图可能存在工期与合同要求不符、工作安排不合理等问题，所以，在网络图绘制好以后还应对其进行优化，需要在给定的网络计划约束条件下，利用最优化原理，通过对各项工作时差的调整，不断改善网络计划的初始方案，寻求满足某种目标要求的最优方案。根据约束条件和目标不同，进度计划图的优化方法主要有工期优化、费用优化和资源优化三种。

1. 工期优化

工期优化就是压缩计算工期，以达到要求的工期目标，或在一定约束条件下使工期最短的过程。工期优化一般通过压缩关键工作的持续时间来达到优化目标。在优化过程中，应注意不能将关键工作压缩成非关键工作，但关键工作可以不经压缩而变成非关键工作。当在优化过程中出现多条关键线路时，必须将各条关键线路的持续时间压缩同一数值，否则不能有效地将工期缩短。

2. 费用优化

费用优化又叫时间成本优化，它是寻求最低成本时的最短工期安排，或按要求工期寻求最低成本的计划安排过程。网络计划的总费用由直接费和间接费组成，随着工程的进展，直接费会逐渐减少，间接费会逐渐增加，故必有一个总费用最少的工期，这便是费用优化所需要寻求的目标。

3. 资源优化

资源优化是指在资源合理使用（均衡、最省）的条件下，使得工期满足一定的要求。即力求以最小的资源消耗和最短的工期，获得最好的经济效果。资源优化主要有两种情况：

（1）资源有限工期最短。此优化问题的约束条件是资源有一个限制数量，其优化目标是工期相对最短，即寻求一个满足某种资源限制量要求而工期相对最短的网络计划最优方案。其优化的前提条件为：网络计划制订后，在优化过程中各工作的持续时间不得改变，各工作每天的资源需要量是均衡、合理的，优化过程中不予改变；除规定可以中断的工作外，其他工作均应连续作业，不得中断；优化过程中网络计划各工作间的逻辑关系不得改变。

（2）工期固定资源均衡。此优化就是在网络计划总工期固定的前提下，使资源的需要量大体均衡。此类问题由于工期固定，关键工作在网络图上的位置不变。因此，资源需要量是否均衡，只与非关键工作位置有关；只有移动非关键工作的位置，资源需要曲线才能发生变化，最终达到均衡。

2.2.7 信息通信建设工程施工进度的监测与调整

施工准备阶段，项目经理部应按照“通信工程施工进度计划编制”的要求编制出工程施工进度计划。此计划在工程项目的实施阶段应落实下去，要求现场作业班组按照此计划安排施工。在施工过程中，项目经理部应对工程进度实行动态控制，检查实际进度与计划进度的偏差，发现偏差应及时分析原因，采取相应的纠正措施，保证在合同规定的工期内完工。

1. 信息通信建设工程施工进度的动态控制

随着施工的进展，工程项目的外部环境在不断变化，这必将对工程项目产生诸多影响，导致施工进度计划从平衡状态转变为不平衡状态。项目经理部应运用监控系统和协调手段及时修正计划执行中的偏差，解决因外部条件变化而引起的各种影响计划正常执行的问题。对此，要求项目经理部应定期收集施工现场的工程进度，检查进度计划的执行情况，并将施工现场的实际进度与计划进度进行比较，若出现偏差，应分析其产生的原因和对工期产生影响的程度，制定必要的调整措施，保证工程进度。通过不断地如此循环，直至工程竣工验收，才能保证工程项目按期完工。

2. 信息通信建设工程施工中分析进度偏差及其影响

项目经理部在施工过程中对工程进度要进行动态控制，就要分析工程中是否发生了进度偏差。如果工程中存在进度偏差，还应分析此进度偏差对后续工作的影响程度。

1）进度比较的方法

施工项目进度比较分析与计划调整是施工项目进度控制的主要环节，其中施工项目进度比较是调整的基础。常用的进度比较方法有：横道图比较法、S 形曲线比较法、香蕉形曲线比较法、前锋线比较法、列表比较法等。

2）分析进度偏差对后续工作的影响

项目经理部要分析发生进度偏差时延迟工作对其他工作及工期的影响，首先应分析网络图中各项工作之间的关系，分析产生偏差的工作在网络图中所处的位置，确定相应的进度补救措施。项目经理部的进度控制人员经过以下分析，可以确认应该调整的产生进度偏差的工作和调整偏差值的大小，以便确定调整措施，获得新的符合实际进度情况和计划目标的新进度计划。

（1）分析产生进度偏差的工作是否为关键工作。

①如果出现偏差的工作为关键工作，则无论偏差大小，都将对后续工作及总工期产生影响，必须采取相应的调整措施。

②如果出现偏差的工作为非关键工作，则要根据偏差值与总时差和自由时差的大小关系，确定对后续工作和总工期的影响程度。

（2）分析进度偏差是否大于总时差。

①如果工作的进度偏差大于该工作的总时差，说明此偏差必将影响后续工作和总工期，必须采取相应的措施调整。

②如果工作的进度偏差小于或等于该工作的总时差，说明此偏差对总工期没有影响，但它对后续工作的影响程度，需要根据比较偏差与自由时差的情况来确定。

（3）分析进度偏差是否大于自由时差。

①如果工作的进度偏差大于该工作的自由时差，说明此偏差对后续工作会产生影响，应该如何调整，应根据后续工作允许影响的程度而定。

②如果工作的进度偏差小于或等于该工作的自由时差，则说明此偏差对后续工作无影响，因此原进度计划可以不做调整。

3. 信息通信建设工程施工调整工程进度的方法

1）及时消除影响进度的因素

（1）对于土建项目延期交工的问题，解决办法只能是事先与建设单位或总承包单位做好协调沟通工作，在现场积极配合土建预埋管线等各项工作。

（2）对于设计图纸有质量缺陷或不完整的问题，施工单位应在施工准备阶段熟悉图纸，在设计会审时及时与建设单位、监理单位或设计单位进行交涉。

（3）对于施工单位采购的材料、设备，由于生产周期延长或运输超期未能及时进场的问题，必须在签订采购合同时予以考虑。在通过误期罚款之类条款约束供货商的同时，还应在编制进度计划时尽量留有调整时间的余地。

（4）对于环境、气候及不可抗力的影响，一方面应在签订合同时明确不可抗力的具体范围，并努力减少自己的工作失误，按合同工期开工，避免因自己的原因（延迟履行）而导致不可抗力的索赔条件丧失；另一方面应通过合理的预见与及时的改进措施加以消除。

2）增加施工人员或延长施工人员的劳动时间

为了保证施工进度满足合同工期的要求，当进度图中的工作必须调整时，根据延迟工作的特点，在可能的情况下及经济比较允许的情况下，项目经理部可增加施工人员投入或要求施工人员加班作业，以弥补进度损失。

3）增加施工机具、设备、仪表或倒班作业

如果工程进度滞后是由于机具、设备或仪表等因素造成的，当需要调整工程进度时，项目经理部应计算增加机具、设备、仪表的投入或在原有的基础上考虑加班作业的经济性。如果可以通过施工人员在原有机具、设备、仪表数量基础上倒班作业弥补进度损失，应抓紧时间实施。

4）改变某些工作间的逻辑关系

如果检查的实际施工进度产生的偏差可能影响总工期，在工作之间的逻辑关系允许改变的条件下，改变关键线路和超过计划进度的非关键线路上的有关工作之间的逻辑关系，以达到缩短工期的目的。用这种方法调整的效果是很显著的，例如可以把依次进行的有关工作改变成平行的或互相搭接的以及分成几个施工段进行流水施工的工作关系，都可以达到缩短工期的目的。

5）缩短某些工作的持续时间

这种方法不是改变工作之间的逻辑关系，而是缩短某些工作的持续时间，使施工进度加快，来保证实现计划工期的方法。这些被压缩持续时间的工作是位于由于实际施工进度的拖延而引起总工期增长的关键线路和某些非关键线路上的工作。同时，这些工作又是可压缩持续时间的工作。

4. 信息通信建设工程施工调整进度偏差时应考虑调整的成本

当进度计划必须调整时，应综合考虑尚未完成的工作，检查各项工作在网络图中的位置，确定可以调整的工作。如可以调整的工作存在多项时，应核算各工作的调整成本，选择最优的调整方案，对进度计划进行调整。所谓最优的调整方案，是指赶工成本最少、赶工效果最好的优化方案。

【练习题】

1. 什么是信息通信建设工程项目进度控制？
2. 信息通信建设工程项目进度控制的总目标是什么？
3. 信息通信建设工程进度影响因素的识别方法有哪些？
4. 信息通信建设工程项目影响施工进度的因素有哪些？
5. 信息通信设备安装工程中可能影响进度因素的单位有哪些？
6. 信息通信线路、信息通信管道工程中可能影响进度的因素包括哪些？
7. 信息通信建设工程施工工序特点有哪些？
8. 什么是 WBS？
9. 信息通信建设工程工作工序安排方法有哪些？
10. 信息通信建设工程施工进度计划的编制要求有哪些？
11. 信息通信建设工程施工进度计划编制依据是什么？
12. 信息通信建设工程施工进度计划的表示方法分为哪些？
13. 网络图可分为哪几类？
14. 信息通信建设工程进度计划的内容包括哪些？
15. 信息通信建设工程施工进度计划的编制步骤有哪些？
16. 案例分析

[背景]

某 DWDM 长途传输设备扩容工程跨越多省，由多家施工单位施工。某施工单位于 9 月 1 日与建设单位签订了其中 18 个站安装及调测工作的施工合同，合同规定完工日期为 11 月 30 日，工程为包工不包料的承包方式。8 月 25 日施工单位拿到施工图设计，8 月 26 日参加设计会审。施工单位到现场施工时，发现施工图设计中部分安装机架的位置已装有机架；施工中多个站点的部分设备迟迟不能到货，质检员检查时发现尾纤布放交叉较严重，多单位施工时系统测试配合不好。工程最终于次年 3 月 30 日完成初验。

[问题]

（1）施工单位应从哪几个方面分析影响本工程进度的因素？

（2）影响本工程进度的因素有哪些？

项目五　信息通信建设工程项目安全管理

任务 1　信息通信建设工程的安全管理概述

知识要点

信息通信建设工程施工安全管理要求；
信息通信建设工程施工阶段安全控制。

重点难点

信息通信建设工程施工安全管理要求；
信息通信建设工程施工阶段安全控制。

【相关知识阐述】

1.1 信息通信建设工程施工安全管理要求

施工单位的安全管理工作，必须坚持“安全第一，预防为主”的方针，建立、健全安全生产管理体系和安全生产责任制，设置安全生产管理机构，制定完备的安全生产规章制度和操作规程，配备专职的安全生产管理人员，提供必需的安全生产用品、用具，保证所有参加工程项目的人员都经过必要的培训，并考核合格，持证上岗，保障施工人员的生命和财产安全，防止安全事故的发生。施工单位的安全生产管理工作应满足以下要求。

1.1.1 明确安全管理的范围

项目经理部的安全管理工作，应从施工现场的实际出发，控制好施工现场的一切不安全因素，避免施工资源和施工现场周围的环境受到损坏，防止或减少安全生产事故的发生。

1. 施工资源的安全管理

施工现场的施工资源主要包括施工人员、施工机具及仪表、材料、财物等，这些都是工程项目顺利进行的保障。在施工过程中，对这些施工资源应制定妥善的保护措施，消除人的不安全行为及物的不安全状态。

1）对施工人员的安全保护

对施工人员的安全保护，主要涉及施工人员的行为、施工人员的安全意识以及施工人员的自我保护能力。

2）对施工现场的车辆、设备、机具、仪表及施工材料的保护

对施工现场的车辆、设备、机具、仪表及施工材料的保护，主要涉及防损坏、防丢失等

问题。

2. 周围环境的安全管理

1）对周围人员、车辆的安全保护。

对周围人员、车辆的安全保护，主要涉及可能进入施工现场的人员、车辆的安全，其中包括：

（1）在敷设吊线时，路口、路边等地段可能受到钢绞线伤害的过往人员、车辆。

（2）在开挖光缆沟、管道沟、接头坑、人（手）孔坑、杆坑及拉线坑时，可能坠落摔伤的人员。

（3）安装好的路边拉线可能刮伤过往的行人、刮坏过往的车辆。

2）对其他设施的安全保护

对其他设施的安全保护主要涉及在用设备、设施的安全。其中包括：

（1）设备安装工程施工过程中，在用设备的安全。

（2）线路工程施工过程中，其他缆线、管线的安全。

（3）管道建设工程施工过程中，地下各种缆线、管线的安全。

1.1.2 根据施工现场的具体特点确定安全管理内容

信息通信建设工程施工专业繁多，而且施工地域还非常广阔。不同专业的施工项目，其施工环境差别很大。即使是同一专业的施工项目，如果其所处的地理位置或施工季节不同，施工现场安全管理的要求也不尽相同。对于每一个施工项目，项目经理部都应该根据施工现场的具体环境确定本工程的安全管理要求。

1. 不同施工环境应注意的安全问题

（1）山区工程施工时，应采取措施保证施工人员的安全，保证车辆及机械设备的安全，保证工程材料的安全，应防止施工人员滑倒、摔伤；防止车辆侧翻、制动装置失灵；防止机械设备摔坏；防止损坏、丢失。

（2）高温天气施工时，应采取措施防止施工人员中暑。气温过高时应停止施工。

（3）低温雨期施工时，应采取措施保证施工人员及车辆的安全，应预防人员冻伤，防止施工人员在泥泞、冰雪路段摔伤，防止车辆冻坏或侧翻。

（4）室内施工时，应采取措施保证施工人员的安全、机房建筑的安全、机房内在用设备及新装设备的安全，应防止施工人员发生触电、物体打击、高空坠落等安全事故，防止建筑物的楼板、墙体损坏，防止在用设备短路，防止新装设备受到撞击或过压、过流工作。

（5）市内施工时，应采取措施保证施工人员及周围人员的安全、车辆的安全、周围基础设施及其他设施的安全，应防止发生人员伤亡事故、车辆损坏事故、设施被破坏事故。

（6）郊外施工时，应采取措施保证以下施工环境下的安全：

①公路上施工时，应采取措施保证施工人员、材料及路上过往车辆的安全，应防止发生交通事故，防止工程材料被车辆压坏。

②农田中施工时，应采取措施保证施工人员及农作物的安全，防止施工人员发生坠落及传染病的危害，防止农作物被损坏。

③铁路附近施工时，应采取措施保证施工人员安全及铁路设施安全和铁路的通畅，防止

发生铁路交通事故，防止损坏铁路路基及信号系统。

2. 不同施工专业应注意的安全问题

（1）设备安装工程施工时，应注意防止施工人员坠落、电源短路、用电设备漏电、电源线错接、静电损伤机盘、激光伤人等安全事故的发生。

（2）铁塔作业时，应防止发生人员坠落、铁塔倒塌、物体坠落伤人等安全事故。

（3）长途线路及本地网工程施工时，应防止发生施工人员触电、杆上坠落、溺水、人（手）孔内毒气使人窒息、跌入沟坑、激光伤人等安全事故。

1.1.3 安全管理工作应分阶段进行

安全生产管理工作应该按照工程项目的准备阶段、施工阶段以及竣工验收阶段等三阶段进行，落实安全措施，保证施工安全。

1. 项目准备阶段

项目准备阶段，项目经理部应做好以下工作：

（1）按照施工现场的具体特点识别危险源，评价重大危险源，针对重大危险源制定安全控制措施，保证项目顺利进行。

（2）确定安全控制目标，安全控制措施应写入施工组织设计中。

（3）针对确定的重大危险源，应认真地进行安全技术交底工作。

（4）编制应急预案，并对其内容定期演练。

2. 项目实施阶段

项目经理部应落实安全控制措施，并定期或不定期进行安全检查工作，对发现的问题应分析原因，并制定纠正措施。对于一些危险工序，现场专职安全负责人应现场指挥。

3. 项目竣工验收阶段

（1）项目经理部应采取措施对已完成的工作量妥善保管，直至移交给维护单位。

（2）应对安全控制计划的实施情况进行分析、总结。

1.1.4 安全施工的基本要求

施工单位的安全生产应以保证人员和机械设备、仪表、材料及其他设施的安全为原则。施工企业应以《建设工程安全生产管理条例》为依据，做好本企业的安全生产管理工作。

1. 对人员的安全管理要求

1）对企业安全管理人员的要求

（1）企业的主要安全负责人、项目负责人、施工现场专职安全管理人员均应经建设行政主管部门或者其他有关安全部门考核合格后方可任职。

（2）项目负责人在取得安全培训合格证书的同时还应取得相应执业资格才可上岗。

（3）项目负责人应对建设工程项目的安全施工负责，落实安全生产责任制度、安全生产规章制度和操作规程，确保安全生产费用的有效使用，并根据工程的特点组织制定安全施工措施，消除安全事故隐患，及时、如实地报告生产安全事故。

2）对特殊岗位作业人员的要求

对于通信工程中的电工、电焊工、爆破作业人员、登高架设作业人员以及高空作业人员等特种作业人员，必须按照国家有关规定经过专门的安全作业培训，并取得特种作业操作资格证书后，方可上岗作业。

3）对一般作业人员的要求

作业人员应当遵守安全施工的强制性标准、规章制度和操作规程，正确使用安全防护用具、机械设备等。

2. 对机械设备、仪器仪表和施工材料的安全管理要求

（1）对车辆、机具、设备应定期保养，按要求使用。

（2）施工仪器、仪表应妥善保管，严格按照其使用条件、使用环境、操作规程的要求使用。

（3）施工材料应妥善保管，防止损坏和丢失。

3. 对施工企业的安全管理要求

（1）企业必须依法取得相应等级的资质证书，并在其资质等级许可的范围内承揽工程；必须取得安全生产许可证，才可以从事生产活动。

（2）企业主要负责人依法对本单位的安全生产工作全面负责。

（3）企业应当建立健全安全生产责任制度和安全生产教育培训制度，制定安全生产规章制度和操作规程，保证本单位安全生产条件所需资金的投入。

（4）企业应当设立安全生产管理机构，配备专职安全生产管理人员，对所承担的建设工程进行定期和专项安全检查，并做好安全检查记录。

4. 对项目经理部的要求

（1）项目经理部应设立安全生产管理机构，配备专职安全生产管理人员。专职安全生产管理人员负责对安全生产进行现场监督检查。发现安全事故隐患，应当及时向项目负责人和安全生产管理机构报告；对违章指挥、违章操作的，应当立即制止。

（2）项目经理部应当在施工组织设计中编制安全技术措施，对危险性较大的爆破工程编制专项施工方案，并附安全验算结果，经施工单位技术负责人、总监理工程师签字后实施，由专职安全生产管理人员进行现场监督。

（3）项目经理部应坚持逐级安全技术交底制度。施工前，项目技术负责人应当对有关安全施工的技术要求向施工作业班组、作业人员做出详细说明，并由双方签字确认。

（4）项目经理部应当向危险岗位作业人员提供安全防护用具和安全防护服装，并书面告知操作规程和违章操作的危害。作业人员有权对施工现场的作业条件、作业程序和作业方式中存在的安全问题提出批评、检举和控告，有权拒绝违章指挥和强令冒险作业。在施工中发生危及人身安全的紧急情况时，作业人员有权立即停止作业或者在采取必要的应急措施后撤离危险区域。

（5）采购、租赁的安全防护用具、机械设备、施工机具及配件，应当具有生产（制造）许可证、产品合格证，并在进入施工现场前进行查验。施工现场的安全防护用具、机械设备、施工机具及配件必须由专人管理，定期进行检查、维修和保养，建立相应的资料档案，并按

照国家有关规定及时报废。

（6）施工现场应当建立消防安全责任制度，确定消防安全责任人，制定用火、用电、使用易燃易爆材料等各项消防安全管理制度和操作规程，熟悉机房消防通道、消防水源、消防设施和灭火器材的使用。

（7）在人孔、沟坑边沿、临时用电设施、顶管基坑边沿、爆破物及有害危险气体和液体存放处等危险部位，应设置明显的安全警示标志。安全警示标志必须符合国家标准。项目经理部应当根据不同施工阶段和周围环境及季节、气候的变化，在施工现场采取相应的安全施工措施。施工现场暂时停止施工的，应当做好现场防护。

（8）因施工可能造成损害的毗邻建筑物、构筑物、地下古墓和地下管线等，应当采取专项防护措施；应当遵守有关环境保护法律、法规的规定，在施工现场采取措施，防止或者减少粉尘、废气、固体废物、噪声、振动和施工照明对人和环境的危害和污染。

1.2 信息通信建设工程施工阶段安全控制

施工单位在承接到一个信息通信建设工程项目以后，是按照施工准备、项目实施以及竣工验收等三个阶段来进行管理的。在管理过程中，安全管理工作贯穿于其中。在工程准备阶段，项目经理部应确定安全控制目标、制定安全控制计划、组建安全管理机构或确定专职安全管理人员。施工准备阶段所做的这些工作都是为了保证工程项目实施阶段的安全施工做准备。在工程项目实施阶段，项目经理部的安全管理机构应落实安全控制计划，做好安全技术交底工作，现场检查安全控制计划的落实情况，重点检查可能发生事故的安全隐患和容易发生安全事故的工作，对存在的问题应进行跟踪检查。在竣工验收阶段，项目经理部应采取措施，保证已完工程的安全。

1.2.1 编制好安全控制计划

安全控制计划是保证施工安全的纲领性文件，它包括安全控制要求、安全检查计划、安全控制措施和应急预案等内容。安全控制计划应在危险源识别和评价的基础上编制，其内容应完整、全面，应涉及所识别出来的所有危险源，应重点对重大危险源进行控制。安全控制计划的内容应向施工人员进行交底。

1.2.2 做好安全技术交底工作

安全技术交底工作是保证安全控制计划落实、避免施工过程中发生安全事故所必须做的一项工作。安全技术交底工作必须在开工前进行。对安全交底工作的要求如下：

1. 安全技术交底工作应由项目经理部的安全管理机构或专职安全管理人员负责

根据工程规模，项目经理部可设安全管理机构或专职安全管理人员。安全管理机构或专职安全管理人员负责安全技术交底的组织工作，组织项目经理或技术负责人从技术、操作、管理要求方面向施工、管理人员进行安全交底。

2. 安全技术交底工作应符合规定要求

项目经理或技术负责人应当对有关安全施工的技术要求向管理人员、施工人员进行详细地讲解和说明。安全技术交底的形式应根据工程规模确定，原则上要求逐级进行。安全技术交底的内容应满足《建设工程项目管理》的相关要求。安全技术交底工作应保存书面的签字记录。

1.2.3 检查安全控制计划的落实情况

项目经理部在开工前应编制安全控制计划，建立安全生产责任制，对作业人员进行安全教育，并进行具体的、有针对性的安全技术交底工作。通过上述工作，全体管理人员和施工人员是否已经掌握了安全控制计划的内容，管理人员和施工人员是不是按照安全施工要求进行施工，这就要求项目经理部的相关人员深入施工现场，检查安全控制计划的实际落实情况。项目经理部的具体检查要求如下：

（1）项目经理部应按照安全控制计划要求进行安全控制，按照安全检查要求做好安全检查工作。安全检查工作应针对现场管理人员的工作范围、工作方法和工作态度等进行检查，针对施工人员的操作方法、安全操作规程的执行情况等进行检查。

（2）安全检查结束后应编写安全检查报告，说明安全工作中的已达标项目、未达标项目、存在问题、原因分析，并针对具体问题制定纠正和预防措施。

（3）对于不同专业的工程项目，项目经理部应根据工程的实际特点确定安全检查方法。

1.2.4 重点检查可能发生事故的安全隐患和容易发生安全事故的工作

项目经理部应针对施工现场可能存在安全隐患及容易发生安全事故的重要部位或工序进行重点检查，检查前应有安全检查方案。对于存在事故隐患和容易发生安全事故的部位或工序，施工时，专职安全管理人员应亲临施工现场，确保这些部位或工序的顺利完成。安全检查工作应重点检查以下几个方面：

1. 材料堆放场所、施工现场及驻地的安全问题

（1）现场防火。

（2）安全用电。

（3）低温雨期施工时的防滑、防雷、防潮。

2. 机械设备、仪器仪表的安全问题

（1）机械设备、车辆、仪器仪表的安全存放、安全搬运及安全调遣。

（2）机械设备、车辆、仪器仪表的合理使用。

3. 其他设施的安全问题

（1）机房内施工时通信设备、网络等电信设施的安全。

（2）人（手）孔内作业时原有线缆的安全。

（3）施工过程中水、电、煤气、通信光（电）缆管线等市政或电信设施的安全。

（4）施工过程中的文物保护。

4. 施工中的安全作业问题

（1）人（手）孔内作业时防毒、防坠落。

（2）公路上作业的安全防护。

（3）高处作业时人员和仪表的安全。

1.2.5 对存在的问题应进行跟踪检查

项目经理部的安全管理机构或专职安全管理人员要对安全交底的内容进行检查，对安全施工方法、施工程序、安全技术措施进行定期或不定期检查。对于过去检查中发现的问题要检查其整改情况。每次检查应当留有书面记录。

任务2 信息通信建设工程危险源辨识与风险评价

知识要点

信息通信建设工程危险源辨识要求；
信息通信建设工程中常见危险源。

重点难点

信息通信建设工程危险源辨识要求；
信息通信建设工程中常见危险源。

【相关知识阐述】

危险源是指可能导致伤害或疾病、财产损失、工作环境破坏或这些情况组合的根源或状态。要避免危险源酿成事故，就应在工程开工前认真进行危险源辨识。对于识别出的危险源，应分析其引发事故的概率和事故发生以后所造成的影响程度，即要进行风险评价。通过风险评价，确定具高度风险的危险源，在施工过程中对其进行重点控制，以避免发生安全事故。

2.1 危险源的识别要求

危险源辨识是为了明确施工项目在现有生产技术条件下的不可承受的风险，进而制定并实施控制措施对风险加以控制，保证以合理成本获得最大安全保障。施工企业或项目经理部应在掌握危险源定义的基础上，深入施工现场，掌握工程的具体特点和施工工艺要求，了解现场的环境状况，分析可能发生事故的根源，按照危险源的命名要求对危险源进行识别。

危险源辨识应按照科学的方法进行，同时还应考虑涉及的范围，避免因遗漏危险源而给工程的安全管理带来隐患。

（1）常用的危险源辨识方法有基本分析法和安全检查表法。实际工程中使用哪些方法，应根据施工企业或项目经理部的人员结构以及施工现场的实际状况确定。

（2）危险源辨识应根据工程的特点进行，应考虑人的因素、财产损失和环境破坏三个方面，应按照工序顺序充分识别每道工序存在的两类危险源。第一类危险源为物的不安全状态，第二类危险源为人的不安全行为。危险源辨识所涉及的范围一般包括：所有的常规的和非常规的施工作业活动、管理活动；所有进入工作场所的人员；所有的施工设备、设施，包括相关方的设备；场所和环境。

2.2 信息通信建设工程中常见的危险源

工程施工过程中存在着大量的危险源，如不加以防范，可能会造成物体打击、机械伤害、触电、高处坠落、坍塌、中毒、窒息、电磁辐射及其他伤害事故。根据工程实践，线路工程、管道工程、室内设备安装工程以及室外设备安装工程等各专业常见的危险源计列如下。

1. 通信线路工程

1）架空线路工程中的危险源

特殊的地形、地质、气温，路由附近的高压电力线、低压裸露电力线及变压器，有缺陷的夹杠、大绳、脚扣、安全带、座板、紧线设备、梯子、试电笔等工具，有缺陷的钢绞线、夹板、螺丝、螺母、地锚石、电杆等材料，固定不牢固的滑轮、线担、夹板等高处重物，码放过高的材料，车上固定不牢的重物，千斤顶上的光（电）缆盘，未做防护的杆坑、拉线坑，未立起的电杆，绷紧的钢绞线，锋利的工具，燃油，伙房的煤气罐，雷电，有缺陷的标志，激光，异常的电压，行驶的车辆，传染病。

2）直埋线路工程中的危险源

特殊的地形、地质、气温，地下电力线，挖开的无警示标志的光缆沟，车上固定不牢的重物，千斤顶上的光（电）缆盘，锋利的工具，行驶的车辆，漏电的电动设备，使用不当的喷灯，激光，异常的电压，雷电，有缺陷的标志，炸药，燃油，伙房的煤气罐，传染病。

3）管道光（电）缆工程中的危险源

（长途管道光缆）特殊的地形，人（手）孔内的有毒气体，落入人（手）孔的重物，车上固定不牢的重物，有缺陷的标志，断股的油丝绳，固定不牢的滑轮，安装不牢的拉力环，千斤顶上的光（电）缆盘，锋利的工具，开凿引上孔溅起的灰渣，使用不当的喷灯，激光，异常的电压，行驶的车辆，气吹机喷出的高压高温气体，打开的没有围栏的人（手）孔。

2. 通信管道工程

1）长途通信管道工程中的危险源

特殊的地形、地质、气温，地下电力线，挖开的无警示标志的管道沟，车上固定不牢的重物，千斤顶上的硅芯管盘，行驶的车辆，锋利的工具，雷电，有缺陷的标志，炸药，燃油，伙房的煤气罐，传染病。

2）市内通信管道工程中的危险源

特殊的气温，地下电力线、煤气管道，挖开的或无警示标志的管道沟、人（手）孔坑，不牢固的挡土板，落入作业点的重物，车上固定不牢的重物，行驶的车辆，漏电的电动设备，有缺陷的标志，炸药，燃油，伙房的煤气罐。

3. 室内设备安装工程

带钉子或铁皮的机箱板，有缺陷的电钻、试电笔、万用表、高凳、切割机、电焊机等工具，强度不够的楼板，不合格的防雷系统，高处的重物，静电，激光，异常的电压，储酸室、电池室中能够产生电火花的装置，有缺陷的标志，割接时未做绝缘处理的工具，带电裸露的电源线或端子，行驶的车辆，传染病。

4. 室外设备安装工程

特殊的环境，制动失灵的吊装设备，有缺陷的电钻、电笔、切割机、电焊机等工具，高处的重物，附近的带电体，微波辐射，雷电，不合格的防雷系统，有缺陷的安全带。

5. 各专业工程中常见的不安全行为

违章指挥，野蛮施工，违规操作，长时间作业，睡眠不足，身体不适，未进行安全技术培训等。

任务3　信息通信建设工程相关安全控制措施的制定

知识要点

信息通信建设工程安全控制措施的制定原则；

信息通信建设工程施工现场应制定的安全控制措施。

重点难点

信息通信建设工程安全控制措施的制定原则；

信息通信建设工程施工现场应制定的安全控制措施。

【相关知识阐述】

在信息通信建设工程施工过程中，对于存在事故隐患和容易发生安全事故的部位或工序应重点控制，制定相应的控制措施，防止事故的发生，以保证工程安全、顺利地实施。在施工过程中，项目经理部应按照要求制定防火、安全用电、低温雨期施工防潮、机具及仪表的妥善保管和使用、在用设备及网络的安全防护、人（手）孔内的安全施工及对原有缆线的保护、地下设施的防护、地下作业的安全、公路上作业的安全、高空及高处作业安全等工作的安全防护措施。

3.1 信息通信建设工程安全控制措施的制定原则

1. 安全控制措施应在了解施工现场实际状况的基础上编制

施工专业、施工环境的多样性，决定了不同工程项目的施工现场各不相同。不同的施工专业、不同的施工现场，其安全控制措施的内容和要求也不尽相同。因此，安全控制措施应依据工程的实际状况编制。

2. 制定的安全控制措施应具有可行性

安全控制措施是用来保证工程的施工安全的，是工程施工中安全操作、安全检查的依据。因此，安全控制措施的内容必须正确，应能适应工程的需要；施工现场实际采取的安全控制措施也必须可行，应能保证施工安全。

3. 安全控制措施的内容应具有可操作性

（1）安全控制措施的内容应从工程实际出发，应以满足工程的安全需要为基准。安全要求既不能太高，也不能太低，应以能够指导安全施工为目的。

（2）安全控制措施的内容应便于理解、便于记忆、便于掌握，应考虑使用人员的水平。

（3）安全控制措施的内容应便于管理人员考核操作人员的使用情况，从而有利于措施的贯彻和执行。

3.2 信息通信建设工程施工现场应制定的安全控制措施

安全控制措施应按照编制要求进行编制，其内容应能保证工程的安全需要，应能够在避免施工现场发生安全事故方面起到指导作用。为了避免施工现场发生安全事故，项目经理部应在施工组织设计中制定以下安全控制措施，需要编制应急预案的，还应编制应急预案。制定的安全控制措施应向施工人员进行详细的交底。

1. 施工现场的防火措施

施工现场可能发生火灾的位置主要有施工人员驻地、材料存放点、燃料存放点、人（手）孔内、机房等地，发生火灾的原因主要有电源短路、明火等。施工现场的防火措施应依据现场的实际情况制定。具体的防火要求如下：

（1）施工现场应实行逐级防火责任制。

（2）临时使用的仓库应符合防火要求。

（3）在机房施工作业使用电焊、气割、砂轮锯等设备时，必须有专人看管；电气设备、电动工具严禁超负荷运行；电力线路的线径应满足负载电流的要求，接头要结实可靠；机房施工现场严禁吸烟；储酸室、电池室内严禁安装能够产生电火花的装置。

（4）人（手）孔内施工时，严禁在人（手）孔内点燃喷灯；点燃的喷灯严禁对准光（电）缆及光纤。

（5）施工人员驻地应配置灭火器材，并应对员工进行防火安全教育。

2. 施工现场的安全用电措施

施工现场的安全用电主要涉及与电力线交越时电力线的处理以及机房电动工具用电、发电机的使用等临时用电方面。对施工现场的安全用电要求如下：

（1）施工人员进入施工现场后，应对其进行安全用电教育。

（2）施工现场需要临时用电时，操作人员应检查临时供电设施、电动机械及手持电动工具是否完好，是否符合规定要求；应安装漏电保护装置及稳压装置，防止过压、过流、过载及触电事故的发生。线路与电力线交越需要临时拉电闸时，应在电闸处设置安全警示标志，临时用电结束后应尽快做好恢复工作。

（3）操作人员应集中精力，严格按照操作规程作业。在不清楚所接触的导体是否带电时，均应视其带电；必须带电作业时，应佩戴安全帽、绝缘手套，穿绝缘鞋；在电力线附近作业，尤其是在高压电力线附近作业时，必须与其保持安全距离；带电作业过程中应设专人看管电源闸箱，并保持联络，随时做好应急准备。

（4）设备割接时，应对带电的线头做绝缘处理；在交流配电盘（箱、屏）、列头柜以及其他带电设备上作业时，操作人员应有保护措施，所用工具应做绝缘处理；电力设备割接时必须两人以上作业。

3. 低温雨期施工的控制措施

低温雨期施工措施主要涉及室外铁塔上作业、光（电）缆接续、车辆保养和行车等工作以及防雷、防滑、防潮等。对低温雨期施工的安全要求如下：

（1）低温季节施工时，施工人员应尽量避免高空作业。必须进行高空作业时，应穿戴防冻、防滑的保温服装和鞋帽。在低温下吊装机具时，应考虑其安全系数。光缆熔接机和测试仪表工作时应采取保温措施，以满足其对温度要求。车辆在冬季应加装防冻液，雪天、冰路上行车应装防滑链，注意防冻、防滑。

（2）雨期施工时，雷雨天气禁止从事高空作业，空旷环境中施工人员避雨时应注意防雷。施工人员应注意道路状况，防止滑倒摔伤。在雨天及湿度过高的天气施工时，作业人员在与电力设施接触前，应检查其是否受潮漏电。施工现场的仪表及接续机具在不使用时应及时放到专用箱中保管。下雨前，施工现场的材料应及时遮盖；对于易受潮变质的材料应采取防水、防潮措施单独存置。雨天行车应减速慢行。暂时不用的电缆应及时缩封端头，及时充气。

4. 机具、仪表的保护措施

工程使用的机具、仪表在保管时应注意防火、防盗、防潮，应严格按照其说明书要求进行保管和维护。在使用时，操作人员应持证上岗。仪表的使用应注意其所用电源的电压情况，应注意避免电源问题导致仪表损毁。

5. 在用通信设备、网络安全的防护措施

在用通信设备、网络的安全防护主要涉及割接、防尘、原有设备的保护、防静电等工作。对在用通信设备及网络安全的防护要求如下：

（1）机房内施工电源割接时，应注意所使用工具的绝缘防护；通电前应检查新装设备，在确保新设备电源系统无短路、接地等故障时，方可进行电源割接工作。

（2）在机房内施工时，应采取防尘措施，保持施工现场清洁。

（3）禁止触动与施工无关的设备。需要用到机房原有设备时，应经机房负责人同意，以机房值班人员为主进行工作。

（4）需要拔插机盘时，应佩戴防静电手环。

6. 防毒、防坠落、防原有线缆损坏的措施

防毒、防坠落、防原有缆线损坏主要涉及挖掘作业和在人（手）孔内施工等。对此应制定的安全防护要求如下：

（1）在开挖光缆沟、管道沟、接头坑、人（手）孔坑、杆坑及拉线坑时，如果当天不能回填，应根据现场的实际特点，晚上在沟坑的周围燃亮红灯，以防人员跌落。

（2）施工过程中挖出有害物质时，应及时向有关部门报告，必要时启动应急预案。

（3）在人（手）孔内工作时，井口处应设置警示标志。施工人员打开人孔后，应先进行有害气体测试和通风，确认无有害气体后才可下去作业。在人孔内抽水时，抽水机的排气管不得靠近人孔口，应放在人孔的下风方向。

（4）下人孔时必须使用梯子，不得蹬踩光（电）缆托板。人孔内工作时，如感觉头晕呼吸困难，必须离开人孔，采取通风措施。严禁在人孔内吸烟。

7. 地下设施的安全防护措施

地下设施的安全防护主要包括对地下管线以及文物的保护。具体的安全防护要求如下：

（1）开挖土石方时，应充分了解施工现场的具体情况，确定保护地下管线及其他设施的方案。开挖城市路面时，应与当地的规划部门联系，必要时应使用仪器探明地下管线的深度和位置。开挖时，禁止使用大型机械工具开挖。

（2）施工过程中挖出文物时，项目经理部应保护好现场，并及时向文物管理部门报告，

等候处理。

8. 公路上作业的安全防护措施

公路上施工时，应遵守交通管理部门的有关规定，保证施工人员及过往车辆的安全。公路上作业时的安全防护要求如下：

（1）现场施工人员应严格按照批准的施工方案进行施工，服从交警的管理和指挥，协助搞好交通安全工作，同时还要保护公路设施。

（2）每个施工地点都应设置安全员，负责按公路管理部门的有关规定摆放安全标志，观察过往车辆并监督各项安全措施执行情况，安全标志尚未全部摆放到位和收工撤离收取安全标志时应特别注意，发现问题及时处理。在夜间、雾天或其他能见度较差的气候条件下禁止施工。所有进入施工现场的人员必须穿戴符合规定的安全标志服，施工车辆应装设明显标志（如红旗等）。

（3）施工车辆应按规定的线路和地点行驶、停放，严禁逆行。

（4）各施工地点的占用场地应符合高速公路管理部门的规定。

（5）每个施工点在收工时，必须认真清理施工现场，保证路面上清洁。

9. 高空作业、高处作业时的安全防护措施

高空作业、高处作业是一项危险性较大的作业项目，容易发生人员、物体坠落等事故。高空作业及高处作业的安全防护要求如下：

（1）高空作业人员必须持证上岗。安全员必须严格按照安全控制措施和操作规程进行现场检查。

（2）作业人员应配戴安全帽、安全带，穿工作服、工作鞋，并认真检查各种劳保用具是否安全可靠。高空作业人员情绪不稳定、不能保证精神集中地进行高空作业时不得上岗。高空作业前不准饮酒，前一天不准过量饮酒。

（3）高空作业应划定安全禁区，设置好警示牌。操作人员应统一指挥。需要工人下塔时，人与人之间应保持一定距离，行进速度宜慢不宜快。高空作业用的各种工器具要加保险绳、钩、袋，防止失手散落伤人。作业过程中禁止无关人员进入安全禁区。严禁在杆、塔上抛掷物件。当地气温高于人体体温、遇有 6 级以上大风或能见度低时严禁高空作业。

（4）高处作业须确保踩踏物牢靠。作业人员应身体健康，并做好自我安全防护工作。操作过程中应防止坠落物伤害他人。

任务 4 信息通信建设工程应急预案编制要求及事故的分析处理

知识要点

信息通信建设工程应急预案编制要求；
生产安全事故报告和调查处理；
信息通信建设工程安全事故的分析处理。

重点难点

信息通信建设工程应急预案编制；
生产安全事故报告和调查处理；
信息通信建设工程安全事故的分析处理。

【相关知识阐述】

为了避免工程项目安全控制措施失控以及发生突发事件时施工现场出现混乱，项目经理部在编制安全控制措施的基础上，还应编制应急预案。应急预案也称作应急反应计划，它是对识别出的潜在的可能随之引发疾病和伤害的事件或紧急情况所采取的措施，也是对风险控制措施失效情况所采取的补充措施和抢救行动。项目经理部应根据施工现场的实际状况及工程的具体特点，制定相应的应急预案。在应急事件发生时，应启动应急预案，控制事故的蔓延，抢救受伤人员。在事故得到控制以后，还应对事故进行分析处理。

4.1 信息通信建设工程应急预案的编制要求

为了保障人身安全和相关设施的安全，便于紧急情况下做出响应，最大限度地减少疾病和伤害等损失，项目经理部应按照要求编制应急预案。

1. 应急预案的编制原则

应急预案是在损失发生时起作用的，应急预案的编制目的是使项目风险损失最小化。编制应急预案应遵循以下原则：

（1）项目经理部应根据识别出的危险源评价潜在事故或紧急情况，识别应急响应需求（包括应急设备需求），制定应急预案。

（2）由于经济方面的原因，项目经理部并不需要对每一项风险都制定应急预案，只需在风险评价的基础上，对那些较大风险或可以分类的风险，才制定应急方案。如火灾应急预案，人员伤亡事故应急预案，电源短路事故应急预案等。

（3）项目经理部的应急预案应在施工企业应急方案的基础上编制。施工企业应确定应急事件的主要负责人，应急程序，应急人员职责、权限和义务。项目经理部在此基础上，根据工程的具体特点和项目经理部的人员构成情况编制施工现场的应急预案。

2. 应急预案应包括的内容

项目经理部的应急预案应根据施工现场的具体情况和工程的专业特点编制。一般应急预案可在下面的内容中选取,具体工程的应急预案应包括哪些内容还需要针对其特点具体分析。

（1）应急期间的负责人，决定采取的应急措施。

（2）起特定作用的人员和专家的职责、权限及义务。

（3）疏散的程序，包括疏散对象，负责人，疏散方法、步骤、路线，到达地点，疏散的组织和管理，工具需求，设备需求。

（4）危险源材料的识别和放置以及所要求的应急措施。

（5）与外部应急服务机构的联系方式以及与邻居和公众的沟通方式、办法。

（6）至关重要的设备和记录的识别及保护方法。

（7）应急期间的必要信息及适用情况，如驻点布置图，库房平面图，危险源材料的资料及处理程序，工作指示和联络电话号码等。

3. 应急救援预案的编制要求

应急救援预案是应急预案的一种，它是指事先制定的关于安全生产事故发生时进行紧急救援的组织、程序、措施、责任以及协调等方面的方案和计划，具有重点突出、针对性强，内容简单、步骤清晰，统一指挥、责任明确的特点。根据通信行业的具体特点，项目经理部应对施工现场易发生重大事故的部位、环节进行监控，一旦发生安全生产事故，应急组织应能够迅速、有效地开展抢救工作，防止事故进一步扩大。

4. 应急预案的演练与保障

为了证明应急预案的可行性，保证应急事件发生时应急预案能真正发挥作用，降低事件造成的损失，项目经理部还应对全体保管员、从事有毒有害和强光作业人员，机械、仪表设备的操作人员等关键岗位的人员进行应急防护知识培训，提高自防自救能力。

4.2 生产安全事故报告和调查处理

根据生产安全事故（以下简称事故）造成的人员伤亡或者直接经济损失，事故一般分为以下等级：

1. 特别重大事故

特别重大事故是指造成 30 人以上死亡，或者 100 人以上重伤（包括急性工业中毒，下同），或者 1 亿元以上直接经济损失的事故。

2. 重大事故

重大事故是指造成 10 人以上 30 人以下死亡，或者 50 人以上 100 人以下重伤，或者 5 000 万元以上 1 亿元以下直接经济损失的事故。

3. 较大事故

较大事故是指造成 3 人以上 10 人以下死亡，或者 10 人以上 50 人以下重伤，或者 1 000 万元以上 5 000 万元以下直接经济损失的事故。

4. 一般事故

一般事故是指造成 3 人以下死亡，或者 10 人以下重伤，或者 1 000 万元以下直接经济损失的事故（等级中所称的“以上”包括本数，所称的“以下”不包括本数）。

发生通信建设工程生产安全事故后，事故现场有关人员应立即向本单位负责人报告，单位负责人接到事故报告后，应当于 1 小时内向事故发生地县级以上人民政府安全生产监督管理部门和所在地省级通信管理局报告。

事故发生单位负责人接到事故报告后，应当立即启动事故处理应急预案，或采取有效措施，组织抢救，防止事故扩大，减少人员伤亡和财产损失。

对于特别重大事故、重大事故、较大事故，通信管理局应于收到报告后 2 小时内向工业和信息化部报送通信工程生产安全事故报表。

对于一般生产安全事故，通信管理局应按季度汇总，于每季度第一个月的 10 日前定期向工业和信息化部报送事故报表。

事故所在地通信管理局应积极配合有关部门组织事故抢救、事故调查及事故处理等工作。

依照地方人民政府对事故的处理决定（ 以下简称处理决定），监督相关事故责任单位对处理决定的落实，并及时将处理决定及事故责任单位内部处理结果报部（信息通信发展司）。

4.3 信息通信建设工程事故的分析处理

安全事故的分析处理，应按照国家规定的程序进行。

1. 安全事故的分析处理程序

为了保证安全事故发生后，伤亡人员能够得到及时救助，财产损失能尽可能地减少，以及为了保证以后不再发生类似的安全事故，处理安全事故应依照安全事故分析处理程序进行。该程序可以分为报告安全事故—处理安全事故—安全事故调查—对事故责任者进行处理—编写、上报事故调查报告等几个步骤。

1）报告安全事故

安全事故发生后，事故现场有关人员应当立即报告本单位负责人。单位负责人接到事故报告后，应当迅速采取有效措施，组织抢救，防止事故扩大，减少人员伤亡和财产损失，并按照国家有关规定立即如实报告给当地具有安全生产监督管理职责的部门，不得隐瞒不报、谎报或者拖延不报，不得故意破坏事故现场，毁灭有关证据。

2）处理安全事故

单位负责人及项目经理部应配合当地政府和相关的安全生产监督管理部门的抢救工作及其他险情排除、事故范围控制、标识及现场保护工作。

3）安全事故调查

安全事故调查应成立调查组对事故现场进行勘查，应以实事求是、尊重科学为原则，查明原因，总结教训，找出责任人，确定事故性质，提出整改措施，防止类似事故再次发生。

4）对事故责任者进行处理

安全事故如为责任事故，应查明和追究责任单位、责任部门、责任人，并对其进行处理。

5）编写、上报事故调查报告

调查组在对事故处理、调查的基础上，应编写调查报告。安全事故调查报告的内容应符合国家相关规定的要求，并应逐级上报相关部门。

2. 安全事故的处理应考虑专业及施工环境特点

专业、环境的多样性决定了通信与广电工程的安全事故也是多种多样的。工程中容易发生的安全事故主要有触电、坠落、物体打击、坍塌、火灾、交通损伤、电源短路、其他设施被损坏等以及不可抗力的影响。对于这些事故的处理应严格遵守上述程序规定，同时还应考虑工程的特点。安全事故发生时，有应急预案的应立即启动应急预案。

4.4 信息通信建设工程项目安全管理案例分析

[背景]

某通信工程公司于7月初中标87 km架空通信线路工程，工程为“交钥匙”工程，工期为7月20日至9月30日，施工地点位于山区，沿线有多处河流，线路需与电力线、直埋光缆、公路交越，进城部分为穿放管道缆。针对此项目，施工单位任命了项目经理，项目经理组建了项目经理部，并委托质量负责人兼管安全管理工作。项目经理部在现场勘查的基础上，组织项目经理部的全体管理人员采用头脑风暴法辨识出了危险源，采用打分法评价出了重大危险源；根据工程特点及相关文件编写了施工组织设计，其中包含了安全控制目标和安全控制措施。项目经理认为危险源是大家辨识出来的，所以不需要再向大家进行安全交底。此项目的水线敷设工作分包给水线作业队进行施工，施工现场不允许爆破作业。

在施工过程中，路由复测人员按照设计图纸上电杆位置将杆位确定在电力线下方；项目经理部向杆上作业人员配发了安全带、安全帽；由于施工期间气温较高，项目经理在工地检查时向作业队负责人提出了批评，要求高温天气时中午休息，不得施工；质量负责人在检查质量的同时对安全工作进行检查，并编写了安全检查记录；水线队冲槽作业时，作业人员长时间在水下作业，质量检查员发现后及时制止了作业队的违规操作行为；现场作业人员为了防止高温影响，在下班前将第二天准备立杆的杆坑挖好才收工，这样立杆速度提高了很多；由于过路地段水泥杆需要接杆，作业队选派曾做过气焊工作的人员将两根水泥杆电焊好；在敷设管道光缆时，由于人行道较窄，作业人员将光缆倒放在路上进行施工，并由专人看管。在施工过程中，除个别人脚扭伤、摔伤、中暑以外，未发生其他安全事故。

[问题]

（1）此工程安全管理工作的范围应涉及哪些方面？应怎样对其进行管理？

（2）此工程的安全管理工作应如何安排？

（3）此项目中，哪些岗位的人员必须持证上岗？

（4）施工过程中，项目经理部及施工现场的哪些做法违反了安全管理要求？

[案例分析]

（1）此工程的安全管理工作应涉及工程的施工人员及施工现场周围的人员、施工现场的机械设备及仪表、施工现场的材料、施工现场周围的设施等。

对于施工人员的安全，应从其行为、安全意识以及自我防护能力等方面进行管理。

对于现场周围人员的安全，在过路施工时，应有专人看管路口；挖杆坑及拉线坑时，如当天不能完成后续工作，夜晚应设立安全标志；路旁的拉线制作好以后，应及时设立警示标志。

对于现场的机械设备、仪表及材料的安全，应防止其损坏和丢失。

对于施工现场周围设施的安全，在开挖杆坑及拉线坑时应防止其他缆线、管线损坏；在穿放管道缆时，应保证人（手）孔内的其他缆线安全。

（2）此工程的安全管理工作应随工程的进展同步进行，即按照工程的施工准备阶段、施工阶段和竣工验收阶段进行。

在工程的施工准备阶段，项目经理部应做好危险源的辨识和评价工作；应确定安全目标，并在施工组织设计中编写好安全控制措施；应做好安全技术交底工作；应编写好应急预案，并定期演练。

在工程的实施阶段，项目经理部应落实安全控制计划，定期检查其落实情况，发现问题及时分析原因，并制定纠正措施。对于危险工序，应由专职安全负责人现场指挥。

在工程的竣工验收阶段，项目经理部应保护好已完工作量直至交工，并应对安全控制计划的实施情况进行分析、总结。

（3）此工程中，人员必须持证上岗的岗位包括：项目经理、现场专职安全管理人员、电工、电焊工、登高作业人员等。

（4）项目经理部及施工现场违反安全管理要求的做法包括：

①安全管理工作由质量负责人兼管；②项目经理部未进行安全技术交底工作；③路由复测人员将电杆的杆位安排在电力线下方；④项目经理部未向施工人员配发绝缘鞋；⑤挖好的杆坑及拉线坑当天没有回填时，晚上未设置安全标志；⑥电焊工无证上岗；⑦敷设管道缆时，将光缆倒放在路上。

【练习题】

1. 信息通信建设工程施工安全管理范围有哪些？
2. 信息通信建设工程施工安全管理内容有哪些？
3. 安全管理工作应分哪些阶段进行？
4. 安全施工对不同单位的基本要求是什么？
5. 信息通信建设工程施工安全技术交底内容有哪些？
6. 什么是危险源？
7. 信息通信建设工程危险源辨识要求有哪些？
8. 信息通信建设工程常见危险源包括哪些？
9. 信息通信建设工程安全控制措施的制定原则有哪些？
10. 信息通信建设工程施工现场应制定的安全控制措施有哪些？

11. 信息通信建设工程应急预案编制要求有哪些？

12. 生产安全事故等级分为哪些？

13. 案例分析

[背景]

某通信工程公司承接的高速公路管道光缆工程全长 320 km，工期为 4 月 1 日至 6 月 30 日。项目经理部组织人员沿线进行了现场勘查，并编写了施工组织设计，其中包含安全控制计划。项目经理部计划分 3 个施工队分段完成此工程施工。由于在高速公路上施工的危险性比较大，项目经理决定亲自负责此工程的安全管理工作。在工程开工前，项目经理组织全体管理人员、施工人员召开安全会，进行了安全技术交底工作，并要求与会人员在签到表上签字。在交底会上，项目经理重点介绍了在施工中应如何保护施工人员和光缆的安全。

工程于 4 月 1 日开工。项目经理要求项目经理部的技术负责人每周一次检查各施工队质量的同时检查施工安全，并将检查结果向其汇报。技术负责人每周检查完以后，都及时向项目经理口头汇报现场的情况。在施工过程中，施工人员严格按“高管处”的要求摆放安全标志，服从公路管理部门的指挥，保证了施工人员及材料的安全；由于施工人员在收工前未清理干净公路上的下脚料，致使公路上行驶的一辆车的后轮胎爆胎，险些发生重大交通事故；为了赶进度，施工队在雾天施工。在项目经理部及全体施工人员的共同努力下，此工程最终按期完工，未发生重大安全事故。请你根据以上情况，对下列问题进行具体的分析，并发表自己的看法。

[问题]

（1）本工程的安全控制要点有哪些？

（2）本工程的安全检查工作应重点检查哪些安全问题？

（3）本工程的安全工作存在哪些问题？

项目六　信息通信建设工程项目质量管理

任务 1　信息通信建设工程项目质量概述

知识要点

信息通信建设工程质量的概念；

信息通信建设工程施工单位质量行为的规范规定；

影响信息通信建设工程质量的因素。

重点难点

信息通信建设工程质量的概念；

信息通信建设工程施工单位质量行为的规范规定；

影响信息通信建设工程质量的因素。

【相关知识阐述】

1.1　信息通信建设工程质量的概念

1.1.1　信息通信建设工程项目质量的定义

信息通信建设工程项目的质量是指工程满足建设单位需要的符合国家及行业技术规范标准，符合设计文件及合同规定的特性综合，如性能、寿命、可靠性、安全性、环境、经济性等。

1.1.2　信息通信建设工程项目质量控制的定义

信息通信建设工程项目质量控制是指确定质量方针、目标和职责，并在质量体系中通过诸如质量策划、质量控制、质量保证和质量改进等措施，使质量方针、目标和职责在项目实施的过程中得以实现的全部管理职能的所有活动。在质量管理与控制的过程中，不仅要建立为实施质量管理而需要的组织机构、程序、过程和配置相应的资源（质量管理体系），而且要全面开展为实现质量要求而采取的技术作业活动。在质量控制中，要坚持质量第一、预防为主、为用户服务及用数据说话原则。

1.2　信息通信建设工程施工单位质量行为的规范规定

根据建筑产品的单件性、多样性的固有特征，要求建筑施工企业必须严格按照国家、行业的质量规范，控制人在施工生产过程中的行为，按照事先明确的质量标准，遵循必要的质量行为规范。

1.2.1 依法承揽及分包工程

施工单位应当依法取得相应等级的资质证书，并在其资质等级许可的范围内承揽工程，不得以超越本单位资质等级许可的业务范围或者以其他施工单位的名义承揽工程，不得允许其他单位或者个人以本单位的名义承揽工程。

施工单位对建设工程的施工质量负责。建设工程实行总承包的，总承包单位应当对全部建设工程质量负责；建设工程勘查、设计、施工、设备采购的一项或者多项实行总承包的，总承包单位应当对其承包的建设工程或者采购的设备的质量负责。总承包单位依法将建设工程分包给其他单位的，分包单位应当按照分包合同的约定对其分包工程的质量向总承包单位负责，总承包单位与分包单位对分包工程的质量承担连带责任。

1.2.2 建立质量责任制

施工单位应当建立质量责任制，确定工程项目的项目经理、技术负责人和施工管理负责人，明确其职责与权限，同时建立健全施工质量的检验制度。

从事影响工程质量工作并承担规定职责的人员应能胜其所担任的工作。因此，施工单位应当建立健全教育培训制度；根据岗位职责的能力要求、法定的强制性培训及持证上岗要求，对员工进行有效的教育培训，使其能够持续满足要求；保持员工的教育、培训、技能、资格认可的适当记录，对不能满足要求的人员，不得上岗作业。

1.2.3 项目施工前质量策划及设备器材检验

施工单位应坚持做好施工前的质量策划，编制施工组织设计，对每项工程都应制定保证质量的措施。

施工单位应按行业的相关要求，参加设备和器材出厂或施工现场开箱的检验工作。

施工单位必须按照工程设计要求、施工技术标准和合同约定，对工程材料进行检验。检验的设备、材料应当有书面记录和专人签字，未经检验或者检验不合格的，不得使用。

对不能从外观检验判断质量的设备、材料，在使用或测试中发现存在质量问题应及时处理，自购的设备、材料应立即更换，与此发生的费用由施工单位向供应商获得索赔；建设单位提供的设备、材料应向监理和建设单位现场代表汇报，由建设单位确定处理办法。

1.2.4 按标准及规范要求施工

国家和部颁的施工验收技术规范是工程项目是否达到合格要求的标准和依据，设计单位的施工图设计和设备生产厂商提供的性能指标要求是对验收规范的补充，也是竣工验收的重要依据。

施工单位应按国家和部颁有关施工及验收技术规范的要求进行施工，严格工序管理，坚持“三检”制度（自检、互检、专检），把问题消灭在生产过程中，确保不留隐患。隐蔽工程的质量检查应有记录，隐蔽工程在实施隐蔽前，应当通知建设单位和监理单位进行隐蔽工程检查验收。

1.2.5 自觉接受质量监督机构的质量监督

质量监督机构是政府依据有关质量法规、规章行使质量监督职能的机构，具有典型的第三方检验的公正性。信息通信建设工程质量监督机构负责全国信息通信建设工程质量监督工作，省、自治区、直辖市信息通信建设工程质量监督机构负责每个行政区内信息通信建设工程质量监督工作。

施工单位应自觉接受质量监督机构的质量监督，为质量监督检查提供方便，并与之积极配合。

工程监理由建设单位委托，代表建设单位严格按照施工图设计，在工程实施过程中行使监督检查的职能。施工单位应与监理单位沟通，处理工程中出现的各种技术问题。

1.2.6 提供竣工资料及工程返修、保修

施工单位在施工完毕后，应提供完整的施工技术档案和准确详细的竣工资料，竣工资料应满足存档要求，表格中的签名应手签完成，由建设单位或监理单位签字的地方不能疏漏。

施工单位对施工中出现质量问题或者竣工验收不合格的部位，应当负责返修，返修发生的费用应由施工单位承担。对所承建的工程项目，应按合同规定在保修期内负责保修，保修过程中，属于施工原因造成的质量问题发生的费用应由施工单位承担。

1.3 影响信息通信建设工程质量的因素

影响信息通信建设工程质量的因素包括人的质量意识和质量能力、建设项目的决策因素、建设工程项目勘查因素、建设工程项目的总体规划和设计因素、建筑材料和构配件及相关工程用品的质量因素、工程项目的施工方案、工程项目的施工环境。除这些影响因素以外，影响通信建设项目的质量因素还有施工机具、仪表的选型、保管和正确使用等。

针对上述影响工程质量的因素，项目负责人应在施工过程中根据施工现场的实际状况、参与施工人员的水平及工程项目的具体特点，从工程中的人、机、料、法、环等方面分析判断其对工程质量的影响力。

1.3.1 人的因素

人是工程质量的控制者，也是工程质量的“制造者”。工程项目质量的好坏与人的因素密不可分。人的因素主要指工程项目的决策者、管理者和操作者的素质。人的质量意识、质量责任感、技术水平以及职业道德等，都会直接或间接影响工程项目的质量。

1.3.2 设备、材料因素

设备、材料（包括原材料、成品、半成品、构配件）不仅是通信工程建设的物质条件，而且其质量也是保证工程建设质量的基础。因此，加强对设备、材料和配（构）件质量的管理与控制，既是提高施工质量的重要保证，也是实现投资目标控制和进度目标控制的前提。

1.3.3 工艺方法因素

工艺方法是指施工现场采用的技术方案和组织方案，它是保证施工质量的另一个重要方

面。通信工程的施工工艺和作业方法并不是固定不变的。随着科学技术的进步，新技术、新设备、新材料在通信工程建设中不断得到应用，从而要求和促进了施工工艺持续更新和发展。工程实施过程中组织方案的合理与否，将直接影响工程质量控制能否顺利实现，关系到工程项目的成败。许多工程往往由于施工方案考虑不周而被拖延进度，影响了质量，致使投资一再增加。为此，制定和审核施工方案时，必须结合工程实际，从技术、管理、工艺、组织、操作、经济等方面进行全面分析、综合考虑，力求方案技术可行、经济合理、工艺先进、措施得力、操作方便，有利于提高质量、加快进度、降低成本。

1.3.4 机械设备、仪器仪表因素

仪器、仪表和工（器）具是通信工程施工中不可缺少的设备，由于通信工程的特殊性，施工中使用的仪器、仪表和工（器）具除了一部分是通用的外，还有相当一部分是专用的仪器、仪表和工（器）具，它们的先进性、功能、精度、工作状态和操作使用方法都将对工程建设质量产生不同程度的影响。通过对仪器、仪表和工（器）具的控制，可以保证施工质量监测的准确性和权威性，为工程的竣工验收和项目的营运提供可靠、翔实的依据。操作人员必须认真执行各项规章制度，严格遵守操作规程，并加强对施工机械的维修、保养、管理。

1.3.5 环境因素

通信工程施工现场的环境和条件是影响工程施工质量的外在因素。通信工程建设涉及面广，特别是通信线路工程建设，其施工周期长，施工范围广，受自然和非自然因素影响的可能性较大。施工现场的环境和条件是项目建设中不可忽视的因素，它不仅对施工质量产生影响，也将成为影响施工进度、投资规模控制目标实现的重要因素。在拟定对施工条件和环境因素的控制方案和制定措施时，同样必须全面综合考虑，只有这样，才能达到有效控制的目的。

对于判定的影响质量的因素，应根据工程的具体情况明确相关控制要点。如果影响因素是人的方面的因素，应将控制重点放在人的技术水平、人的生理缺陷、人的心理状态、人的错误行为等方面；如果影响因素是施工用机具、仪表等方面，应选用合适的机具仪表，正确使用、管理和保养好相应的机具和仪表，确保其处于最佳的使用状态；如果影响因素是施工材料，应从材料的采购、检验和试验、检查验收等方面进行重点控制；如果影响因素是施工方法/检验方法，应重点控制施工方案、施工工艺、施工组织设计、施工组织措施等方面；如果影响因素是环境，应改善施工的技术环境、操作环境，制定完善的质量管理制度，优化劳动组合结构。

任务 2　信息通信建设工程项目质量管理控制

知识要点

影响质量因素的控制要点；
信息通信建设工程施工重要过程；
信息通信建设工程质量控制点；
信息通信建设工程重要过程的控制措施；
质量控制点的控制方法。

重点难点

信息通信建设工程施工重要过程识别；
信息通信建设工程重要过程的控制措施；
信息通信建设工程质量控制点及方法。

【相关知识阐述】

2.1 影响质量因素的控制要点

1. 认真贯彻质量管理体系

施工单位应建立和正确运行质量管理体系，设置适宜的质量控制目标，编制可行的质量计划，正确设置重要过程和质量控制点，加强对施工过程中生产要素的控制，严把工程验收关，确保工程施工质量。

2. 明确质量控制所依据的内容

对工程质量的控制，应依据施工规范、操作规程、设计图纸、作业指导书、施工技术要求等进行。施工过程中应通过技术交底，要求项目管理人员和操作人员明确设计意图和质量要求，制定适宜本工程的质量检验方法，使上岗操作人员在明确工艺要求、质量要求和操作要求的基础上操作。

3. 加强组织管理，明确责任目标，坚持“三检”制度

施工单位应指定符合实际的《施工组织设计》，精心组织和管理；工地负责人、专项检查人员、施工人员应明确自己的职责，保证每个生产过程（工序）符合施工规范和操作规程要求，确保施工质量满足合同要求。操作者必须严格按照规程、规范和批准的作业指导书进行施工，应对过程（工序）进行自检，确保完成的工作量符合质量要求。质检员负责过程（工序）的质量检验及认定，对施工过程进行工序质量监控，并做好工作记录。对于通信工程所使用的专用仪表和专用设备及工机具等，必须定期进行检定、维修、校准和标识，机具、仪

表要有专人使用和保管，确保处于完好状态。

4. 制定纠正和预防措施

对于施工中已出现的不合格，应立即纠正；对经常出现的不合格应制定纠正措施；对潜在的不合格、不符合因素应制定预防措施，以避免问题的再次发生。

2.2 信息通信建设工程施工重要过程的控制

信息通信建设工程的重要过程从不同层面、不同角度来看内容各不相同。对整个信息通信网而言，重要过程的内容是工程设计及组网的配置过程；在设计确认后，重要过程的内容是工程实施过程；在工程实施的过程中，重要过程可从工艺和技术指标来分。本条所谈的重要过程是在施工过程中影响质量的重要过程。

施工工艺主要是从工程的安全可靠性来说的，任何一个工程首先需要考虑的就是工程的安全可用性，因此，影响施工工艺最终质量的过程是工程控制的重点。

1. 信息通信建设工程重要过程的概念

信息通信建设工程中的重要过程，是指对工程的最终质量起重大影响或者施工难度大、质量易波动的过程（或工序）。对于在重要过程中有一些所形成的产品不能由后续的监视或测量加以验证，其产品缺陷可能在后续的生产和服务过程中或交付后才显露出来的过程，或过程的特性不能经济地检测，这种过程通常称为特殊过程。特殊过程是重要过程的特例，它们对工程质量都存在质的影响，都应重点加以控制。

2. 信息通信建设工程重要过程的识别

确定重要过程时，需要精通工程的整个工艺过程和施工的专业知识，并具有丰富的实践经验。在识别重要过程时，主要识别对最终质量起重大影响或者施工难度大、质量易波动的过程。不同的工程项目，不同的资源配备，不同的施工环境，识别出的重要过程不尽相同，这里仅就一般确定重要过程应考虑的因素做如下分析：

（1）直接影响工程质量的施工过程，这些过程涉及重要过程的重要部位，如材料检验、光（电）缆及管道的沟深、焊接过程、性能指标测试（包括检测装备的精度）等。

（2）工艺有特殊要求或对工程质量有较大影响的过程，如电缆绑扎、机架安装、喷漆、标识等。

（3）质量不确定、不易通过一次检查合格的过程，可能受温度、湿度、环境、气候等影响的部位，如焊接、插接、单机测试等。

（4）施工中的薄弱环节，质量不稳定、不成熟的方案、工序、工艺等，如第一次接触，方案还存在不足但没有更行之有效的措施。

（5）采用新工艺、新技术、新材料、新人员等。

（6）施工中无足够把握、技术难度大、施工困难多的工序或环节等，如跨越较大的山沟及较大的河流放缆，较大通信网的割接，城市管道开挖等。

（7）对安全、环境造成重大影响的施工过程；人的不安全行为和物的不安全状态可能造成人的伤害和设备损坏的施工过程；在恶劣的环境中施工，如高处作业、高原缺氧、原始森林施工、通风不良的地下室等。

（8）特殊过程，是否合格不能经济地进行验证，如沟坎加固、隐蔽工程、焊接工序等。

3. 信息通信建设工程重要过程的控制

为了对质量进行有效控制，需要特别注意影响施工的因素、环节、过程等，将这些具有重要、特殊意义的因素、环节、过程等作为质量控制工作的重点来控制。对重要过程的控制是实现质量目标的重要手段，应重点控制质量控制点。

在特殊过程活动中，要有翔实的质量记录，这些记录资料要真实、准确，一旦出现问题应能追溯，从事特殊过程的人员应满足相应的资格与能力要求。

1）质量控制点的设置

识别出重要过程以后，就要在这些过程中设置质量控制点。质量控制点是反映该过程质量状态的，是一个或一组数据，我们通过机架的垂直度这组数据就得到机架的质量状态，调整机架垂直或垂直度数据在规范指标内，就可以达到立架的质量要求。换言之，将过程参数和质量特性作为控制的重点，就能满足规程、规范指标要求。质量控制点可以设一个也可以设多个，每个点必须是可测量或可识别的。

质量控制点必须对重要过程有直接影响，重要过程中有特殊要求的地方，是设置质量控制点的重要部位，如光（电）缆转弯处的曲率半径，保护接地的连接点的接触电阻值。有些重要过程的质量因素不确定，不易通过一次检查识别出是否合格，有些要借助于特殊的仪表工具才能判断，如电缆接头的焊接（可能随时间推移被氧化断裂），光（电）缆埋深尺寸，沟坎护坡保护等。

有些特殊过程可能对人身、设备造成伤害或损坏，如电焊、吊装过程，这些过程的控制点要有预防措施。对重要过程中采用的新技术、新工艺、新材料要增加质量控制点，确保各个环节达到设计要求。

2）质量控制点的控制方法

（1）制定相应的控制措施。

明确质量控制点所依据的规范、规程、作业指导书、施工技术要求，根据不同控制点的技术要求，制定可测量操作的质量检验方法和指标，在编制的《施工组织设计》中应明确重要过程和特殊过程，制定过程控制措施。

（2）进行技术交底。

对重要过程进行技术交底，使上岗操作人员和质检员明确技术要求、质量要求和操作要求。工程交底要形成文字记录，并有交底人和被交底人签字。

（3）落实“三检”制度。

“三检”是指自己检查、互相检查和专人检查。操作者必须严格按照规程、规范和批准的作业指导书进行施工，对每道工序进行自检，确保符合质量要求。在一个完整的过程中，下道工序对上道工序要进行检查，质检员负责过程（工序）的质量检验及认定，对过程进行工序质量监控。

（4）确保测量设备处于良好状态。

必须保证专业测量仪表的准确性和安装工具的良好使用状态。仪表必须按规定的周期检测，一旦出现问题能得到及时处理；施工工具的良好状态是保证安装工艺达到要求的重要因素，质检员、安全员要定期检查，对易出故障的手动或电动工具要经常检查，操作者在使用这些工具之前也应进行自检，确保其安全可靠。

（5）对不合格制定纠正或预防措施。

工程中的不合格是经常发生的，很多不合格都由操作者直接纠正了，但仍有一些不合格事后才被发现。一般情况事后发现的不合格仍可以立即整改，对已成事实无法弥补的不合格要通过有关部门做出评估，做出是否放行的决定，操作者应有书面的认识。针对同一工序经常性的不合格要分析不合格的原因，制定纠正措施，防止再发生，从根源上杜绝不合格；针对潜在的（虽说没有出现不合格但从收集上的各种数据证明向不合格的趋势发展的）不合格要制定预防措施，防止不合格的发生。

2.3 信息通信建设工程质量控制点

工程项目的施工过程是由一系列相互关联、相互制约的工序所构成，工序质量是基础，直接影响工程项目的整体质量。要控制工程项目施工过程的质量，必须首先控制工序的质量。因此，正确设置各工序中的质量控制点很重要。

1. 质量控制点设置的原则

质量控制点设置的原则是根据工程的重要程度，即质量特性值对整个工程质量的影响程度来确定。为此，在设置质量控制点时，首先要对施工的工程对象进行全面分析、比较，以明确质量控制点；然后进一步分析所设置的质量控制点在施工中可能出现的质量问题、或造成质量隐患的原因；最后针对隐患的原因，相应地提出对策措施予以预防。由此可见，设置质量控制点，是对工程质量进行预控的有力措施。

质量控制点的涉及面较广，根据工程特点，视其重要性、复杂性、精确性、质量标准和要求，可能是结构复杂的某一部分工作量，也可能是影响质量关键的某一环节中的某一工序或若干工序。总之，无论是操作、材料、机械设备、施工顺序、技术参数、自然条件、工程条件等，均可作为质量控制点来设置，主要是视其对质量特征影响的大小及危害程度而定。

质量控制点的设置，应根据工程性质划分工序，按照《建设工程项目管理》的有关要求设定质量控制点，并对其进行动态控制。

1）信息通信设备安装工程的质量控制点

设备安装工程的质量控制，按照其实施过程，可分施工准备、硬件安装、性能测试、竣工验收等阶段进行。从某种意义上讲，各个阶段各工序都有可控制的质量控制点，下面列出一些可设置质量控制点的位置。

（1）设备安装工程的施工工序。

设备安装工程的施工工序包括施工现场勘查—施工图复核—器材检验安装走线槽（架）抗震基座的安装制作—机架、设备的安装—电源线的布放—电缆的布放—信号线的布放—加电本机测试—系统测试—竣工文件的编制。

（2）设备安装准备阶段。

①现场勘查。机房内部装修，地槽、走线路由，交流电源引入，机房照明，机房的防静电地板（如有），空调系统，机房温度、湿度，机房的防雷接地、保护接地，机房内消防设施。

②器材检验。现场开箱检验设备，主要材料的品种、规格、数量、外观，主要材料的出

厂合格证书、技术说明书。

（3）设备安装阶段

①走线槽（架）安装。走线槽（架）安装的位置、高度，水平、垂直偏差，吊挂、撑铁的安装。

②机架安装质量。基座的位置、水平度，机架安装的位置、垂直度，机架上加固（如有），机架的标志。

③子架安装质量。子架安装的位置，面板布设，子架安装的排列、插接件的连接。

④室外设备的安装。地线排的埋深、防腐、电阻率，天线安装的位置、方向、紧固，馈线安装的接头、固定、防水、弯曲度、接地。

⑤光（电）缆布放及成端。光纤的布放路由走向、衰耗、标志；射频电缆的布放的路由走向、电缆排序、绑扎、成端、标志，电力电缆的布放的路由走向、绝缘、极性、标志。

⑥电缆头的焊接。牢固、光滑、余线长短一致。

（4）设备测试阶段。

①设备通电检查。电源线的极性连接，电源电压，加电步骤，各种可闻、可视告警设施。

②电源设备安装测试。输入电压、输出电压、充放电试验、绝缘测试、保护地线电阻测试。

③交换设备测试。硬件测试（模块单元硬件诊断测试、大话务量呼叫测试、外接设备电源告警测试、计费准确率测试、端子板用户呼叫测试、录音通知测试）、软件测试。

④微波设备测试。天线场强、天线交叉极化鉴别度、馈线损耗、天馈线系统驻波比、发信机输出功率、本振频率及中频频率准确度、接收机噪声系数、接收机门限电平、空间分集时延、中频特性。

⑤基站设备测试。发送功率、时钟准确度、天馈线系统驻波比。

⑥光传输设备测试。平均发送光功率、接收光功率、接收灵敏度、过载光功率、输入抖动容限、输出抖动、系统输出抖动、误码率指标测试。

（5）竣工阶段。

①验收前成品保护。局部封闭、环境保护、防护标志设置、维护测试。

②竣工文件。竣工文件完整、外观整洁、符合归档要求，技术文件内容齐全、数据准确并与实物相符。

2）信息通信线路工程质量控制点

信息通信线路工程的质量控制，按照其实施过程，可分准备、实施、竣工三个阶段进行。控制工序包括：施工现场路由复测—线缆单盘检测—挖沟（立杆—拉线—吊线）—敷缆—回填及保护—线缆接续及测试—中继段性能测试—竣工图的绘制及竣工文件的编制。下面列出一些可设置质量控制点的位置。

（1）工程准备阶段。

①施工现场摸底。核对图纸，确定障碍点、重要点。

②线缆单盘检测。对使用的光（电）缆进行光（电）性能测试、充气电缆的保气测试及外观检查。

③路由复测及光（电）缆配盘。根据工程施工图设计进行线路路由定位、划线，根据实际情况对路由进行适当调整，线缆合理配盘。

（2）开挖沟。

①开挖缆沟。挖沟位置、深度、沟宽、穿越障碍物及其他管线的间距。

②路由上的障碍处理。

③土质（流沙、石质等）、掘路、顶管、截流。

（3）杆路施工。

①立杆。杆路定位、深度、杆距、拉线角度，电杆、拉撑设备及附属设备电器性能和物理性能检测，电杆的埋设工艺，拉撑设备的安装工艺。

②架设吊线。钢绞线拉开、架设、调整吊线垂度（松紧度），架设时空中障碍物、电力线交越的处置。

（4）管线缆敷设。

①埋式线缆敷设。成盘线缆拉开、抬放、穿越障碍点、埋深，线缆的 A/B 端，敷设中的通信联络、人员组织、线缆安全。

②埋式线缆回填及保护。线缆放入沟底落实，分层回填、夯实，敷设排流线、铺盖板、红砖等保护措施，线缆对地绝缘，全部回填。

③架空线缆敷设。光（电）缆卡钩间距、线缆架设、预留、保护。

④布放管道光缆。管孔占用、子管占用、子管穿放、管口封堵，人（手）孔内原有设备的保护，线缆穿放，人孔内线缆预留。

⑤布放管道电缆。电缆的端别、电缆气压、绝缘，电缆端长配盘、敷设方向确定，全塑电缆弯曲余长，尾巴电缆的位置、长度，电缆充气、气闭测试，芯线接续、接口封闭、屏蔽层测试、接地测试。

⑥微控定向敷设管线。机械调试、口径、土质、进出点。

⑦气流吹放管道光缆。机械调试、吹放气压、缆线准备。

（5）信息通信线路设备安装。

①交接设备安装。交接设备及附属设备的电器性能检测，安装的环境因素和位置选择，成端电缆的编把、绑扎工艺，电缆的标志和安全防护措施，跳线穿放工艺。

②配线电缆布放。设备器材及附属设备测试，电缆架设的工艺，绝缘电阻测试，芯线接续工艺，屏蔽防护层连通测试，架空电缆接口封闭，引上电缆、分线设备安装工艺，环阻测试。

③充气设备安装。充气设备、管路及辅助材料电器性能检测，充气设备及各路管线的安装，高压罐、低压罐及各管线密闭检查，充气设备的自动控制和告警检查。

④局内成端电缆布放。主干电缆的布放、电缆弯曲、余长定位、电缆标志、布放绑扎，成端电缆端接保安排的安装，成端竖接头的安装，成端接头的屏蔽、接地、封闭、充气。

（6）线缆接续及测试。

①线缆接续及实时测试。线缆接续、光纤损耗 OTDR 实时测试、电缆性能测试，接头预留缆的保护、接头盒的安装、接头监测标石的安装及编号。

②线缆成端及标识。线缆成端衰耗、测试、标识，布线工艺、固定。

③中继段全程电气性能测试。

④光缆。按设计要求对线路的每根光纤进行中继段损耗、光功率等测试。

⑤电缆。按设计要求对线路的绝缘、电阻、串音、电容等电气性能测试。

（7）标识、保护。

①路由标识、绘图控制点。在线缆沟正上方埋标石、刷漆、编号、测量标石间距、绘制竣工草图；对杆路进行编号、测量间距、绘制竣工草图（含杆面图）。

②管线标识、绘图控制点。人孔编号、测量人孔段长、绘制竣工草图（含管孔占用图）。

③路由地面保护措施。护坡、护坎、堵塞、漫水坝。

④人孔内线缆的保护。根据设计要求，对人孔内裸露线缆采取保护措施，绑扎固定、挂牌标识。

3）信息通信管道工程质量控制点

信息通信管道建设工程的质量控制，按照其实施过程，可分准备、实施、竣工三个阶段进行。控制工序包括：施工地段、路由现场勘查材料进场检测、检验—沟槽、基础施工—管道敷设、包封及回填人（手）孔施工管道试通—竣工图绘制及竣工文件编制。下面给出一些可设置质量控制点的位置。

（1）施工前路由及环境勘查。

①了解路由内是否有其他交越、重合的管线。

②地面上的树木、建筑、电杆、道路及各种检查井对施工有无影响。

③地质条件、地下水情况。

（2）进场材料的清点检查。

对全部进厂材料的型号、规格、质量、数量清点检查，对材料的生产厂家、出厂合格证、入网证检查核对。

（3）管道坑槽的土质、宽度、深度、放坡比例，槽底障碍的处理，管道与障碍物的净距离，换土夯实情况。

（4）管道基础。

①管道基础钢筋制作与绑扎，管道基础的宽度、厚度、位置偏移。

②基础混凝土配合比及养护时间、强度。

③模板安装、拆除。

（5）水泥管道敷设。

①水泥管道的敷设工艺，管块与管块及管块与基础间、行间、层间缝隙。

②管带管缝处理、底角八字抹灰、铺管砂浆配合比、养护时间、强度。

（6）钢管敷设。

钢管排列、定位架、钢管的防腐及接口处理、管间缝的填充、管道进入人（手）孔的排列。

（7）塑料管敷设。

塑料管排列、定位架、接口处理、管间缝的填充、管道进入人（手）孔的排列。

（8）包封加固。

①钢筋的制作与绑扎，模板安装、拆除。

②混凝土配比、养护时间、强度。

（9）回填土方。

土质更换情况、管道两侧夯实、管顶回填高度、不同路面分层回填夯实。

（10）人（手）孔、电缆通道施工。

①人（手）孔、电缆通道尺寸应符合设计要求。

②内、外壁抹灰，窗口位置，人孔上覆，井口、口圈安装。

③电缆支架、人孔专用器材的安装。

（11）管道试通。

试通管孔的选择、试通棒的规格。

2.4 施工质量控制措施在信息通信建设工程质量控制中的应用

对于施工项目而言，质量控制就是通过采取一系列的检测、监控、控制等手段和方法，确保工程质量满足合同、规范所规定的质量标准要求。针对影响质量的因素，制定相应的控制对策，是质量控制最有力的手段。质量控制对策的制定应体现以下原则：以人的工作质量确保工程质量，严格控制投入品的质量，全面控制施工过程，重点控制工序质量，预防为主、防患于未然。

1. 以人的工作质量确保工程质量

人是生产经营活动的主体，是工程项目建设的决策者、管理者、操作者，也是质量的形成者。人的文化素质、技术水平、作业能力、控制能力、身体素质及职业道德等，都将直接和间接地对施工的质量产生影响。对作业者和管理者进行岗前培训，明确其职责和权限，增强其事业心和责任感，自觉地做好其分内工作，建立岗位责任制，完善考核制度，合理使用人才，充分调动人的积极性，都是保证工程质量的必要措施。对于工程中的关键部位、重要工序，应选派优秀的作业人员负责完成。

2. 严格控制投入品的质量

工程中的投入品主要是指工程中用到的通信设备、材料以及工程中使用的车辆、机具、仪表、施工设备等。这些投入品能否满足工程的要求，能否可靠地使用，对保证工程质量也都将起到关键性的作用。对此要求建设单位、监理单位以及施工单位严格控制好材料、设备的采购关、进货关和检验关，工程中的操作人员应正确使用和安装这些材料和设备，保证工程质量。对于工程中使用的车辆、机具、仪表及施工设备，施工单位应定期保养，认真维护，合理使用，以保证其处于正常状态，满足工程要求。

3. 全面控制施工过程，重点控制工序质量

任何一个工程项目都是由若干个施工工序组成，要保证整个工程项目的质量，就必须全面控制施工过程，使每个施工工序都符合质量标准的要求。因此，对每个工序进行检查，通过设置质量控制点，对工序质量情况进行确认，上道工序不合格决不允许进入下道工序，下道工序也应保证不破坏上道工序的施工质量；坚持“三检”制度，按照计划—实施—检查—改进的过程方法管理模式控制各个工序和整个施工过程。只有每道工序的质量都符合要求，整个工程项目的质量才能得到保证。

4. 坚持预防为主的方针

把问题消灭在萌芽之中，是现代管理的理念。设置质量控制点就是预先对可能出现的质量问题进行有针对性的控制，这充分体现了预防为主的管理方针。在工程管理中，设计会审、现场摸底、编制施工组织设计、工程交底、材料进货检验、过程（工序）检验、工程预验等，都体现了预防为主的管理原则；“三阶段控制”“三检制度”这些都是确保施工项目质量的有效措施。

任务 3 信息通信建设工程项目质量事故处理

知识要点

信息通信建设工程质量事故概述；
工程质量事故产生的原因；
常见工程质量事故的特点；
工程项目实施阶段质量事故的分析处理要求；
工程项目验收投产阶段质量事故的分析处理要求；
信息通信建设工程不同项目的施工质量事故的防范。

重点难点

工程质量事故产生的原因；
工程项目实施阶段质量事故的分析处理要求；
工程项目验收投产阶段质量事故的分析处理要求；
信息通信建设工程不同项目的施工质量事故的防范。

【相关知识阐述】

3.1 信息通信建设工程质量事故概述

信息通信建设工程质量事故是指在工程建设过程中，由于工程管理、监理、勘测、设计、施工、材料、设备等原因造成工程质量不符合规程规范、工程设计和合同规定的质量标准，影响使用寿命和对网络安全运行造成隐患和危害的事件。

3.1.1 工程质量事故产生的原因

工程质量事故产生的原因有技术方面的原因、管理方面的原因、操作方面的原因、社会和经济上的原因。技术方面的原因是指项目在实施过程中，勘查、设计、施工时技术上的失误，如对现场环境情况了解不够，技术指标设计不合理，重要及特殊工序技术措施不到位等。管理方面的原因是指管理失误或不完善，如施工或监理检验制度不严密，质量控制不到位，设备、材料检验不严格等。社会和经济上的原因主要是指建设领域存在的不规范行为。可能出现的具体问题如下。

1. 建设单位的问题

（1）全面规划不够，违反基本建设程序，在工程建设方面往往先施工、后设计或边施工、边设计、边投产的“三边工程”。

（2）将工程发包给不具备相应等级的勘查设计、施工、监理单位。

（3）向参与建设的单位提供的资料不够准确、完整。

（4）任意压缩工期，工程招投标中以低于成本的价格中标。

（5）对于不合格的工程按合格工程验收等。

2. 监理单位的问题

（1）没有建立完善的质量管理体系。

（2）没有具体制定监理规划或监理实施细则。

（3）不能针对具体项目制定适宜的质量控制措施。

（4）监理工程师不熟悉相关规范、技术要求和工程验收标准。

（5）现场监理人员业务不熟练、缺乏责任感。

（6）在监理工作过程中不能忠于职守。

3. 勘查设计单位的问题

（1）未按照工程强制性标准及设计规范进行勘查设计。

（2）勘查不详细或不准确，对相关影响因素考虑不周。

（3）技术指标设计不合理。

（4）对于采用新技术、新材料、新工艺的工程未提出相应的技术措施和建议。

（5）设计中未明确重要部位或重要环节及其要求等。

4. 施工单位的问题

（1）施工前策划不到位，没有完善的质量保证措施。

（2）承担施工任务的人员不具备相关知识，不能胜任工作。

（3）未给作业人员提供适宜的作业指导文件。

（4）检验制度不严密，质量控制不严格。

（5）监视和测量设备管理不善或失准。

（6）未按照工程设计要求对设备及材料进行检验。

（7）相关人员缺乏质量意识、责任感以及违规作业等。

5. 设备、材料供应单位的问题

没有建立、健全器材性能的检验制度，供应人员不熟悉器材性能、技术指标和要求，不熟悉器材检验方法，把不合格的器材运到工地，给工程质量带来隐患。

3.1.2 常见工程质量事故的特点

（1）影响范围广。通信行业具有全程全网的特点，局部问题可能引起全系统性的质量事故。

（2）经济损失大。通信工程技术含量较高，一旦某种方案出现问题或在施工中出现阻断事故，其经济损失较大，社会影响也较严重。

（3）施工环境越来越复杂，中间环节越来越多，外界因素引发事故的机会越来越多。

（4）通信技术、产品更新快，施工技术难度大的工序或环节增多；设计、施工、监理方案不周易产生质量缺陷，形成事故隐患。

3.2 信息通信建设工程质量事故的分析处理

3.2.1 工程项目实施阶段质量事故的分析处理要求

（1）施工单位由于自己的管理疏漏及施工质量问题造成的质量事故，自行承担相应的责任。

（2）施工过程中发生质量事故时，应由施工单位计算事故损失情况，分析质量事故产生的原因，研究分析处理办法，尽快处理质量事故。必要时，应由建设单位或监理单位监督施工单位对质量事故的处理情况。

（3）对于工程中发现的质量事故，施工单位应在分析原因的基础上制定纠正和预防措施，防止质量事故再次发生。

3.2.2 工程项目验收投产阶段质量事故的分析处理要求

（1）在工程初步验收中发现的质量隐患，有条件的应由责任单位随时处理，不能随时处理时应作为遗留问题在日后限期处理。初验时发现的质量隐患由责任单位采取纠正措施后，重新按照验收规范中的有关规定检查验收。

（2）工程投入试运行后，发现质量事故时责任单位要及时进行处理，并应采取有效措施防止事故的再次发生。同时要查明原因，彻底消除事故隐患。

（3）当出现对通信网络安全运行造成危害的事故时，例如造成通信系统技术指标严重下降、中断通信电路的情况，要积极采取措施组织抢修，尽快恢复正常运行。建设单位必须在24小时内以最快的方式，将事故向上级主管部门及相应的通信工程质量监督机构报告，并要立即按照管理权限组织事故调查，查明事故发生的原因、过程、财产损失情况和对后续工程的影响；组织专家进行技术鉴定，查明事故的责任单位和责任人应负的责任，提出工程处理和采取措施的建议，提交事故调查报告。

3.3 信息通信建设工程施工质量事故的防范

信息通信建设工程项目的特点是点多线长，分布面广，系统性强，生产流动性大，施工环境复杂，野外作业多，自然条件多变，现场管理难度大。同时，通信产品更新换代快，新设备、新材料多，施工技术要求高。因此，在施工过程中，对质量的影响因素繁多，如不进行严格的质量管理，局部的问题可能引起全系统性的质量问题或质量事故。为此，必须采取有效措施主动控制，对常见的质量问题应事先加以预防，以免发生质量事故。下面是一些在施工中常见质量事故的预防措施。

3.3.1 直埋光缆线路工程的质量事故预防

1. 直埋光缆埋深不符合要求的预防措施

（1）开挖沟深度严格按设计要求和有关验收标准执行。

（2）挖沟时应加强质检，不断进行巡回检查。

（3）放缆前沟底应清理平整。

（4）回填土应满足规范要求。

2. 光缆敷设时打结扣的预防措施

（1）敷设光缆时，应严格按施工操作规程进行。

（2）配备必要的放缆机具。

（3）根据不同的施工环境配备足够的敷缆人数。

（4）在关键点安排有丰富经验的人员具体负责。

（5）保证光缆在现场指挥人员的视线范围以内。

3. 光纤接头衰耗大、纤芯在接头盒中摆放不整齐、接头盒安装工艺不合要求的预防措施

（1）对从事光纤接续的技术人员进行技术培训和示范，使其熟练掌握接续、安装要领。

（2）对光纤接续仪表进行维护和校准，满足施工需要。

4. 光缆对地绝缘不合格的预防措施

在光缆敷设和回填土时应避免光缆外皮损伤，接头盒必须按工艺要求封装严密。

3.3.2 杆路工程质量事故的预防

1. 电杆倾倒的预防措施

（1）电杆进场要进行严格的质量检查，符合出厂标准。

（2）直线杆路中间杆位的左右偏移量不得超出施工规范要求。

（3）杆根装置应按设计和相关操作规程安装，电杆埋深应符合验收规范或设计要求。

（4）拉线角度应严格按设计和施工规范要求进行施工，不能随意改动地锚位置。

（5）地锚应埋设牢固。

（6）电杆回填土要夯实。

（7）杆路档位、垂直度和杆路承载负荷必须符合工程设计要求。

2. 吊线垂度不符合要求的预防措施

（1）吊线收紧时应根据不同地区、地形和挂设的光电缆程式分段进行，分档检查，每档吊线垂度都要满足规范要求。

（2）在吊线收紧时，不得使其过紧。

3.3.3 通信管道工程质量事故预防

1. 塑料管孔接头断开造成管孔不通的预防措施

（1）如果是管孔沟槽地基土质松软而容易下沉的原因，应采取措施夯实地基，并浇灌混凝土基础。

（2）接头塑胶使用时，应进行试验。

（3）粘接不牢固时，要及时更换。

2. 管道漏水的预防措施

敷设的塑料管在接头时，管孔接头不得松弛，接头两端橡胶圈的质量应良好，接头两端应严密堵封，在人孔内管孔两端应堵封严密。

3. 硅芯管漏气的预防措施

（1）硅芯管运到工地后，应做保气试验。

（2）敷设时禁止在地面拖、压。

（3）回填土时，不要使石头等尖状物体损坏硅芯管。

（4）用接头管接续时，一定要保持接头严密。

（5）每段接续（两人孔之间）完成后，可回填部分细土，应按要求做保气试验，确认不漏气后，再回填土。

4. 人孔漏水、渗水、体积不符合要求的预防措施

（1）在建人孔时，按照规定尺寸放样，用测量工具经常检查，发现问题及时纠正。

（2）在建人孔基础时，要采取防止漏水、渗水的措施，在砌墙体时，里外都要按要求抹一定厚度的水泥墙面。

（3）人孔上覆必须按图纸要求制作。

3.3.4 室内设备安装工程质量事故预防

1. 缆线布放不整齐的预防措施

（1）布放线缆前应设计好缆线的截面。

（2）严格按施工操作规程和工程验收规范要求放缆。

（3）做好缆线的整理工作。

2. 线缆端结的假焊和虚焊的预防措施

（1）焊接前，组织人员进行示范和操作技术交底。

（2）选派有经验和合格的操作人员与质量检查人员进行操作和及时检查。

（3）选用合格的焊接工具，并保证焊接工具工作时的温度满足要求。

（4）使用适宜的焊剂。

3. 机架、槽道安装不整齐的预防措施

机架、槽道安装的位置、垂度及机架之间缝隙必须满足工程规范要求。

3.3.5 天、馈线工程质量事故预防

1. 天线随风左右摇摆的预防措施

固定在天线支撑杆架上的天线要按说明书加固牢靠。

2. 室外馈线受潮、损耗变大的预防措施

要严格按操作规程和操作工艺对馈线接头进行防水处理，如在接头处缠防水胶带时必须由下而上使接头防水可靠。

3. 馈线接口处断裂的预防措施

馈线接口应自然对齐，不得强行受力使其扭曲。

4. 天线方位角（方向）误差较大的预防措施

应用罗盘或场强仪测定，准确定位，调整天线支撑架位置，固定牢固。

5. 防雷措施不到位的预防措施

天、馈线的避雷设施必须按工程设计要求安装，接地装置的电阻值必须经检验合格。

3.3.6 铁塔工程的质量事故预防

1. 拉线塔倒塌时预防措施

（1）要注意拉锚工程质量，埋设位置、深度应符合要求。

（2）塔身材料和钢绞绳索规格质量应符合要求。

2. 自立式铁塔倾斜和倒塌的预防措施

（1）铁塔基础强度和保养时间应符合要求。

（2）对于铁塔基础的每道工序必须经监理检验合格，开挖基础坑时，必须挖到地基的持力层，以防止基础不均匀下沉。

（3）浇灌基础混凝土时，必须严格按照配合比的要求配置。

（4）基础用的钢筋材料要严格检验，必要时，取样送检验机构检验其理化特性。

（5）塔身材料必须有出厂的化学成分检验报告，并符合质量要求。

（6）地脚螺栓浇灌应牢固，塔身连接螺栓应紧固，焊接点焊接应牢靠，避雷设施完好。

（7）在组装塔身时，每安装一层都要用经纬仪进行测量，保持塔身垂直度符合要求。

3. 防腐的预防措施

塔身材料必须采用热镀锌钢材，所有焊接点及避雷设施都必须经过防腐处理。

【练习题】

1. 什么是信息通信建设工程项目的质量？
2. 什么是信息通信建设工程项目质量控制？
3. 为确保通信工程施工质量，通信施工企业必须遵循哪些质量行为规范？
4. 影响信息通信建设工程质量的因素有哪些？
5. 影响质量因素的控制要点有哪些？
6. 什么是信息通信建设工程中的重要过程？
7. 信息通信建设工程重要过程的识别内容有哪些？
8. 质量控制点的控制方法包括哪些？
9. 信息通信建设工程质量控制点有哪些？
10. 工程质量事故产生的原因有哪些？
11. 常见工程质量事故的特点有哪些？
12. 直埋光缆线路工程的质量事故预防内容分为哪些？
13. 案例分析 1

[背景]

某项目部在某地敷设 100 km 光缆线路，其中 50 km 架空在无人烟的山林，山涧中有一条河，按设计要求，跨河 300 m 采用架空敷设，由于河水湍急给施工增加了很大难度。另 50 km

经过平原进入市区，其中 40 km 直埋，l0 km 管道，市区管道已建好。项目部查勘完地形，研究施工方案制定过程控制，技术员提供了重要过程和质量控制点如下：

重要过程有：300 m 跨河敷设钢绞线、40 km 直埋光缆沟、整个 100 km 光缆接续；

质量控制点：跨山电杆地锚、40 km 缆沟深度、100 km 光缆接头指标。

在施工交底会上，一处处长认为 300 m 跨河只是难度大，技术上不复杂，不属于重要过程，重要过程应该是把电杆怎样运到原始森林。二处处长认为，40 km 沟深不应成为重要过程，重要过程是挖沟时有电力电缆交越。技术员说电力电缆在 2 m 深，光缆沟不可能挖得那么深。经理最后说，为了防止意外，大家提的都作为重要过程，可设置质量控制点。

[问题]

在此工程中，哪些是影响质量的重要过程？这些重要过程应采取哪些控制措施？

14. 案例分析 2

[背景]

某通信公司承担光缆线路工程 200 km，其中山区架空杆路 50 km，丘陵直埋 100 km，进入城区管道 50 km，沿途穿越公路、河流，并与其他光缆交越。项目经理部根据工程情况在挖沟、光缆交越、公路顶管、人工截流、山区立杆、敷设光缆等主要过程设置了质量控制点。工程开工后，项目经理部进行阶段检查，发现护坡砌石多处与图纸不符、两处过路顶管深度不够、部分山区杆路的地锚埋深不够、部分接头盒密封不严等问题。

[问题]

项目经理部设置的质量控制点还存在什么问题？如何解决？哪些地方应增加质量控制点？

15. 案例分析 3

[背景]

南方某通信施工公司于 2020 年 9 月 25 日在北方某地电信运营商承揽了 180 km 直埋光缆线路工程，开工日期为 10 月 8 日，完工日期为 12 月底，部分材料由建设单位提供。项目经理部安排三个施工处，工程如期开工。11 月 25 日第一施工处安排人员开始光缆接续，接续人员曾在南方某工地光缆接续时采用不监测方式，仍能达到满意的接续效果，故本次工程接续过程中没有实施监测，待全线接续完毕，全程测试发现许多接头衰耗超标，在处理问题时因气候变冷熔接机工作不稳定，切割刀也出现切割断面不平整现象，有的纤芯多次接续总是不合格。接续人员不适应北方寒冷气候，单薄帐篷不能抵御寒气，操作失误增多，处理问题缓慢。工程用的标石、盖板由施工单位加工，第三施工处负责本地段 50 km 标石制作，在加工过程中处长经常抽走部分民工放光缆，影响加工进度，天气即将转冷，于是又增加了两个加工组，增加的两个组只是大致了解一下标石制作过程就投入加工。新进的钢筋、砂石没有检验，监理检查中发现钢筋、砂石质量不合格，水泥砂浆比例不符合规范，要求重新加工。

[问题]

（1）施工单位的质量问题由哪些因素造成的？

（2）请分析造成光缆指标不合格的主要原因是什么？

（3）因环境影响，施工单位应采取什么措施？

（4）标石加工过程中，施工单位存在哪些问题？

16. 案例分析 4

[背景]

2021 年 3 月通过投标，某通信工程公司承担了 H 省内一级干线光缆波分复用（WDM）系统传输设备的安装调测任务。工程公司在投标文件中承诺这个工程的施工质量为优良。为了抓好工程质量，该工程公司成立了项目部。

[问题]

施工项目部应针对哪些常见的质量问题制定哪些预防措施?

17.案例分析 5

[背景]

某项目经理部于 1 月份在华北地区承接了 50 km 的架空光缆线路工程，线路沿乡村公路架设。施工过程中，各道工序都由质量检查员进行了检查，建设单位的现场代表及监理单位也进行了检查，均确认符合要求并签字。由于春节临近，建设、监理、施工各方经协商同意 3 月下旬开始初验。3 月中旬，在初验前施工单位到施工现场做验收前准备工作，发现近 20% 的电杆有倾斜现象。

[问题]

（1）电杆倾斜质量问题是什么原因产生的?

（2）哪些工程参与单位与此工程质量问题有关？为什么?

（3）如何解决此工程中电杆倾斜的质量问题?

项目七　信息通信建设工程项目招投标与合同管理

任务1　信息通信建设工程招投标管理

知识要点

信息通信建设工程招投标概述；
信息通信建设工程项目招投标的要求；
信息通信建设工程招投标活动中的违规处罚规定；
信息通信建设工程项目开标、评标和定标的相关要求；
信息通信建设工程对招标人的要求；
信息通信建设工程合同的签订要求；
信息通信建设工程项目招投标的监督与管理。

重点难点

信息通信建设工程项目招投标的要求；
信息通信建设工程招投标活动中的违规处罚规定；
信息通信建设工程项目开标、评标和定标的相关要求；
信息通信建设工程合同的签订要求；
信息通信建设工程项目招投标的监督与管理。

【相关知识阐述】

1.1 信息通信建设工程招投标概述

1.1.1 招投标概念

招投标是进行大宗货物的买卖、工程建设项目的发包与承包以及服务项目的采购与提供时，所采取的一种交易方式。招标和投标是交易过程的两个方面。

工程招投标是工程发包人向社会公众发布招标公告或者向数人发出招标通知，在诸多投标人中选择最满意的投标人并与之订立建设工程合同的缔约方式。

1.1.2 招投标作用

招投标的作用是将竞争机制引入合同订立过程中。通过招投标活动，发包人可以选择实力强、信誉高的承包人，确保工程质量；投标人可以公平公正地参与市场竞争，顺利承揽建设工程，实现营利目的；还有利于形成竞争有序的建筑市场，保护国家利益和社会公共利益，提高经济效益。

1.1.3 招投标遵循的原则

招标投标活动要遵循的原则包括：公开、公平、公正和诚实信用。

1.1.4 招投标方式

招标分为公开招标和邀请招标。

1. 公开招标

公开招标是指招标人以招标公告的方式邀请不特定的法人或者其他组织参与投标。

2. 邀请招标

邀请招标是指招标人以投标邀请书的方式邀请特定的法人或者其他组织参与投标。

1.1.5 招标范围

1. 国家规定

按照《中华人民共和国招标投标法》规定，必须进行招标的工程项目如下：

（1）大型基础设施、公用事业等关系社会公共利益、公众安全的项目。

（2）国家投资、融资的项目。

（3）使用国际组织或者外国政府贷款、援助资金的项目。

2. 原信息产业部规定

原信息产业部根据国家有关的规定，颁布了《通信建设项目招标投标管理暂行规定》，要求在中华人民共和国境内进行邮政、电信枢纽、通信、信息网络等邮电通信建设项目的勘查、设计、施工、监理及与工程建设有关的主要设备、材料等的采购，达到下列标准之一的，必须进行招标：

（1）施工单项合同估算价在 400 万元人民币以上。

（2）重要设备、材料等货物的采购，单项合同估算价在 200 万元人民币以上。

（3）勘查、设计、监理等服务的采购，单项合同估算价在 100 万元人民币以上。

（4）为了防止将应该招标的工程项目化整为零规避招标，即使单项合同估算价低于上述第（1）、（2）、（3）项规定的标准，但项目总投资在 3 000 万元人民币以上的勘查、设计、施工、监理以及与建设工程有关的重要设备、材料等的采购，也必须采用招标方式委托工作任务。

（5）依法必须进行招标的项目、全部使用国有资金投资或者国有资金投资占控股或者主导地位的，应当公开招标。

（6）使用国际组织或外国政府贷款、援助资金的项目，除提供贷款或资金方有合法的特殊要求外，也应当进行招标。

1.1.6 信息通信建设工程项目招标分类

在信息通信建设工程项目中，采用招标的方式如下：

1. 采取公开招标方式的项目

（1）信息通信建设工程设备、材料的采购。

（2）信息通信建设工程项目的施工。

2. 采取邀请招标方式的项目

信息通信建设工程项目的勘查、设计、监理、维护等服务项目可以采取邀请招标的方式。有条件的尽量采用公开招标，系统内公开也行。

1.2 信息通信建设工程项目招投标的要求

为了保证工程建设项目招投标活动在规范有序的环境中进行，原信息产业部等七部委联合发布了《工程建设项目施工招标投标办法》，工业和信息化部发布了《通信工程建设项目招标投标管理办法》和《通信建设项目招标投标管理实施细则》，对项目招标的投标活动都做了明确要求。

1.2.1 对招标方的基本要求

1. 通信建设工程项目的招标方式

（1）国务院发展计划部门确定的国家重点建设项目和各省、自治区、直辖市人民政府确定的地方重点建设项目，以及全部使用国有资金投资或者国有资金投资占控股或者主导地位的工程建设项目，应当公开招标。

（2）有下列情形之一的，经批准可以进行邀请招标：

①项目技术复杂或有特殊要求，只有少量几家潜在投标人可供选择的；

②受自然地域环境限制的；

③涉及国家安全、国家秘密或者抢险救灾，适宜招标但不宜公开招标的；

④拟公开招标的费用与项目的价值相比不值得的；

⑤法律、法规规定不宜公开招标的。

（3）有下列情况之一的，经有关部门批准，可以不进行施工招标：

①涉及国家安全、国家秘密或者抢险救灾而不适宜招标的；

②属于利用扶贫资金实行以工代赈需要使用农民工的；

③主要技术采用特定的专利或者专有技术的；

④施工企业自建自用的工程，且该施工企业具备承包能力的；

⑤法律、行政法规规定的其他情形。

（4）招标人有权自行选择招标代理机构，委托其办理招标事宜。任何单位和个人不得以任何方式为招标人指定招标代理机构。

（5）招标人采用公开招标方式的，应当在国家有关主管部门指定的报刊、信息网络或其他媒介上公开发布招标公告。招标公告应当载明招标人的名称、地址、招标项目的性质、数量、实施地点、时间和获取招标文件的办法以及要求潜在投标人提供的有关资质证明文件和业绩情况等内容。

（6）招标人采用邀请招标时，应当同时向三个及以上具备承担招标项目能力、资信良好的特定法人或其他组织发出投标邀请书。

2. 信息通信建设工程项目招标实施步骤

信息通信建设工程项目招标工作的实施步骤包括：

（1）招标准备，主要是招标项目的各种建设手续，组建招标机构或办理委托代理招标手续。

（2）发布招标公告的资格预审公告，或发招标邀请函。

（3）编制招标文件。

（4）资格审查。

（5）发信招标文件。

（6）解答投标人对招标文件的疑问。

（7）接受投标人递送投标文件。

（8）开标、评标、定标。

（9）招标人和中标人签订合同。

3. 实施招标的条件

信息通信建设工程项目招标可以按建设项目招标，也可以按单项工程招标。自行招标或招标代理机构发确认招标项目的初步设计已经批准、具有满足施工招标的设计图纸和有关文件、建设资金已经落实、开工手续齐全后，方可开展招标活动。

4. 对标底的要求

信息通信建设工程项目招标可以设置标底。标底应当由具有自行招标资格或有设计、咨询、招标代理等资格的单位编制，且必须符合国家有关规定。标底必须按招标文件的内容编制，标底价格由成本、利润、税金组成。标底应作为评价的标准之一。

1.2.2 对投标方的基本要求

1. 对投标人的资格要求

（1）招标人对公开招标的建设项目可以采用资格预审的方式，择优选择部分潜在投标人作为预期的投标人。但资格条件、审查方式应符合公平、公平、公正的原则。资格审查内容应包括：投标人的财务状况，技术实施能力，资质等级及综合实力，以往经验及业绩，经营信誉。

（2）参与通信建设项目投标竞争的投标人必须具备的条件包括：参与勘查设计、施工、系统集成、用户管线建设、监理投标的投标人应当是经信息产业部或省通信管理局审查同意，并持有与招标项目相适应的资质等级。投标文件中有违背国家法律、法规、政策，不利于公平竞争和贬低其他投标人内容的，应作废标处理，招标人不得接受其投标。

2. 对投标保证金的要求

可以要求投标人缴纳投标保证金，金额一般不应超过合同估算价的百分之五。对于未中标的投标人交纳的投标保证金，招标人应在与中标人签订合同后 5 日内退还。

1.3 信息通信建设工程招投标活动中的违规处罚规定

为了规范建设项目招标投标活动，保障和监督项目建设单位的招标活动正常、合理地进行，保护投标人的合法权益，《通信建设项目招标投标管理实施细则》对招投标活动中的违规行为做出了处罚规定，规定内容如下：

1.3.1 招投标当事人对招投标活动的监督要求

通信建设项目招标投标活动的各方当事人及其他利害关系人有权利和义务对通信建设项目招标投标活动中的违法、违规行为向工业和信息化部或省、自治区、直辖市通信管理局举报和投诉。举报和投诉应列举违法、违规的事实，工业和信息化部或省、自治区、直辖市通信管理局应当在接到举报、投诉后 30 日内完成对举报、投诉内容的调查，并将调查结果通知投诉人。

1.3.2 通信工程招标投标违规处罚规定

（1）通信建设项目招标投标活动中的违法、违规行为，工业和信息化部或省、自治区、直辖市通信管理局按《中华人民共和国招标投标法》《通信工程建设项目招标投标管理办法》和其他相关法律法规中的有关规定进行处罚。

（2）工业和信息化部或省、自治区、直辖市通信管理局对招标投标活动中有违法、违规行为的，应视其情节轻重，对有关责任方做出如下处罚：取消有违规、违法行为的招标人招标资格；取消有违规、违法行为的投标人通信建设项目的资格，禁止其一至三年内参与通信建设项目的投标；取消有违法、违规行为的招标代理机构代理通信建设招标的资格。

（3）对于在通信建设项目招标投标活动中有违法、违规行为的单位，工业和信息化部或省、自治区、直辖市通信管理局有权采取通告的方式向社会公布。

1.4 信息通信建设工程项目开标、评标和定标的相关要求

工程建设项目开标、评标、中标过程是招投标活动中的关键、重要环节。通信工程项目开标、评标的基本要求和定标基本条件除应遵守《中华人民共和国招标投标法》的基本规定以外，还应遵守原信息产业部等七部委发布的《工程建设项目施工招标投标办法》及信息产业部相关文件的要求。

1.4.1 对开标的要求

1. 对开标的时间和地点的要求

开标应当在招标文件确定的提交投标文件截止时间的同一时间公开进行，开标地点应当为招标文件中确定的地点。

2. 不予受理的投标文件应具备的条件

投标文件中有下列情形之一的，招标人应不予受理：

（1）逾期送达的或者未送达到指定地点的。

（2）未按招标文件要求密封的。

3. 对按废标处理的投标文件的界定

投标文件有下列情形之一的，由评标委员会初审后按废标处理：

（1）无单位盖章并无法定代表人或法定代表人授权的代理人签字或盖章的。

（2）未按规定的格式填写，内容不全或关键字模糊、无法辨认的。

（3）投标人递交两份或多份内容不同的投标文件，或在一份投标文件中对同一招标项目报有两个或多个报价，且未声明哪一个有效，按招标文件规定提交备选投标方案的除外。

（4）投标人名称或组织结构与资格预审时不一致的。

（5）未按招标文件要求提交投标保证金的。

（6）联合体投标未附联合体各方共同投标协议的。

1.4.2 对评标的要求

1. 对投标书的解释要求

（1）评标委员会可以书面方式要求投标人对投标文件中含义不正确、对同类问题表述不一致或者有明显文字和计算错误的内容做必要的澄清、说明或补正。评标委员会不得向投标人提出带有暗示性或诱导性的问题，或向其明确投标文件中的遗漏和错误。

（2）投标文件不响应招标文件的实质性要求和条件的，招标人应当拒绝，并不允许投票人通过修正或撤销其不符合要求的差异或保留，使之成为具有响应性的投标。

（3）评标委员会在对实质上响应招标文件要求的投标进行报价评估时，除招标文件另有约定外，应当按下述原则进行修正：

①用数字表示的数额与用文字表示的数额不一致时，以文字数额为准。

②单价与工程量的乘积与总价不一致时，以单价为准。若单价有明显的小数点错位，应以总价为准，并修改单价。

③调整后的报价经投标人确认后产生约束力。投标文件中没有列入的价格和优惠条件在评标时不予考虑。

2. 对投标书中备选方案的规定

对于投标人提交的优越于招标文件中技术标准和备选方案所产生的附加效益，不得考虑进评标价中。符合招标文件的基本技术要求且评标价最低或综合评分最高的投标人，其所提交的备选方案可予以考虑。

3. 对标底的使用要求

招标人设有标底的，标底的评标内容应当作为参考，但不得作为评标的唯一依据。

4. 评标的形式

评标应采用对投标人的技术实力、经营信誉和投标报价综合评价的方法。具体应采用以下方法之一：

（1）最低投标价中标法：当投标人在技术、商务等主要条件都全部满足招标文件的要求时，以评标委员会认定的最低投标价的投标人作为中标人，但投标人最低价不得低于成本价。

（2）综合评分法：由评委分别对投标文件的技术、商务、价格的内容进行打分，再分别乘以所占权重相加后获得各投标人总分得分，得分排序最高的前三名投标人为中标候选人。

（3）最接近标底评分法：当投标人在技术、商务等全部条件满足招标文件时，由最接近标底的投标人中标。

5. 对评标报告的要求

评标委员会完成评标后，应向招标人提出局面评标报告。评标报告由评标委员会全体成员签字。

1.4.3 对定标的要求

评标委员会提出书面评标报告后，招标人一般应当在 15 日内确定中标人，但最迟应当在标有效期结束日 30 个工作日前确定。工程项目的中标通知书应由招标人发出。

中标人的确定方法：

（1）评标委员会推荐的中标候选人应当限定在 1～3 人，并标明排列顺序。招标方应当接受评标委员会的中标候选人，不得在评标委员会的中标候选人之外确定中标人。

（2）依法必须进行招标的项目，招标方应当确定排名第一的中标候选人为中标人。排名第一的中标候选人放弃中标、因不可抗力提出不能履行合同，或者招标文件规定应当提交履约保证金而在规定的期限内未能提交的，招标方可以确定排名第二的中标候选人为中标人。排名第二的中标候选人因前述规定的同样原因不能签订合同的，招标方可以确定排名第三的中标候选人为中标人。

（3）招标方可以授权评标委员会直接确定中标人。

（4）国务院对中标人的确定另有规定的，从其规定。

1.5 信息通信建设工程对招标人的要求

（1）招标人不得向中标人提出压价报价、增加工作量、缩短工期或其他违背中标人意愿的要求，以此作为发出中标通知书和签订合同的条件。

（2）中标通知书对招标人和中标人具有法律效力。中标通知书发出后，招标人改变中标结果的，或者中标人放弃中标项目的，应当依法承担法律责任。

（3）招标人全部或者部分使用非中标单位投标文件中的技术成果或技术方案时，需征得其局面同意，并给予一定的经济补偿。

（4）招标文件要求中标人提交履约保证金或者其他形式履约担保的，中标人应当提交；拒绝提交的，视为放弃中标项目。招标人要求中标人提供履约保证金或其他形式履约担保的，招标人应当同时向中标人提供工程款支付担保。招标人不得擅自提高履约保证金，不得强制要求中标人垫付中标项目建设资金。

（5）招标人不得直接指定分包人。

（6）依法必须进行施工招标的项目，招标人应当自发出中标通知书之日起 15 日内，向有关行政监督部门提交招标情况的书面报告。包括下列内容：招标范围；招标方式和发布招标公告的媒介；招标文件中投标人须知、技术条款、评标标准和方法、合同主要条款等内容；评标委员会的组成和评标报告；中标结果。

1.6 信息通信建设工程合同的签订要求

（1）招标人和中标人应当自中标通知书发出之日 30 日内，按照招标文件和中标人的投票文件订立书面合同。招标人和中标人不得再行订立背离合同实质性内容的其他协议。

（2）招标人与中标人签订合同后 5 个工作日内，应当向未中标的投标人退还投标保证金。

（3）合同中确定的建设规模、建设标准、建设内容、合同价格应当控制在批准的初步设计及概算文件范围内；确需走出规定范围的，应当在中标合同签订前，报原项目审批部门审查同意。凡应报经审查而未报的，在初步设计及概算调整时，原项目审批部门一律不予承认。

（4）对于不具备分包条件或者不符合分包规定的，招标人有权在签订合同或者中标人提出分包要求时予以拒绝。发现中标人转包或违法分包时，可要求其改正；拒不改正的，可终止合同，并报请有关行政监督部门查处。

1.7 信息通信建设工程项目招投标的监督与管理

为了规范通信建设项目招标投标活动，保护国家利益、社会公共利益和招标投标活动当事人的合法权益，提高投资效益，保证通信建设项目质量，根据《中华人民共和国招标投标法》和国务院办公厅《关于国务院有关部门实施招标投标活动行政监督的职责分工的意见》，结合通信工程特点，工业和信息化部《通信工程建设项目招标投标管理办法》《通信建设项目招标投标管理实施细则》规定了对招标投标活动的监督与管理要求。

1.7.1 监督与管理的范围和职责分工

工业和信息化部负责对全国通信建设项目的设计、施工、监理、设备器材采购的招标投标活动进行监督和管理；省、自治区、直辖市通信管理局负责对本行政区域内的通信建设项目的设计、施工、监理、设备器材采购的招标投标活动进行监督和管理。工业和信息化部和省、自治区、直辖市通信管理局有权要求被检查单位提供招投标活动中的相关文件、资料及配合现场监督检查工作。

1.7.2 通信建设项目招投标管理机构的管理职责

1. 工业和信息化部对招投标活动的管理职责

工业和信息化部负责全国通信建设项目招标投标工作的监督管理。其主要职责是：

（1）贯彻执行国家有关招标投标的政策、法律和法规。

（2）依照《中华人民共和国招标投标法》及相关规定对通信建设项目招标投标活动及其人实施监督，查处招标投标活动中的违法行为。

（3）依法接受投标人和其他利害关系人的投诉。

（4）审批通信建设项目招标代理机构的资质，确认其编标和评标能力。

（5）对通信行业各专业评标专家进行资格管理。

（6）依据有关法律、行政法规制定通信建设项目勘查、设计、施工、监理及设备采购等的招标投标实施细则。

2. 省、自治区、直辖市通信管理局对招投标活动的监督管理职责

各省、自治区、直辖市通信管理局，对本行政区域内的通信建设项目招标投标活动实施监督管理。其主要职责是：

（1）贯彻执行国家有关招标投标的政策、法律、法规和规章。

（2）对本行政区域内通信建设项目招标投标活动及其当事人实施监督，查处招标投标活动中的违法行动。

（3）依法接受投标人和其他利害关系人的投诉。

（4）初审本行政区域内通信建设项目招标代理机构的编标和评标能力。

（5）对本行政区域内通信各专业评标专家进行资格管理。

1.7.3 监督与管理的内容

工业和信息化部和省、自治区、直辖市通信管理局对通信建设项目招标投标实施监督管理的主要内容如下：

（1）依法对通信建设项目招投标活动及当事人的行为进行监督检查，包括对开标、评标、定标过程的监督检查等内容。

（2）依法纠正、查处招标投标活动中违反《中华人民共和国招标投标法》《通信工程建设项目招标投标管理办法》及《通信建设项目招标投标管理实施细则》的行为；对不具备条件的招标活动，责令招标人或招标代理机构暂停招标活动。情节严重者，将依法追究有关责任。

（3）核查招标投标活动备案文件。

（4）受理招标投标活动的有关申诉或投诉。

（5）调解招标投标活动中的纠纷。

任务 2　信息通信建设工程合同管理

知识要点

合同的概念；
合同管理的流程；
合同管理内容；
合同的违约责任；
合同争议的解决；
索赔管理。

重点难点

合同的概念；
合同管理的流程；
合同管理内容；
合同的违约责任；
合同争议的解决。

【相关知识阐述】

2.1 合同

2.1.1 合同的概念

《中华人民共和国民法典》规定：合同是平等主体的自然人、法人、其他组织之间设立、变更、终止民事权利义务关系的协议。

信息通信建设工程合同是信息通信建设工程建设单位和承包单位为了完成其所商定的工程建设目标以及与工程建设目标相关的具体内容，明确双方相互权利、义务关系的协议。主要包括信息通信建设工程勘查设计合同、施工合同、监理合同。

2.1.2 合同管理的流程

合同管理是指企业对以自身为当事人的合同依法进行订立、履行、变更、解除、转让、终止以及审查、监督、控制等一系列行为的总称。其中订立、履行、变更、解除、转让、终止是合同管理的内容；审查、监督、控制是合同管理的手段。合同管理的流程如图 7-1 所示。

1. 合同订立

合同的诞生一般需经过前期准备、内部评审、与客户谈判等多个阶段，最终订立合同。

合同当事人为保证合同签订后的履行，往往会同时签订担保合同，从而形成合同担保。

建设工程合同的订立一般经过要约和承诺实现。

1）要约邀请

要约邀请是希望他人向自己发出要约的意思表示。比如价目表的寄送、招标公告、商业广告、招标说明书等，即是要约邀请。但商业广告的内容符合要约条件的，构成要约。要约邀请不是合同成立过程中的必经步骤，不具有法律约束力，不需承担法律责任。

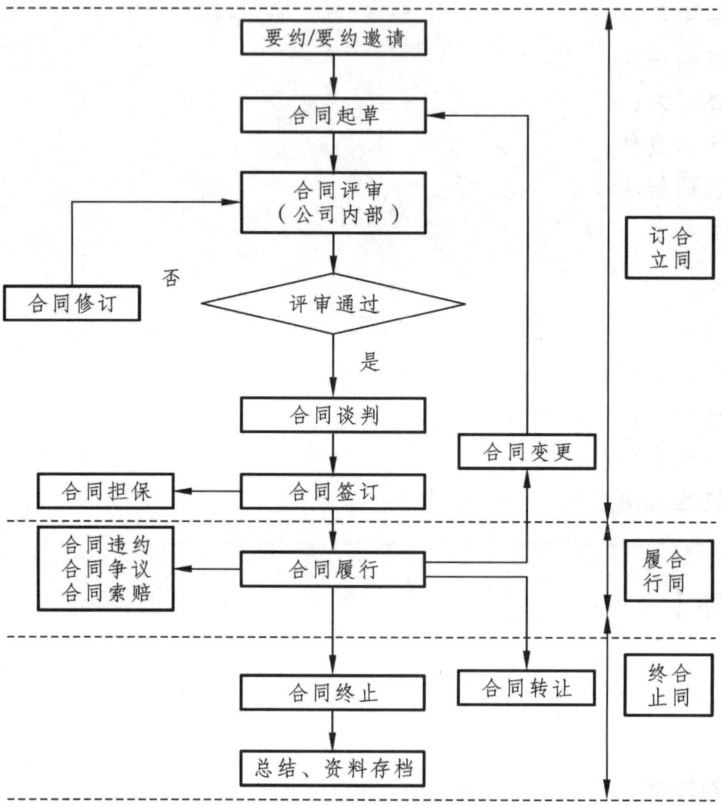

图 7-1　合同管理流程

2）要约

要约是希望和他人订立合同的意思表示。提出要约的一方为要约人，接受要约的一方为受要约人。要约人是特定的，受要约人既可以是特定的，也可以是不特定的。要约应具备以下条件：内容具体确定；表明经受要约人承诺，要约人即受该意思表示约束。

要约撤回，是指要约在发生法律效力之前，欲使其不发生法律效力而取消要约的意思表示。要约人可以撤回要约，撤回要约的通知应当在要约到达受要约人之前或同时到达受要约人。

要约撤销，是要约在发生法律效力之后，要约人欲使其丧失法律效力而取消该项要约的意思表示。要约可以撤销，撤销要约的通知应当在受要约人发出承诺通知之前到达受要约人。但有下列情况之一的，要约不得撤销：要约人确定了承诺期限或者以其他形式明示要约不可撤销；受要约人有理由认为要约是不可撤销的，并已为履行合同做了准备工作。

3）承诺

承诺是受要约人做出的同意要约的意思表示。承诺具有以下条件：承诺必须由受要约人做出；承诺只能向要约人做出；承诺的内容应当与要约的内容一致；承诺必须在承诺期限内发出。

承诺必须以明示的方式，在要约规定的期限内做出。要约没有规定承诺期限的，视要约的方式而定，包括：要约以对话方式做出的，应当即时做出承诺，但当事人另有约定的除外；要约以非对话方式做出的，承诺应当在合理期限到达。

承诺的撤回，是指承诺人主观上欲阻止或者消灭承诺发生法律效力的意思表示。承诺可以撤回，但不能因承诺的撤回而损害要约人的利益，因此，承诺的撤回是有条件的，即撤回承诺的通知应当在承诺生效之前或者与承诺通知同时到达要约人。

承诺的超期，即承诺的迟到，是指受要约人主观上超过承诺期而发出的承诺。迟到的承诺，要约人可以承认其效力，但必须及时通知受要约人，因为如果不及时通知受要约人，受要约人也许会认为承诺并未生效或者视为自己发出了新要约而希望得到要约人的承诺。

承诺延误，是指承诺人发出承诺后，被外界原因而延误到达。受要约人在承诺期限内发出承诺，按照通常情形能够及时到达要约人，但因其他原因承诺到达要约人时超过承诺期限的，除要约人及时通知受要约人因承诺超过期限不接受该承诺的以外，该承诺有效。

4）要约和承诺的生效

《民法典》规定，要约到达受要约人时生效。采用数据电文形式订立合同，收件人指定特定系统接收数据电文的，该数据电文进入该特定系统的时间，视为到达时间；未指定特定系统的，该数据电文进入收件人任何系统的首次时间，视为到达时间。承诺应当以通知的方式做出，根据交易习惯或者要约表明可以通过行为做出承诺的除外。承诺的通知送达给要约人时生效。

5）合同形式

最终承诺生效后，双方需按照一定形式签订合同，具体包括：

书面形式，是指合同书、信件和数据电文等可以有形地表现所载内容的形式。合同书，是指记载合同内容的文书。信件，是指当事人就要约与承诺所做的意思表示的普通文字信函。数据电文，是指与现代通信技术相联系，包括电报、电传、传真、电子数据交换和电子邮件等。口头形式，即以口头语言形式表现合同内容。其他形式，包括公证、审批和登记等形式。建设工程合同按规定应采用书面形式。

2. 合同的履行

合同履行，是指合同各方当事人按照合同的规定，全面履行各自的义务，实现各自的权利，使各方的目的得以实现的行为。

在合同的履行过程中，可能出现合同变更和转让；同时，也可能出现合同违约、合同争议、合同索赔等现象。

1）合同的变更

合同变更是指当事人对已经发生法律效力，但尚未履行或者尚未完全履行的合同，进行修改或补充所达成的协议。合同变更的范围很广，一般在合同签订后，所有涉及对工程范围、进度、工程质量要求、合同条款内容、合同双方责权利（责任与权利）关系的变化等都可以被看作合同变更。最常见的变更有两种：

（1）涉及合同条款的变更，合同条件和合同协议书所定义的双方责权利关系，或一些重大问题的变更。这是狭义的合同变更，以前人们定义合同变更即为这一类。

（2）工程变更，即工程的质量、数量、性质、功能、施工工序和实施方案的变化。

有效的合同变更必须要有明确的合同内容变更。如果当事人对合同的变更约定不明，视为没有变更。

2）合同的转让

合同转让是指合同一方将合同的权利、义务全部或部分转让给第三人的法律行为。对于合同权利、义务的转让，除另有约定外，原合同的当事人之间以及转让人与受让人之间应当采用书面形式确定。转让合同权利、义务约定不明确的，视为未转让。合同的权利义务转让给第三人后，合同的当事人是原当事人一方和第三人。

3. 合同的终止

合同权利义务的终止也称合同终止，指当事人之间根据合同确定的权利义务在客观上不复存在，据此合同不再对双方具有约束力。按照《民法典》的规定，有下列情形之一的，合同的权利义务终止：

（1）债务已经按照约定履行，这是最多的一类合同终止。

（2）合同解除。

（3）债务相互抵消。

（4）债务人依法将标的物提存。

（5）债权人免除债务。

（6）债权债务同归于一人。

（7）法律规定或者当事人约定终止的其他情形。

2.1.3 合同管理内容

1. 勘查设计合同的履行管理

1）发包人的责任

（1）提供设计依据资料。发包人应按时提供设计依据文件和基础资料，同时应对资料的正确性负责。如果发包人提交上述资料及文件超过规定期限，在 15 天以内的，设计人规定的交付设计文件时间相应顺延；若交付时间超过规定期限 15 天，设计人有权重新确定提交设计文件的时间。进行专业工程设计时，如果设计文件中需选用国家标准图、部标准图及地方标准图，应由发包人负责解决。

（2）提供必要的现场工作条件。由于设计人完成设计工作的主要地点不是施工现场，因此，发包人有义务为设计人在现场工作期间提供必要的工作、生活方便条件。发包人为设计人派驻现场的工作人员提供的方便条件可能涉及工作、生活、交通等方面的便利条件，以及必要的劳动保护装备。

（3）外部协调工作。设计的阶段成果（初步设计、技术设计、施工图设计）完成后，应由发包人组织鉴定和验收，并负责向发包人的上级或有管理资质的设计审批部门完成报批手续。

（4）保护设计人的知识产权。未经设计人同意，发包人对设计人交付的设计资料及文件不得擅自修改、复制或向第三人转让或用于本合同外的项目。如发生以上情况，发包人应负法律责任，设计人有权向发包人提出索赔。

2）勘查设计人的责任

（1）保证设计质量。设计人应依据批准的可行性研究报告、勘查资料，在满足国家规定的设计规范、规程、技术标准基础上，按合同规定标准完成各阶段的设计任务，并对提交的设计文件质量负责。

对于各设计阶段设计文件审查会提出的修改意见，设计人应负责修正和完善。设计人交付设计资料及文件后，需按规定参加有关的设计审查，并根据审查结论负责对不超出原定范围的内容做必要的调整补充。

（2）配合施工的义务，设计交底。设计人在建设工程施工前，需向施工承包人和施工监理人说明建设工程勘查、设计意图，解释建设工程勘查、设计文件，以保证施工工艺达到预期的设计水平要求。

解决施工中出现的设计问题。设计人有义务解决施工中出现的设计问题，如属于设计变更的范围，按照变更原因确定费用负担责任。

参加工程验收工作。为了保证建设工程的质量，设计人应按合同约定参加工程验收工作。这些约定的工作可能涉及重要部位的隐蔽工程验收、试车验收和竣工验收。

（3）保护发包人的知识产权。设计人应保护发包人的知识产权，不得向第三人泄露、转让发包人提交的产品图纸等技术经济资料。如发生以上情况并给发包人造成经济损失，发包人有权向设计人索赔。

3）设计费的支付与结算

设计人按合同约定提交相应报告、成果或阶段的设计文件后，参照国家计委、建设部《关于发布<工程勘查设计收费管理规定>的通知》（计价格[2002]10 号）规定，发包人应及时支付约定的各阶段设计费。

4）违约责任

（1）发包人的违约责任。

发包人延误支付。发包人应按合同规定的金额和时间向设计人支付设计费，每逾期支付 1 天，应承担应支付金额 2‰的逾期违约金，且设计人提交设计文件的时间顺延。逾期 30 天以上时，设计人有权暂停履行下阶段工作，并书面通知发包人。

审批工作的延误。发包人的上级或设计审批部门对设计文件不审批或合同项目停缓建，均视为发包人应承担的风险。设计人提交合同约定的设计文件和相关资料后，按照设计人已完成全部设计任务对待，发包人应按合同规定结清全部设计费。

因发包人原因要求解除合同。在合同履行期间，发包人要求终止或解除合同，设计人未开始设计工作的，不退还发包人已付的定金；已开始设计工作的，发包人应根据设计人已进行的实际工作量，不足一半时，按该阶段设计费的一半支付；超过一半时，按该阶段设计费的全部支付。

（2）设计人的违约责任。

设计错误。设计人应对设计资料及文件中出现的遗漏或错误负责修改或补充。由于设计人员错误造成工程质量事故损失，设计人除负责采取补救措施外，应免收直接受损失部分的设计费。损失严重的，还应根据损失的程度和设计人责任大小向发包人支付赔偿金。范本中要求设计人的赔偿责任按工程实际损失的百分比计算；当事人双方订立合同时，需在相关条款内具体约定百分比的数额。

设计人延误完成设计任务。由于设计人自身原因，延误了按合同规定交付的设计资料及设计文件的时间，每延误 1 天，应减收该项目应收设计费的 2‰。

因设计人原因要求解除合同。合同生效后，设计人要求终止或解除合同，应双倍返还定金。

（3）不可抗力事件的影响。

由于不可抗力因素致使合同无法履行时，双方应及时协商解决。

2. 施工合同的管理

建设工程施工合同是发包人与承包人就完成具体工程项目的建筑施工、设备安装、设备调试、工程保修等工作内容，确定双方权利和义务的协议。

住建部和国家工商总局于 2017 年颁发了《建设工程施工合同（示范文本）》（版本：GF-2017-0201）。

施工合同的管理主要包括施工准备阶段的合同管理、施工过程的合同管理和竣工阶段的合同管理。

1）施工准备阶段的合同管理

（1）施工图纸。

发包人提供的图纸应在合同约定的日期前，免费按专用条款约定的份数供应承包人图纸，以保证承包人及时编制施工进度计划和组织施工。

（2）施工进度计划。

承包人应当在专用条款约定的日期，将施工组织设计和施工进度计划提交监理工程师进行审查。

监理工程师对进度计划和对承包人施工进度的认可，不免除承包人对施工组织设计和工程进度计划本身的缺陷所应承担的责任。

（3）双方做好施工前的有关准备工作。

开工前，发包人按照专用条款的规定使施工现场具备施工条件，开通施工现场公共道路。承包人应当做好施工人员和设备的调配工作。

（4）开工。

承包人应在专用条款约定的时间按时开工，以便保证在合理工期内及时竣工。但在特殊情况下，工程的准备工作使其不具备开工条件，则应按合同的约定区分延期开工的责任。

①承包人要求的延期开工。如果是承包人要求的延期开工，则监理工程师有权批准是否同意延期开工。承包人不能按时开工，应在不迟于协议书约定的开工日期前 7 天，以书面形式向监理工程师提出延期开工的理由和要求。监理工程师在接到延期开工申请后的 48 小时内未予答复，视为同意承包人的要求，工期相应顺延。如果监理工程师不同意延期要求，工期不予顺延。如果承包人未在规定时间内提出延期开工要求，工期也不予顺延。

②发包人原因的延期开工。因发包人的原因导致施工现场尚不具备施工的条件，而影响承包人不能按照协议书约定的日期开工时，监理工程师应以书面形式通知承包人推迟开工日期。发包人应当赔偿承包人因此造成的损失，并相应顺延工期。

（5）支付工程预付款。

合同约定有工程预付款的，发包人应按规定的时间和数额支付预付款。为了保证承包人如期开始施工前的准备工作和开始施工，预付时间应不迟于约定的开工日期前 7 天。发包人不按约定预付，承包人在约定预付时间 7 天后向发包人发出要求预付的通知。发包人收到通知后仍不能按要求预付，承包人可在发出通知后 7 天停止施工，发包人应从约定应付之日起向承包人支付应付款的贷款利息，并承担违约责任。

2）施工过程合同管理

（1）对材料和设备的质量控制。

为了保证工程项目达到投资建设的预期目的，确保工程质量至关重要。而对工程质量进行严格把控，应从使用的材料的质量控制开始。

①材料设备的到货检验。工程项目使用的建筑材料和设备按照专用条款约定的采购供应责任，可以由承包人负责，也可以由发包人提供全部或部分材料和设备。

发包人供应材料、设备。负责提供材料、设备的发包人应按照专用条款的材料设备供应一览表，按时、按质、按量将采购的材料和设备运抵施工现场，与承包人共同进行到货清点。

发包人应当向承包人提供其供应材料设备的产品合格证明，并对这些材料设备的质量负责。发包人在其所供应的材料设备到货前 24 小时，应以书面形式通知承包人，由承包人派人与发包人共同清点。清点的工作主要包括：外观质量检查；对照发货单证进行数量清点（检斤、检尺）；对大宗建筑材料进行必要的抽样检验（物理、化学试验）等。

材料设备接收后移交承包人保管。发包人供应的材料设备经双方共同清点接收后，由承包人妥善保管，发包人支付相应的保管费用。因承包人的原因发生损坏丢失，由承包人负责赔偿。发包人不按规定通知承包人验收，发生的损坏丢失由发包人负责。

发包人供应的材料设备与约定不符时，应当由发包人承担有关责任。

承包人采购材料、设备。负责供材料、设备的承包人负责采购材料、设备的，应按照合同专用条款约定及设计要求和有关标准采购，并提供产品合格证明，对材料设备的质量负责。承包人在材料设备到货前 24 小时应通知监理工程师共同进行到货清点。采购的材料设备与设计或标准要求不符时，应在监理工程师要求的时间内运出施工现场，重新采购符合要求的产品，承担由此发生的费用，延误的工期不予顺延。

②材料和设备的使用前检验。为了防止材料和设备在现场储存时间过长或保管不善而导致质量的降低，应在用于永久工程施工前进行必要的检查试验。按照材料设备的供应义务，对合同责任做如下区分。

发包人供应材料设备。发包人供应的材料设备进入施工现场后需要在使用前检验或者试验的，由承包人负责检查试验，费用由发包人负责。按照合同对质量责任的约定，此次检查试验通过后，仍不能解除发包人对其供应材料设备存在的质量缺陷责任。即承包人检验通过之后，如果又发现材料设备有质量问题时，发包人仍应承担重新采购及拆除重建的追加合同价款，并相应顺延由此延误的工期。

承包人负责采购材料和设备。采购的材料设备在使用前，承包人应按监理工程师的要求进行检验或试验，不合格的不得使用，检验或试验费用由承包人承担。

（2）对施工质量的监督管理。

施工单位应该按照合同约定的标准及相关质量标准、规范进行施工，确保工程质量达标。

监理工程师应采用巡视、旁站、平行检验等方式监督检查承包人的施工工艺和产品质量，对生产过程进行严格控制，不论何时，监理工程师一旦发现工程质量达不到约定标准，均可要求承包人返工。

（3）隐蔽工程与重新检验。

如若工程具备隐蔽条件或达到专用条款约定的中间验收部位，承包人应先进行自检，并在隐蔽或中间验收前 48 小时以书面形式通知监理工程师验收,通知包括隐蔽和中间验收的内容、验收时间和地点，同时承包人准备验收记录。

监理工程师接到承包人的请求验收通知后，应在通知约定的时间与承包人共同进行检查或试验。检测结果表明质量验收合格，经监理工程师在验收记录上签字后，承包人可进行工程隐蔽和继续施工。验收不合格，承包人应在监理工程师限定的时间内完成修改，之后重新验收。

无论监理工程师是否参加了验收，当其对某部分的工程质量有怀疑，均可要求承包人对已经隐蔽的工程进行重新检验。

（4）施工进度管理。

当出现某事件导致施工暂停时，监理工程师应该及时做出指示，并以书面形式通知承包人，具备复工条件时，监理工程师同样须及时做出书面指示。

对于工程拖延，监理工程师应根据合同条款约定确认：属于发包人违约或者应当由发包人承担风险的情况，工期给予顺延；反之，如果造成工期延误的原因是承包人的违约或者应当由承包人承担的风险，则工期不能顺延。

（5）设计变更管理。

发包人、承包人、设计人都可以提出设计变更要求，但都应该按照相应程序进行。监理工程师在合同履行管理中应严格控制变更，施工中承包人未得到监理工程师的同意也不允许对工程设计随意变更。如果由于承包人擅自变更设计，发生的费用和因此而导致的发包人的直接损失，应由承包人承担，延误的工期不予顺延。

（6）支付管理。

由于一些事件影响合同价款需要调整时，承包人应按照规定要求将调整的原因、金额以书面形式通知监理工程师。监理工程师确认调整金额后将其作为追加合同价款，与工程款同期支付。监理工程师收到承包人通知 14 天内不予确认也不提出修改意见，视为已经同意该项调整。

发包人应在双方计量确认后及时支付工程进度款，否则，如果导致承包人停止施工，由发包人承担违约责任。

（7）不可抗力。

不可抗力事件发生后，承包人应在力所能及的条件下迅速采取措施，尽量减少损失，并在不可抗力事件结束后 48 小时内向监理工程师通报受灾情况和损失情况，及预计清理和修复的费用。发包人应尽力协助承包人采取措施。

不可抗力事件继续发生，承包人应每隔 7 天向监理工程师报告一次受害情况，并于不可抗力事件结束后 14 天内，向监理工程师提交清理和修复费用的正式报告及有关资料。

3）竣工阶段的合同管理

（1）工程试运行。

如果施工合同包括设备安装工程，则设备安装完成后，要对设备运行的性能进行检验。试运行期间发生问题，监理工程师应督促相关责任单位进行处理。

（2）竣工验收。

工程竣工验收是合同履行中的一个重要工作阶段，工程未经竣工验收或竣工验收未通过的，发包人不得使用。如果发包人强行使用，由此发生的质量问题及其他问题，由发包人承担责任。

（3）工程保修。

承包人应当在工程竣工验收之前，与发包人签订质量保修书，作为合同附件。质量保修书的主要内容包括工程质量保修范围和内容、质量保修期、质量保修责任、保修费用和其他约定 5 部分。保修期从竣工验收合格之日起开始计算。属于保修范围、内容的项目，承包人应在接到发包人的保修通知 7 日内派人保修。承包人不在约定期限内派人保修，发包人可以委托其他人修理。发生紧急事故时，承包人接到通知后应当立即到达事故现场抢修。质量保修完成后，由发包人组织验收。

（4）竣工结算。

根据原信息产业部规[2005]418 号文件《关于发布<通信建设工程价款结算暂行办法>的通知》精神，通信工程在初验后 3 个月内，双方应当按照约定的工程合同价款、合同价款调整内容以及索赔事项，进行工程竣工结算。

2.1.4 合同的违约责任

1. 合同的违约责任定义

违约责任是指合同当事人一方不履行合同义务或所履行合同义务不符合合同约定所应承担的法律责任。

违约责任的构成要件包括：有违约行为；无免责事由。前者称为违约责任的积极要件，后者称为违约责任的消极要件。

2. 承担违约责任的形式

承担违约责任的基本形式包括继续履行、采取补救措施、赔偿损失、违约金和定金责任等。通信工程中常用的承担违约责任形式包括：

1）赔偿损失

赔偿损失，在合同法上也称违约损害赔偿，是指违约方以支付金钱的方式弥补受害方因违约行为所减少的财产或者所丧失的利益的责任形式。

2）违约金

违约金是指当事人一方违反合同时应当向对方支付的一定数量的金钱或财物。

违约金是对损害赔偿额的预先约定，既可能高于实际损失，也可能低于实际损失，导致不公平结果。为此我国《民法典》规定：约定违约金低于造成损失的，当事人可以请求人民法院或仲裁机构予以增加；约定违约金高于造成损失的，当事人可以请求人民法院或仲裁机构予以适当减少。

违约金与赔偿损失不能同时采用，如果当事人约定了违约金，则应当按照支付违约金承担违约责任。

3）定金责任

在当事人约定了定金担保的情况下，如一方违约，定金罚则即成为一种违约责任形式。

当事人既约定违约金又约定定金的，一方违约时，对方可以选择适用违约金或定金条款，但两者不能合并使用。

2.1.5 合同争议的解决

合同争议又称合同纠纷，是指因合同的生效、解释、履行、变更、终止等行为而引起的合同当事人的所有争议。合同争议的内容主要表现在争议主体对于导致合同法律关系产生、变更与消灭的法律事实以及法律关系的内容有着不同的观点与看法。

合同争议的解决方法主要包括和解、调解、仲裁和诉讼四种。

1. 和解

和解亦称协商解决，是指合同纠纷当事人在自愿友好的基础上，互相沟通、互相谅解，从而解决纠纷的一种方式。这种方式的特点包括：

（1）简便易行，能经济、及时地解决纠纷。

（2）纠纷的解决依靠当事人的妥协与让步，没有第三方的介入，有利于维护合同双方的友好合作关系，使合同能更好地得到履行。

（3）和解协议不具有强制执行的效力，和解协议的执行依靠当事人的自觉履行。和解方式是最佳合同争议解决方式，发生争议时，当事人应首先考虑和解解决争议。

2. 调解

调解，是指合同当事人对合同所约定的权利、义务发生争议，不能达成和解协议时，在经济合同管理机关或有关机关、团体等的主持下，通过对当事人进行说服教育，促使双方互相做出适当的让步，平息争端，自愿达成协议，以求解决经济合同纠纷的方法。调解途径有三种：民间调解组织机构，仲裁委员会；人民法院；行政主管机关。

3. 仲裁

仲裁，是当事人双方在争议发生前或争议发生后达成协议，自愿将争议交给第三者做出裁决，并负有自动履行义务的一种解决争议的方式。仲裁裁决的做出，标志着当事人之间的纠纷的最终解决。仲裁应该遵循的原则包括自愿原则、公平合理原则、仲裁独立原则、一裁终局原则。

当事人双方如果约定采用仲裁方式解决争议，则优先采用仲裁方式解决。但如果当事人能够提出证据证明裁决有下列情形之一的，可向仲裁委员会所在地的中级人民法院申请撤销裁决：

（1）没有仲裁协议的。

（2）裁决的事项不屈于仲裁协议的范围或者仲裁委员会无权仲裁的。

（3）仲裁庭的组成或者仲裁的程序违反法定程序的。

（4）裁决所根据的证据是伪造的。

（5）对方当事人隐瞒了足以影响公正裁决的证据的。

（6）仲裁员在仲裁该案时有索贿受贿、徇私舞弊、枉法裁决行为的。

人民法院经组成合议庭审查核实裁决有以上规定情形之一的，应当裁定撤销。当事人申请撤销裁决的，应当自收到裁决书之日起 6 个月内提出。人民法院应当在受理撤销裁决申请之日起 2 个月内做出撤销裁决或者驳回申请的裁定。

4. 诉讼

诉讼，是指合同当事人依法请求人民法院行使审判权，审理双方之间发生的合同争议，做出由国家强制保证实现其合法权益，从而解决纠纷的审判活动。合同双方当事人如果未约定仲裁协议，则只能以诉讼作为解决争议的最终方式。当事人依法请求人民法院行使审判权，审理双方发生的经济争议，做出有国家强制力的裁决，保证实现其合法权益。

诉讼中的证据主要包括：书证、物证、视听资料、证人证言、当事人的陈述、鉴定结论、勘验笔录等。因此，在施工过程中，有关各方都应该注意保存相关资料。

另外，应该注意诉讼时效的问题，诉讼时效是指权利人在法定期间内，不行使权利即丧失请求人民法院保护的权利。超过诉讼时效期间，在法律上发生的效力是权利人的胜诉权消灭。超过诉讼时效期间权利人起诉，如果符合民事诉讼法规定的起诉条件，法院仍然应当受理。但是，如果法院经受理后查明无中止、中断延长事由的，判决驳回诉讼请求。

2.2 索赔管理

2.2.1 索赔的概念

索赔是当事人在合同实施过程中，根据法律、合同规定及惯例，对不应由自己承担责任的情况造成的损失，向合同的另一方当事人提出给予赔偿或补偿要求的行为。在工程建设的各个阶段，都有可能发生索赔，但在施工阶段，索赔发生较多。索赔是相互的、双向的。承包人可以向发包人索赔，发包人可以向承包人索赔。

对施工合同的双方来说，都有通过索赔维护自己合法利益的权利，依据双方约定的合同责任，构成正确履行合同义务的制约关系。作为监理工程师来说，一个重要任务就是尽量避免索赔的发生。

2.2.2 索赔的分类

索赔一般包括工期索赔和费用索赔两类。

1. 工期索赔

由于非承包人责任的原因而导致施工进程延误，要求批准顺延合同工期的索赔，称之为工期索赔。工期索赔形式上是对权利的要求，以避免在原定合同竣工日不能完工时，被发包人追究拖期违约责任。一旦获得批准合同工期顺延后，承包人不仅免除了承担拖期违约赔偿费的严重风险，而且可能提前完工得到奖励，工期索赔最终仍反映在经济收益上。

2. 费用索赔

费用索赔的目的是要求经济补偿。当施工的客观条件改变导致承包人增加开支，可要求对超出计划成本的附加开支给予补偿，以挽回不应由承包人承担的经济损失。

【练习题】

1. 信息通信建设工程项目招投标的监督管理单位有哪些？如果是跨省光缆工程招投标出现违规行为，应该向谁申诉？如果是省内的通信工程招投标出现违规操作，应该向谁申诉？

2. 信息通信建设工程项目招投标的要求有哪些？招标的方式有哪些？对于中国电信 LTE 的设备招标，应该采取什么方式？对于长沙市的 5G 设计项目招标，可以采取哪种方式？

3. 信息通信建设工程建设项目开标、评标和定标的相关要求有哪些？

4. 什么是信息通信建设工程合同？

5. 什么是要约邀请？什么是要约？

6. 合同履行的内容包括哪些？

7. 合同终止的情形有哪些？

8. 合同管理的内容有哪些？

9. 合同的违约责任的构成要件包括哪些？

10. 合同争议的解决方法主要包括哪些？

11.什么是索赔？索赔分为哪些类？

12. 费用索赔的目的是什么？

13. 案例分析 1

[背景]

某通信运营商的市内电话线路工程的初步设计已经基本完成，工程估算价为 3 200 万元。为了尽快完成此项目，该运营商向常年在本地施工的两家施工单位发出了投标邀请，并请专家编制了标底。接到招标邀请函的两家施工单位为了在此项目中获得更多利润，在编制标书时彼此互相联系，以保证投标报价尽可能得高。工程开标后，一家投标单位中标，另一家施工单位也中标了单位的部分工程量。

[问题]

（1）此运营商的招标过程存在哪些违规行为？为什么？

（2）投标单位存在哪些违规行为？应受到什么处罚？

14. 案例分析 2

[背景]

某运营商于4月28日向具备相应资质的五家施工单位发出了通信直埋光缆线路工程的投标邀请函，规定于 5 月 8 日领取招标文件，五家施工单位均接受了邀请，并在规定投标有效期 5 月 15 日前提交了投标文件。运营商于 5 月 29 日进行了开标。在开标、评标、定标过程中发生了以下事件：

（1）开标过程中，招标方在宣读投标文件报价时，发现一投标人的单价与总价不对应。

（2）评标委员会决定以最低投标价中标法评标。开标时宣读有效投标方的报价分别为定额价的 6 折、4 折、3.8 折、3.5 折和 2.5 折。评标委员会考虑到投标方的报价除 6 折的以外都比较低，因此，5 月 31 日将 4 家投标方均列为中标候选人。

（3）招标方经过认真考虑，最终于 6 月 27 日确定 2.5 折的施工单位中标。

（4）在签订施工合同时，2.5 折的施工单位考虑到报价过低，决定放弃中标；3.5 折的施工单位也庆幸自己未中标。

[问题]

（1）对于投标文件中单价与总价不对应的，开标时应如何处理？

（2）该项目的招标投标过程中有哪些做法不符合规定？

（3）签订合同时，2.5 折的中标单位高难度中标，招标方应怎么办？

15. 案例分析 3

[背景]

某移动通信公司有一接入层光缆线路工程项目要招标施工单位，具体情况如下：光缆敷设长度为 100 km，施工地点在普通山区，敷设方式为架空方式，采取 6 m×15 cm 的水泥电杆，每千米电杆敷设数量不少于 20 根，采用 7/2.2 钢绞线，吊线固定方式不限。承包方式是除了光缆、光缆接头盒、光缆尾纤、光缆终端盒材料由建设单位提供以外，其他材料都由施工单位承包提供。人工费单价按国家标准计算，赔补费按每千米 500 元计算。

[问题]

假如你是一个施工项目经理，请你根据所学的概预算知识，结合以上条件：

（1）对此光缆工程项目投标报价，并列出报价的理由。

（2）写出一份简单的招标文件。

项目八　信息通信建设工程项目竣工验收与后评估

任务 1　信息通信建设工程项目竣工验收

知识要点

项目验收内容；
费用决算与审计；
项目资料验收；
项目交接与清算。

重点难点

项目验收内容；
费用决算与审计；
项目资料验收；
项目交接与清算。

【相关知识阐述】

1.1　项目验收的内容

项目验收包括项目范围验收、项目质量验收、费用决算、项目资料验收及项目交接与清算。

1.1.1　项目范围验收

范围验收又叫作范围确认。项目或项目阶段结束时，项目班子在将项目最终交付成果交给使用者或接受者之前，接受方要对已经完成的工作成果重新进行审查，查核项目计划规定范围内的各项工作或活动是否已经完成，应交付成果是否令人满意。

如果项目提前结束，则应查明有哪些工作已经完成，完成到了什么程度，并将核查结果记录在案，形成文件。

1. 范围确认的依据包括

1）工作成果

即项目计划实施后的结果。

2）成果文档

进行项目范围确认时，项目班子必须向接受方出示说明项目（或项目阶段）成果的文档，如项目计划、技术要求说明书、技术文件、图纸等，供其审查。

2. 范围确认的方法

范围确认的方法是观测的方法，为了核实项目或项目阶段是否已按规定完成，需要进行必要的测量、考察和试验等活动。

3. 范围确认的结果

项目范围确认完成后，参加项目范围确认的项目班子和接受方人员应在事先准备好的文件上签字，表示接受方已正式认可并验收全部或阶段性成果。

一般情况下，这种认可和验收可以附有条件。如软件开发项目的移交和验收时，可规定以后发现软件有问题时仍然可以找该软件项目开发人员解决。

1.1.2 项目质量验收

1. 质量验收的含义

项目质量验收是依据质量计划中的质量条款，遵循相关的质量检验评定标准，对项目的质量进行质量认可评定和办理验收交接手续的过程。质量验收是控制项目最终质量的重要手段，也是项目验收的重要内容。

2. 质量验收的范围

1）项目规划阶段的质量验收

主要检验设计文件的质量，同时项目的全部质量标准及验收依据也是在规划设计阶段完成，因此，规划阶段的质量验收也是对质量验收评定标准与依据的合理性、完备性和可操作性的检验。

2）项目实施阶段的质量验收

项目实施阶段是项目质量产生的全部过程。实施阶段的质量验收要根据范围规划、工作分解和质量规划对每一个工序进行单个的评定和验收，然后根据各单个工序质量验收结果（如可以把单项工序的质量等级分成不合格、合格、良好、优等四级）进行汇总统计，形成上级工序的质量结果（合格率或优良率），以此类推，最终形成全部项目的质量验收结果。

3. 质量验收的标准与依据

（1）在项目概念阶段，对项目的质量目标与要求做出总体性、原则性的规定和决策。

（2）在项目规划阶段，根据概念阶段决策的质量目标进行分解，在相应的设计文件中指出达到质量目标的途径和方法，同时指明项目竣工验收时质量验收评定的范围、标准与依据，质量事故的处理程序和奖惩措施等。

（3）在项目实施阶段，质量控制关键是过程控制，质量保证与控制的过程就是根据项目规划阶段规定的质量验收范围和评定标准、依据，在下一个工序开始之前，对每一个刚完成的工序进行及时的质量检验和记录，并分发给质量保证体系中的所有单位。

（4）在项目收尾阶段，质量验收的过程就是对项目实施过程中产生的每个工序的实体质量结果进行汇总、统计、澄清，得出项目的最终的、整体的质量结果。

4. 质量验收的结果

（1）质量验收的结果是产生质量验收评定报告和项目技术资料。

（2）工程项目最终质量报告的质量等级一般分“合格”和“不合格”两级，凡不合格的项目不予验收。

（3）项目每一个工序的质量检验评定报告经汇总成为相应的技术资料，是项目资料的重要组成内容。

1.2 费用决算与审计

1.2.1 费用决算

费用决算是指项目从筹建开始到项目结束交付使用为止的全部费用的确定。

1. 决算的依据

项目决算依据主要是合同、合同的变更。

2. 决算的内容

项目决算的内容包括项目生命周期各个阶段支付的全部费用。

3. 决算的结果

决算的结果形成项目决算书，经项目各参与方共同签字后作为项目验收的核心文件。决算书由两部分组成：文字说明和决算报表。

1.2.2 费用审计

费用审计可贯穿在项目的全过程中。包括项目前期的审计、实施过程中的审计、项目结束审计。审计的依据一般包括成本报告、进度报告、质量报告。

1.2.3 审计的内容

（1）审查成本的超出和实际支出偏低的情况，查明发生成本与计划成本的偏差幅度及其原因。

（2）审查发生的成本是否合理，有无因管理不善造成成本上升和乱摊成本的问题。

（3）审查成本控制方法、程序是否有效，是否有严密的规章制度。

（4）审查有无擅自改变项目范围。

（5）若存在成本失控问题，应查明原因，提出整改建议。

1.2.4 审计的结果

审计的最终结果是形成审计报告。

1.3 项目资料验收

项目资料是项目竣工验收和质量保证的重要依据之一，也是项目交接、维护和后评估的重要原始凭证，在项目验收工作中起着十分重要的作用，因此，项目资料验收是项目竣工验收前提条件，只有项目资料验收合格，才能开始项目竣工验收。

1.3.1 项目资料验收的范围与内容

（1）项目概念阶段应验收移交归档的资料包括项目初步可行性研究报告及相关附件、项目详细可行性研究报告及相关附件、项目方案及论证报告、项目评估与决策报告。

（2）项目规划阶段应验收移交归档的资料包括项目描述资料，含范围划分报告、详细设计报告等。项目计划资料含完整的项目进度计划、质量计划、费用计划、资源计划。

（3）项目实施阶段应验收移交归档的资料包括：

①全部项目采购合同的招标书和投标书（含未中标的标书）。

②全部合格供应商资料。

③全部合同变更文件、现场签证和设计变更等。

④项目质量记录、会议记录、备忘录、各类通知等。

⑤项目进展报告。

⑥进度、质量、费用、安全、范围等变更控制申请及签证。

⑦现场环境报告。

⑧质量事故、安全事故调查资料和处理报告。

⑨各种第三方试验、检验证明、报告等。

（4）项目收尾阶段应验收移交归档的资料包括：

①项目范围验收报告。

②项目费用决算报告。

③项目质量验收报告。

④项目后评估资料。

1.3.2 项目资料验收的依据与程序

1. 项目资料验收的依据包括

（1）采购合同中有关资料的条款要求。

（2）国家有关项目资料档案的法规、政策性规定和要求。

（3）国际惯例等。

2. 项目资料验收的程序

（1）项目资料交验方按合同条款有关资料验收的范围及清单进行自检和预验收。

（2）项目资料验收的牵头组织方按合同资料清单或档案法规的要求分项一一进行验收、清点、立卷、归档。

（3）对验收不合格或有缺损的通知相关单位采取措施进行修改或补充。

（4）交接双方对项目资料验收报告进行确认和签证。

3. 项目资料验收的结果

（1）项目资料档案。

（2）项目资料验收报告。

1.4 项目交接与清算

1.4.1 项目交接

项目交接是指全部合同收尾以后，项目施工承包方向项目业主（发包方）移交项目所有权的过程，也是承包商把所完成的建筑安装施工产品交付给业主，业主予以接收的过程。项目竣工验收是项目交接的前提，没有通过竣工验收或未经竣工验收的项目不能办理项目交接。项目交接是项目收尾的最后工作内容。

1. 项目交接的合同依据

已竣工工程未交付发包人之前，承包人按专用条款约定负责已完工程的保护工作，保护期间发生损坏，承包人自费予以修复；发包人要求承包人采取特殊措施保护的工程部位和相应追加的合同估款，双方在专用条款内约定。

对于交接的时间一般合同中都有规定，如业主不按合同规定的时间接收，需向承包商额外支付竣工项目的看护费用，或自行承担保管责任。

2. 项目交接的范围与依据

对于不同行业、不同类型的项目，国家或相应的行业主管部门出台有项目交接的规程或规范。

（1）对于个人作为项目业主（如外商投资的项目）的项目交接，由项目承约商与项目业主按合同进行移交。项目交接的范围除全部项目实体成果外，还包括完整的项目资料档案、项目合格证书、项目产权证书等。

（2）对于企（事）业单位作为项目业主的项目交接，由企业的法人代表代表项目业主进行项目交接工作。

（3）对于国家作为项目业主的项目交接，分两个步骤和过程进行：第一步，由项目承约商向项目业主进行项目验收和交接；第二步，由项目业主国家进行的验收与移交。

3. 项目交接的结果

当项目的实体移交、资料移交和项目款项结清后，项目移交方和接收方将在项目移交报告上签字，形成项目移交报告。

1.4.2 项目清算

项目清算是项目结束的另一种结果和方式。由于各种各样的原因，项目在得到最终可交付物主前终止了，就需要进行项目清算。项目交接是正常的项目结束过程，项目清算是非正常的项目终止过程。项目清算的主体，即项目清算的召集人是项目业主。项目清算主要以合同为依据。

1. 项目清算的依据与条件

项目清算的依据与条件，包括但不限于：

（1）项目概念阶段决策失误。

（2）项目规划阶段设计中出现技术方向性错误。

（3）项目实施过程中出现重大质量事故，项目继续运作的经济或社会估值基础已经不复存在。

（4）项目虽然顺利进行了交接，但在试运行过程中发现项目的技术性能指标或经济效益指标无法达到概念设计的目标，项目的经济或社会估值无法实现。

（5）项目因为资金无法近期到位并且无法确定可能到位的具体期限，出现“烂尾项目”。

2. 项目清算的程序

对于中途清算的项目，项目业主应该依据合同中的有关条款，成立由各参与方联合参加的项目清算工作小组，依合同条件进行责任确认、损失估算、索赔方案拟定等事宜的协商，协商成功后形成项目清算报告，各合同供方及需方联合签证生效；协商不成则按合同的约定提起仲裁或直接向项目所在地的人民法院提起诉讼。

3. 项目清算方式

根据项目清算的组织方不同，项目清算方式可以分为：

（1）投资者自己组织清算。这是大部分中小项目公司采用的方式。由于大部分项目公司均采用家族成员注册方式，因此很多项目公司的清算不需要通过外部进行。

（2）和项目合作方联合清算。当失败的项目牵扯到外部合作方时，一般都需要走正规的公司清算程序。

1.4.3 投资者组织清算的步骤与策略

投资者自身组织清算的核心工作即核销公司工商注册的手续。具体步骤包括：

（1）公司资产和债务的清查。

（2）办理国税和地税的注销手续（必要时需要审计）。

（3）办理银行账户的注销手续。

（4）办理工商注册登记的注销手续（必要时需要公告）。

（5）办理法人代码证的注销手续。

1.4.4 投资者与合作方清算的步骤与策略

（1）与合作方的清算的步骤与投资者自身组织清算的步骤大部分相同，由于涉及第三方，程序略微复杂一些。具体差异在于清理过程的公开性、公正性和公平性。

（2）需要合作双方联合组成清算的组织机构（或清算组）。

（3）需要制定清算方案。

（4）需要有会计师事务所等中介机构的辅助。

1.4.5 项目清算作用

项目清算的作用在于：

（1）锁定投资损失。

（2）解除与其他项目合作方的义务关系，避免潜在的法律纠纷。

（3）清理与债权人之间的债务关系，避免潜在的债务纠纷。

（4）结清与税务部门的税务关系，避免潜在的税务法律责任。

（5）终止履行定期记账、报税等义务。

（6）如果资不抵债，可以申请破产保护。

（7）为新项目的运作和新公司的注册奠定基础。

任务 2 信息通信建设工程项目审计

知识要点

项目审计的概念；
项目审计的职能；
项目审计的特性；
项目审计的主要作用；
项目审计的程序。

重点难点

项目审计的概念；
项目审计的主要作用；
项目审计的程序。

【相关知识阐述】

2.1 项目审计的概念

项目审计（Project Audit）是指审计机构依据国家的法令和财务制度，企业的经营方针、管理标准和规章制度，对项目的活动用科学的方法和程序进行审核检查，判断其是否合法、合理和有效的一种活动。项目审计是对项目管理工作的全面检查，包括项目的文件记录、管理的方法和程序、财产情况、预算和费用支出情况以及项目工作的完成情况。项目审计既可以对拟建、在建或竣工的项目进行审计，也可以对项目的整体进行审计，还可以对项目的部分进行审计。

2.2 项目审计的职能

2.2.1 经济监督

经济监督是指对项目的全部或部分建设活动进行监察和督促。具体地说，就是把项目的实施情况与其目标、计划和规章制度、各种标准以及法律法令等进行对比，把那些不合法规的经济活动找出来。

2.2.2 经济评估

经济评估是指通过审计和检查，评定项目的重大决策是否正确，项目计划是否科学、完备和可行，实施状况是否满足工程进度、工期和质量目标的要求，资源利用是否优化，以及控制系统是否健全、有效，机构运行是否合理等。

2.2.3 经济鉴定

经济鉴定是指通过审查项目实施和管理的实际情况，确定相关资料是否符合实际，并在认真鉴定的基础上做出书面的证明。

2.2.4 支持

支持是指通过实施审计，提出改进项目组织、提高工作效率、改善管理方法的途径，帮助项目组织者在合乎法规的前提下更合理地利用现有资源，顺利实现建设项目的目标。

2.3 项目审计的特性

2.3.1 独立性

项目审计独立于项目组织之外，其工作不受项目管理人员的制约，审计人员与项目无任何直接的行政或经济关系。

2.3.2 权威性

项目审计具有高度的权威性，其依据是法规和标准。因而，项目审计不是体现决策者的权力和意志，而是以原则和权威为根据的。

2.2.3 科学性

项目审计是一项科学性的工作，它不仅在审计实施过程中具有科学的程序，而且还运用各种科学的方法。

2.4 项目审计的主要作用

通过审计，可以提高项目效益。项目效益分为两部分，一是项目建成以后的效益，二是项目建设期间的效益。前者的物质表现是多产出，后者的物质表现是少投入。项目审计的作用主要体现在：

（1）通过审计，可以及时发现不合理的经济活动，并能提出相应的改正建议，促使项目管理人员最大限度地实现对人、财、物使用的综合优化，从而尽可能降低项目造价，提高项目收益。

（2）通过审计，保证投资决策和项目建设期间的重大决策的正确、可行。项目审计可以对项目决策是否遵循了科学的程序、决策依据是否充分、方案是否经过了优选等做出正确评估，从而避免或终止错误的决策。这一点，对防止盲目投资和建设决策中的重大失误非常重要。

（3）通过审计，可以揭露错误和舞弊，制止违法违纪行为，维护投资者的权益。

（4）通过审计，可以交流经验，吸取教训，提高项目管理水平。任何时期的项目审计都会发现经验和暴露问题，这些经验和问题会帮助项目经理以及企业高层管理部门改善管理状况，避免或减少再次出现类似的错误。如此良性循环会大大提高企业的项目管理水平。

（5）通过审计，可以激发项目管理人员的积极性和创造性。在审计过程中，通过对管理和建设现状的评估与签证，使渎职舞弊的人员受到处理或批评，使成绩优异的部门和管理人员受到承认和荣誉，从而激励项目管理人员恪尽职守，努力工作。

（6）项目审计是高层管理人员调控项目的重要手段。但需要说明的是，在 IT 治理的框架下，企业的运作实际上都交付给项目管理中心在进行监控，项目审计的大部分实际工作是由项目管理中心来操作，而不是单纯地由审计中心完成，审计中心是最后的报告者，而项目管理中心是资料的提供者或者执行者。

2.5 项目审计的程序

2.5.1 审计准备

（1）明确审计目的、确定审计范围。

（2）建立审计工作组织。

（3）了解概况、准备资料。

（4）制定项目的审计计划。

2.5.2 实施审计

（1）针对确定的审计范围实施常规审查，从中发现常规性的错误和弊端。

（2）对可疑的环节或特殊领域进行详细审核和检查。

（3）协同项目管理人员纠正错弊事项。

2.5.3 报告审计结果

审计的结果形成审计报告。审计报告是在征求项目管理人员意见的基础上，对所获得的资料进行综合归纳，分析研究，进而对审计事项做出客观、公正和准确的评估。

2.5.4 资料归档

审计过程中的全部文档，包括审计记录以及各种原始材料整理归档，建立审计档案，以备日后查考和研究。

任务 3　信息通信建设工程项目后评估

知识要点

项目后评估概述；
项目后评估的内容；
项目后评估的类型；
项目后评估的方法；
项目后评估的步骤；
项目后评估的报告。

重点难点

项目后评估的内容；
项目后评估的类型；
项目后评估的方法；
项目后评估的步骤。

【相关知识阐述】

3.1 项目后评估概述

项目后评估是指对已完成的项目（或规划）的目的、执行过程、效益、作用和影响所进行的系统的、客观的分析，通过项目活动实践的检查总结，确定项目预期的目标是否达到，项目或规划是否合理有效，项目的主要效益指标是否实现，通过分析评估找出成功失败的原因，总结经验教训，通过及时有效的信息反馈，为未来新项目的决策和提高完善投资决策管理水平提出建议，同时也为后评估项目实施运营中出现的问题提供改进意见，从而达到提高投资效益的目的。

3.2 项目后评估的内容

3.2.1 项目后评估的基本前提

项目后评估是以项目前期所确定的目标和各方面指标与项目实际实施的结果之间的对比为基础的。

3.2.2 项目后评估的内容变迁

（1）20 世纪 60 年代以前，国际通行的项目评估和评估的重点是财务分析，以财务分析的好坏作为评估项目成败的主要指标。

（2）20 世纪 60 年代，西方国家能源、交通、通信等基础设施以及社会福利事业将经济评估（国内称国民经济评估）的概念引入了项目效益评估的范围。

（3）20 世纪 70 年代前后，世界经济发展带来的严重污染问题引起人们广泛的重视，项目评估因此而增加了“环境评估”的内容。此后，随着经济的发展，项目的社会作用和影响日益受到投资者的关注。

（4）20 世纪 80 年代，世行等组织十分关心其援助项目对受援地区的贫困、妇女、社会文化和持续发展等方面所产生的影响。因此，社会影响评估成为投资活动评估和评估的重要内容之一。

3.2.3 项目后评估的具体内容

项目后评估的内容有项目目标评估、项目实施过程评估、项目影响评估、项目持续性评估。

3.3 项目后评估的类型

3.3.1 根据评估时间不同，后评估又可以分为跟踪评估、实施效果评估和影响评估

（1）项目跟踪评估是指项目开工以后到项目竣工验收之前任何一个时点所进行的评估，它又称为项目中间评估。

（2）项目实施效果评估是指项目竣工一段时间之后所进行的评估，就是通常所称的项目后评估。

（3）项目影响评估是指项目后评估报告完成一定时间之后所进行的评估，又称为项目效益评估。

3.3.2 从决策的需求，后评估也可分为宏观决策型后评估和微观决策型后评估

（1）宏观决策型后评估指涉及国家、地区、行业发展战略的评估。

（2）微观决策型后评估指仅为某个项目组织、管理机构积累经验而进行的评估。

3.4 项目后评估的方法

（1）项目后评估方法的基础理论是现代系统工程与反馈控制的管理理论。项目后评估亦应遵循工程咨询的方法与原则。

（2）项目后评估的综合评估方法是逻辑框架法。逻辑框架法是通过投入、产出、直接目的、宏观影响四个层面对项目进行分析和总结的综合评估方法。

（3）项目后评估的主要分析评估方法是对比法，即根据后评估调查得到的项目实际情况，对照项目立项时所确定的直接目标和宏观目标，以及其他指标，找出偏差和变化，分析原因，得出结论和经验教训。项目后评估的对比法包括前后对比、有无对比和横向对比。

①前后对比法是项目实施前后相关指标的对比，用以直接估量项目实施的相对成效。

②有无对比法是指在项目周期内“有项目”（实施项目）相关指标的实际值与“无项目”

（不实施项目）相关指标的预测值对比，用以度量项目真实的效益、作用及影响。

③横向对比是同一行业内类似项目相关指标的对比，用以评估企业（项目）的绩效或竞争力。

（4）项目后评估调查是采集对比信息资料的主要方法，包括现场调查和问卷调查。后评估调查重在事前策划。

（5）项目后评估指标框架。

①构建项目后评估的指标体系，应按照项目逻辑框架构架，从项目的投入、产出、直接目的 3 个层面出发，将各层次的目标进行分解，落实到各项具体指标中。

②评估指标包括工程咨询评估常用的各类指标，主要有工程技术指标、财务和经济指标、环境和社会影响指标、管理效能指标等。不同类型项目后评估应选用不同的重点评估指标。

③项目后评估应根据不同情况，对项目立项、项目评估、初步设计、合同签订、开工报告、概算调整、完工投产、竣工验收等项目周期中几个时点的指标值进行比较，特别应分析比较项目立项与完工投产（或竣工验收）两个时点指标值的变化，并分析变化原因。

3.5 项目后评估的步骤与国际通用后评估方法

3.5.1 项目后评估的步骤

（1）提出问题。

（2）筹划准备。

（3）深入调查，收集资料。

（4）分析研究。

（5）编制项目后评估报告。

3.5.2 国际通用的后评估方法

（1）统计预测法。

统计预测法是以统计学原理和预测学原理为基础，对项目已经发生事实进行总结和对项目未来发展前景做出预测的项目后评估方法。

（2）对比分析法。

对比分析法是把客观事物加以比较，以达到认识事物的本质和规律并做出正确的评估。对比分析法通常是把两个相互联系的指标数据进行比较，从数量上展示和说明研究对象规模的大小，水平的高低，速度的快慢，以及各种关系是否协调。

（3）逻辑框架法（LFA）。

逻辑框架法是将一个复杂项目的多个具有因果关系的动态因素组合起来，用一张简单的框图分析其内涵和关系，以确定项目范围和任务，分清项目目标和达到目标所需手段的逻辑关系，以评估项目活动及其成果的方法。

（4）定量和定性相结合的效益分析法。

3.6 项目后评估的报告

项目后评估报告是评估结果的汇总，是反馈经验教训的重要文件。

后评估报告必须反映真实情况，报告的文字要准确、简练，尽可能不用过分生疏的专业词汇；报告内容的结论、建议要和问题分析相对应，并把评估结果与未来规划以及政策的制订、修改相联系。

项目后评估报告主要包括摘要、项目概况、评估内容、主要变化和问题、原因分析、经验教训、结论和建议、基础数据和评估方法说明等。

3.7 项目后评估案例

项目名称：某船厂 10 万吨级修船坞项目。

评估背景：本案例为某船厂扩建船坞工程项目，扩建项目对原有企业产生了什么样的作用和影响是这类项目后评估的重点之一。对于此类项目多采用有无对比的方法，以便准确地分析评估项目的效益及对整个企业的影响。

3.7.1 项目概况

船坞项目地处船厂东侧边区，项目业主是中国船舶工业总公司某船厂，位于新港经济开发区。

项目的提出主要是满足对外开放及外贸发展的要求，建设一座 10 万吨级修船坞，项目总投资为 19 832 万元。

船坞项目设计任务书批复的内容为：扩建 10 万吨级船坞 1 座，修船码头，修建船体加工工场、变电所、空压站等公用设施，新增起重机等修船设备以及其他相关工程。项目建成后的生产纲领为，年修 1～10 万吨级船舶 62 艘。

3.7.2 项目的实施和经营情况

1. 项目进度

国家计委 1998 年 9 月批准项目建议书，1999 年 10 月批准设计任务书，1999 年 12 月中船总公司批准初步设计，2000 年 6 月正式开工，2005 年 3 月建成投产，2007 年 6 月通过国家竣工验收，船坞项目建设工期四年八个月，比计划工期提前约四个月。

2. 工程技术和项目实施

（1）船坞项目的准备和实施基本按国家规定的程序执行，工程设计符合规范要求，技术合理，设计和施工采用了多项较先进的技术。

（2）在项目实施过程中，项目业主狠抓管理，积极推行工程监理，保证了工程质量和工程的顺利实施。

（3）船坞工程竣工验收报告的批复认定，修船坞水工建筑、绿化及大型非标设备安装工程质量优良，其余为合格。

（4）项目的工程设计总体是好的，但投资概算、预算资金不能及时到位，项目竣工图没有系统整理。

（5）船坞项目实际总投资 36 351 万元，项目固定资产为 35 492 万元，其中国家经营性资金 12 100 万元，建行贷款 12 200 万元，工厂自筹 11 192 万元。

3. 项目经营

（1）船坞工程建成后修船市场良好，尤其是大型外轮修理市场比可行性研究的分析更为广阔。

（2）2005 年 4 月投产后，全年修船 39 艘，销售收入 7 560 万元。2006 年修船 64 艘，销售收入 14 838 万元，提前达到预期生产目标。

（3）各项经济指标均超过立项时的原定指标，经营状况良好。

3.7.3 主要变化及原因分析

1. 工程地质勘探问题

（1）船坞项目工程地质勘探问题主要表现在所需填砂的来源变化和土质变化。

（2）初始设计时考虑用到船坞航道中的砂，但是由于当时未对航道与调度区详细探测，使用的是 20 世纪 70 年代的资料，导致实际挖填方量多 60 万立方米，增加近一倍。实际开挖中还遇到少量花岗岩，需要水下炸礁、清礁，导致工程量大幅增加，增加投资 1 400 万元。

（3）工程前期勘查工作不充分是问题产生的主要原因。

2. 机械设备配置变化

（1）初始设计时，为了将投资规模控制在 2 亿元以内，人为地砍掉了实际生产中需要的高空作业车、坞壁作业车等部分机械设备，但试投产实践证明，因设备配套不足导致实际修船效率非常低，难以达到设计生产能力的要求。为此，企业不得不在项目建成后再提出补足这部分设备的投资要求。

（2）按 1998 年不变估测算，设计时需增加 2 800 万元投资即可。

（3）可以看出，用砍掉必要的建设内容的方法来维持一个人为的投资规模的管理办法是不可取的。

3. 增加下坞公路

（1）初始设计时未考虑下坞公路的建设，后经考察，发现下坞公路对于方便作业、降低修船成本有积极作用，因此在施工过程中临时变更设计，增加下坞公路并比船坞主体先行完工。

（2）虽然增加了一些投资，但由于船坞施工方法得以改进，方便了大型施工机械、施工材料等的运输，为船坞的提前竣工创造了条件；在船坞投资后又为各种车辆上下坞底提供了便利条件，降低了修船成本。

（3）该项目增设下坞公路是适宜的。

4. 投资变化

（1）与 1998 年批准的项目初设总概算 19 832 万元相比，2007 年竣工决算的项目总投资为 36 351 万元，增加了 16 519 万元。

（2）扣除投资方向调节税，投资增幅 78.7%，主要原因为：初步设计的工程概算不佳，主要原因是概算计算偏紧，项目概算少算 3 200 万元，约占总增资额的 19%；设计变更和工程量变化，增加工程量增加投资 3 400 万元，约占总增资额的 21%；建设期利息增加约 1 199 万元，约占总增资额的 7%；国家、行业和地方收费标准增加 2 500 万元，约占总增资额 15%；材料物估上涨 5 400 万元，约占总增资额的 33%。

3.7.4 项目效益及其对企业效益的影响

1. 项目财务效益

根据有无对比原则，船坞项目是该船厂的一个扩建工程，项目的财务效益要计算其增量部分的效益，如表 8-1 所示。项目的赢利能力、清偿能力和抗风险能力是比较强的。

表 8-1

指标	计量单位	研批复	初设/调概	后评价实际
项目总投资	万元	18 396	19 832/30 661	36 351
建设工期	月	36	36/36	32
年销售收入	万元	7 035	—/14 070	14 838
年利润总额	万元	1 407	—	5 499
投资利润率	%	8.4	—	11.95
内部收益率	%	6.34	—	8.35
投资回收期	年	12.2	—	8.02
借款偿还期	年	13.8	—	14
年销售利润率	%	14.2	—	37

2. 项目对企业效益所产生影响

表 8-2

		有无对比			前后对比		
		有项目	无项目	有：无	项目后	项目前	后：前
修船分厂	销售收入/万元	24 041	9 203	2.6:1	24 041	13 812	1.7:1
	销售利润率/%	29	17	1.7:1	29	31	0.9:1
某船厂	销售收入/万元	46 731	31 875	1.5:1	46 713	47 174	1.0:1
	销售利润率/%	4	—	—	4	5	0.8:1

分析认为，由于2003年以来修船造船单估下滑20%，企业销售收入下降，如果该船厂目前没有修建新船坞的话，可能面临亏损。因此，项目的建成对于该船厂的企业效益产生了积极影响。

3. 社会效益

（1）船坞项目建成后，填补了我国没有 10 万吨级修船坞的空白，提高了我国的修船能力及在国际修船市场中的竞争力，每年创汇 3 000 万美元。

（2）促进了航运业的发展，提供了就业机会。

3.7.5 评估结论和主要经验

1. 评估结论

（1）项目布局、规模合理，有较强的市场竞争能力。

（2）项目实施顺利，提前完工投产，实现了预期的目标。

（3）项目经济效益良好，并带动了原有企业的发展，项目是成功的。

2. 主要经验

（1）项目实施过程中采取了一切必要的措施，使得工期缩短，给企业带来了更多的机遇。

（2）项目实施过程中十分重视技术进步，在设计、制造、施工过程中采用了较先进的技术和方案，对后来的生产运营产生了积极效应。

（3）科学严格的管理是项目成败的关键，船坞项目的机构设置、规章制度、监督监理机制及良好的项目团队是项目顺利实施的保证。

3. 几点教训

（1）项目前期的投资估算不能人为地加以"控制"，应该实事求是，否则将给项目在资金筹措、工程进度、生产运行等方面带来一系列困难。这是项目决策和初步设计时亟待解决的一个重要问题。

（2）工程地质勘探是项目前期工作的一个重要环节，应加强该方面的工作。

（3）设计部门的概预算应及时提供，以免影响投资的计划安排；竣工验收时，设计单位应按时提供竣工图，以利总结经验教训。

3.7.6 建议

（1）现有大中型企业依靠技术进步进行有效的扩建，是实现企业经济规模并使之具有更强的市场竞争能力的关键。建议在投资建设决策中更加注重这类项目的发展。

（2）该地区除该船厂外，还有不少不同规模的修、造船坞，建议通过地区跨部门的联合，组成综合修船能力，以便提高在国际市场上的竞争力。

【练习题】

1. 信息通信建设工程项目验收的内容包括哪些？
2. 项目范围验收的内容包括哪些？
3. 什么是项目质量验收？项目质量验收的内容有哪些？
4. 质量验收的标准与依据有哪些？
5. 质量验收的结果等级有哪些？
6. 什么是费用决算？
7. 什么是费用审计？其内容包含哪些？
8. 项目资料验收的范围与内容分别有哪些？
9. 项目实施阶段应验收移交归档的资料包括哪些？

10. 什么是项目交接？
11. 项目审计的作用是什么？程序是什么样的？
12. 项目审计的特性有哪些？
13. 什么是项目后评估？
14. 项目后评估的内容和方法是什么？
15. 项目后评估的类型有哪些？
16. 项目后评估的步骤有哪些？

项目九　信息通信建设工程项目管理沙盘演练

任务 1　信息通信建设工程项目管理沙盘盘面与规则介绍

知识要点

通信工程项目管理的五阶段；
通信工程项目管理沙盘盘面与分工介绍；
通信工程项目管理沙盘规则介绍；
通信工程项目管理沙盘运营流程；
通信工程项目具体实施；
课程考核方式。

重点难点

通信工程项目管理沙盘盘面与分工介绍；
通信工程项目管理沙盘规则介绍；
通信工程项目管理沙盘运营流程；
通信工程项目具体实施。

【相关知识阐述】

1.1 信息通信建设工程项目管理沙盘任务介绍

1.1.1 任务描述

某信息通信建设工程项目管理公司承接一项信息通信线路建设工程，为了更好地完成该项目的建设，该信息通信工程项目管理公司要组建项目机构和项目团队，运用信息通信工程项目管理沙盘的材料、施工、劳务班组的聘用与解聘等规则进行通信工程项目的管理和实施。

要求：

（1）根据信息通信线路建设工程结构特点，能组建项目机构和项目团队。

（2）掌握运用信息通信建设工程项目管理沙盘的材料、施工、劳务班组的聘用与解聘等规则进行信息通信建设工程项目的管理和实施方法。

（3）在计算机 D 盘中建立文件夹，保存格式为“D：\技能抽查\信息通信建设工程项目管理沙盘盘面与规则介绍.doc”，并形成报告打印上交。

1.1.2 实施条件

表 9-1 实施条件

项目	基本实施条件	备注
场地	信息通信建设工程项目管理沙盘实训室 1 间；工位 10 个，每个工位能够上网（完成数据上传）；场地电源应能保证设备正常、稳定运行；照明通风良好	必备
设备	信息通信建设工程项目管理沙盘 10 套；计算机 CPU P4 以上；硬盘 40 GB 以上；内存 256 MB 以上；显示器 17 寸及以上；移动硬盘或 U 盘 1～2 个；共享 A4 纸打印机 1 台，A4 打印纸若干	必备
工具（软件）	计算机安装有信息通信建设工程项目管理沙盘软件、画图软件、截图软件	必备
测评专家	每 10 名考生配备 1 名考评员。考评员要求具备至少 1 年从事信息通信建设工程项目管理或教学工作经验	必备

1.1.3 考核时量

考试时间：120 min。

1.1.4 评价标准

表 9-2 评价标准

评价项目		配分	考核内容及评分标准	备注
操作过程与规范（50 分）	工作前准备	5	做好信息通信建设工程项目管理实施前准备。不进行项目机构和团队组建、不能运行系统操作仿真软件等操作扣 5 分	出现明显失误造成器件、仪表或设备损坏等安全事故，严重违反考场纪律，造成恶劣影响，本大项记 0 分
	基本步骤	45	（1）未组建项目机构，扣 10 分。 （2）未组建项目团队，扣 10 分。 （3）未掌握信息通信建设工程项目管理沙盘的材料、施工、劳务班组的聘用与解聘等实施规则，扣 10 分。 （4）未掌握信息通信建设工程项目的管理和实施方法，扣 10 分。 （5）文档创建错误，扣 5 分。 （6）不爱惜设备和工具，发生严重违规操作或作弊，取消考生成绩	
职业素养（20 分）	基本要求	10	（1）仪表不整，着装不整齐、规范，不穿戴相关防护用品，每项扣 2 分。 （2）操作过程中及作业完成后，工具、仪表、元器件、设备等摆放不整齐扣 2 分。 （3）考试迟到、考核过程中做与考试无关的事、不服从考场安排酌情扣 4 分；考核过程舞弊取消考试资格，成绩计 0 分。 （4）作业完成后未进行清理、清扫工作现场扣 2 分	

续表

评价项目		配分	考核内容及评分标准	备注
	安全操作	10	（1）不按规范操作扣8分。 （2）未进行静电防护措施扣2分。 （3）选手发生严重违规操作或作弊，取消考生成绩	
实作结果（30分）	文件存储	20	（1）文件保存格式不正确，扣10分。 （2）截图不清晰，扣5分。 （3）文件未保存建立在指定的目录下，扣5分	
	报告	10	未打印报告上交，扣10分	

信息通信建设工程项目管理沙盘实训源自军事上的战争沙盘模拟推演。战争沙盘模拟推演通过红、蓝两军在战场上的对抗与较量，发现双方战略战术上存在的问题，提高指挥员的作战能力。模拟培训已成为大多数世界500强企业中高层管理人员经营管理培训的主选课程。接受过沙盘训练的优秀中国企业已超过六千家。沙盘教学模式引入中国后，被北大、清华、人大、浙大等18所高等院校纳入MBA（工商管理硕士）、EMBA（高级工商管理硕士）及中高层在职培训的教学之中。通过反复演练，选取工程最优方案，减少工程损失。

模拟经营分为若干经营周期，每个周期要经历三个阶段：

（1）编制项目计划（包括招募施工队、获取项目工程、研究竞争对手、分析定价等）。

（2）参与项目竞标、争取项目订单，核算项目成本。

（3）项目验收，总结经验教训，讲师适时点评，解读项目管理决策要点。

1.2 通信工程项目管理的五阶段

工程项目集成管理，是以运营模式为导向进行经营，每期项目工程均要经历五个阶段，即项目启动、计划、实施、控制和收尾，如图9-1所示。

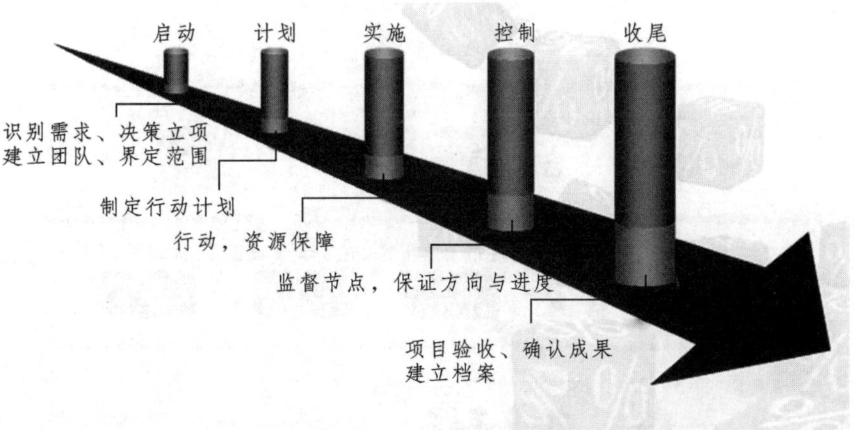

图9-1　项目管理五阶段

1.3 通信工程项目管理沙盘盘面与分工介绍

在课堂上进行项目管理沙盘模拟实战演练时，将学生分组（5～6人一组）并经营数家项目公司（乙方）完成对抗。进行角色扮演，每组一般有5个基本角色，即项目经理、财务主管、人力资源主管、工程主管、物料主管，他们分别主持项目决策中心、财务中心、人力资源中心、施工中心、仓管中心的工作，模拟项目团队经营。通信工程项目管理沙盘实训涉及项目管理的主要过程，包括项目的启动、计划、实施、控制和收尾等，项目的整体运营全面展示于沙盘之上，如图9-2所示。

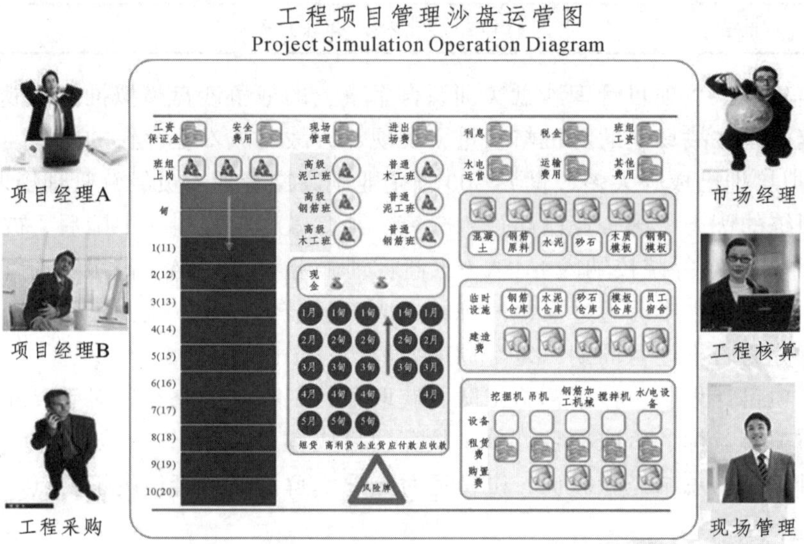

图9-2　通信工程项目管理沙盘盘面

各项运营用移动的“筹码”和特殊道具来表现，如图9-3所示。因此，参与成员的每一步决策对工程项目管理的影响将在沙盘上一一展现。

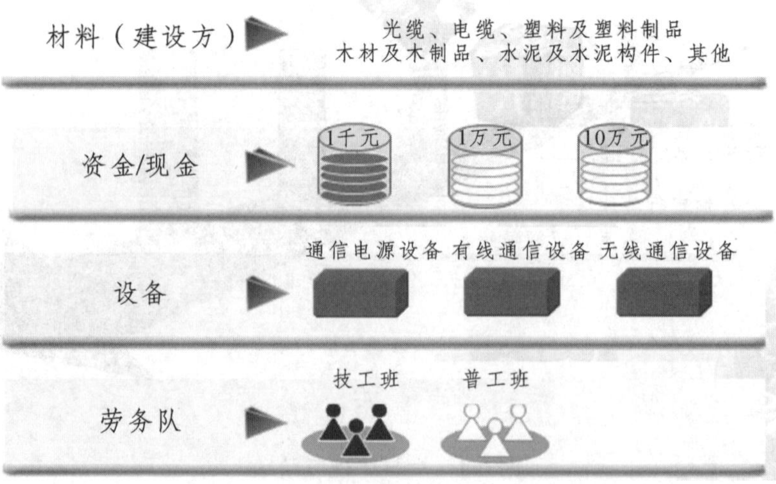

图9-3　通信工程项目管理沙盘筹码和道具

1.4 通信工程项目管理沙盘规则介绍

1.4.1 通信工程项目管理沙盘总规则

（1）通信工程项目管理沙盘能够实施的项目有通信电源设备安装工程、有线通信设备安装工程、无线通信设备安装工程、通信线路工程和通信管道工程五类工程。

（2）原材料：通信工程项目管理沙盘中能摆放光缆、电缆、塑料及塑料制品、木材及木制品、水泥及水泥构件、其他材料。

（3）机械设备：通信电源设备、有线通信设备、无线通信设备。施工过程中所使用的设备与仪器仪表全部由业主提供，按 400 元/台班期末支付。在发布每期项目时指定所需使用的设备与仪器仪表。

（4）劳务班组：技工班、普工班。

（5）其他：员工宿舍、项目收尾、项目风险等。

1.4.2 通信工程项目管理沙盘各项细则

1. 各项目公司初始状态

进行通信工程项目管理沙盘实训时，可分成 8 个项目管理公司，分别用 A ~ H 表示，如图 9-4 所示。各项目公司期初有：技工班组 2 个，启动资金 20 万元。（因沙盘筹码最小结算单位限制，工程成本费用均比实际有所放大。同时，所有不满千元的支出四舍五入全部向上取整，单位为千元。）

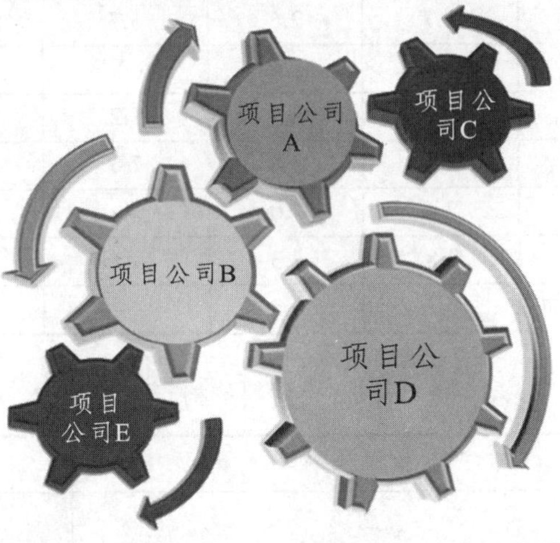

图 9-4　项目管理公司

2. 材料规则

根据每期工程中使用的材料不同，通信工程项目管理沙盘中的材料分为光缆、电缆、塑料及塑料制品、木材及木制品、水泥及水泥构件以及其他 6 类主材，辅助材料只用现金体现，辅材消耗金额以主材用量为基数乘以相关费率得到，不同工程的费率不同，如表 9-3 所示。

表 9-3　通信工程主材费率表

工程名称	计算基础	费率/%
通信设备安装工程	主要材料费	3.0
电源设备安装工程		5.0
通信线路工程		0.3
通信管道工程		0.5

以上主材与辅材均由业主提供，施工单位需支付材料运杂费与保险费。保险费是所有主材与辅材费的千分之一，运杂费=材料原价×运杂费率。运杂费率与施工地点远近有关，如表 9-4 和表 9-5 所示。运杂费与保险费均在期末支付。

表 9-4　通信工程主材和辅材运杂费率

材料名称 / 运距 L/ km	光缆	电缆	塑料及塑料制品	木材及木制品	水泥及水泥构件	其他
	费率/%					
L≤100	1.0	1.5	4.3	8.4	18.0	3.6
100＜L≤200	1.1	1.7	4.8	9.4	20.0	4.0
200＜L≤300	1.2	1.9	5.4	10.5	23.0	4.5
300＜L≤400	1.3	2.1	5.8	11.5	24.5	4.8
400＜L≤500	1.4	2.4	6.5	12.5	27.0	5.4
500＜L≤750	1.7	2.6	6.7	14.7	——	6.3
750＜L≤1 000	1.9	3.0	6.9	16.8	——	7.2
1 000＜L≤1 250	2.2	3.4	7.2	18.9	——	8.1
1 250＜L≤1 500	2.4	3.8	7.5	21.0	——	9.0
1 500＜L≤1 750	2.6	4.0	——	22.4	——	9.6
1 750＜L≤2 000	2.8	4.3	——	23.8	——	10.2
L＞2 000，每增 250 km 增加	0.2	0.3	——	1.5	——	0.6

表 9-5　材料价格表

材料类型	材料名称	材料价格
1	光缆	10 元/m
2	电缆	20 元/m
3	塑料及塑料制品（带状光缆接头盒等）	1 000 元/个
4	木材及木制品（木质方材板材等）	1 000 元/m^3
5	水泥及水泥构件（电杆等）	500 元/件
6	其他	100 元/单件、1 000 元/套件

备注：以上价格是以某类材料为代表，实际各项目由业主指定材料及消耗量，参照《湖

南邮电规划设计院材料价格信息》计算主材耗用金额。

3. 劳务班组聘用与解聘用规则、项目顾问聘用规则

1）劳务班组聘用与解聘用规则

劳务班组分为技工班组与普工班组 2 种，每个班组为 10 人，即一天的工作能力为 10 人日（注意：信息通信建设工程中，不同的工程消耗的技工和普工各不相同）。

乙方可以自带劳务班组以备下期工程需要，劳务班待岗时也需付基本工资。请注意：由于网络计划图默认第一天开始做前期准备工作，每期初必须自带一个技工班。

市场上劳务班组有限，按提交单据顺序先到先选，未选完可二次招募。各乙方可中途招募（无招募期）和中途辞退（辞退当天仍应付工资），例如：项目 A 公司在第 7 天解聘某技工班组，其他组可以在第 8 天招聘此技工班组。所有新招募班组正式施工前须进行一天培训，培训期间工资照付。

劳务班组工资= 班组基本工资+ 紧急加班施工费，如表 9-6 所示。每周末支付劳务班组工资（1 周按 5 个工作日计算）。工资可以延付，但每周按 10%计算延误费，项目验收后必须全部支付。

表 9-6　劳务班组工资表

劳务班	班组基本工资	紧急加班施工费	施工能力
普工班组	2 千元/天	可对单独工序进行紧急加班施工，支付 200%紧急加班施工费，班组施工能力可提高 100%	详见各工程分项工作量表
技工班组	5 千元/天		

注意：技工班组与普工班组可同时施工。目前甘特图支持某分项工程可以同时用多种类型班组，但分项工程未完成时不能换班组。例如：装 UPS 电源可用 2 个技工班组，但只有完成 UPS 电源工程之后才能让这 2 个班组进入下一步分项工程，也可辞退。班组实际工作量未达到该班组半天理论施工量时，按半天计算。

劳务班组聘用时，需填写劳务班组聘用申请，如图 9-5 所示。

劳务班组聘用

第____期　　　　　　小组_____

类别____　　　　　　数量_____

在岗时间表（天）

1	2	3	4	5	6	7
8	9	10	11	12	13	14
15	16	17	18	19	20	

图 9-5　劳务班组聘用表

2）项目顾问聘用规则

为了规避团队内部不协调的风险，各项目管理公司可外聘 1 名项目顾问协助本组进行管理，项目顾问工资 2 千元/期，此费用记入管理费用。

4. 临时设施规则

每期的宿舍属于临时设施，修建由第三方负责，修建费用全部在最后一周末支付，在通信工程项目沙盘实施时要填写临时设施申请，如表 9-7 和图 9-6 所示。

表 9-7　临时设施规则

临时设施名称	最大容量	建造单价	建造周期
员工宿舍	10 人	0.5 万	1 天

临时设施

第____期　　　　小组

类型	数量（个）
员工宿舍	

图 9-6　临时设施

5. 工程融资规则

工程融资方式有短贷和企业同行借贷等，如表 9-8 所示。

表 9-8　工程融资方式

融资类型	贷款时间	利率	还款付息方式
短贷	每周初	每周 1%	每周初支付利息，到期还本
借贷	自定	自定	自定

（1）短贷只在每周初申请或偿还，最高额度为当期获得项目预算总金额 50%，期限最少 1 周，最多 5 周，申请短贷时，还需填写短贷申请，如图 9-7 所示，工程结束时必须还清。

短贷

第____期　　　　小组____

时间(周)	1	2	3	4
金额(千)				
利息(千)				

图 9-7　短贷申请

（2）企业之间可以随时相互借贷，但利率不得超过相关法律规定，期限自定。

注意：利息不到千元全部按千元向上取整。银行贷款最高额度为当期获得项目的总金额50%，利息以千元为单位全部向上取整，企业之间可以相互借贷。

6. 工程施工规则

各小组应按照各工程中的分项工程量表来进行组织规划。

（1）由于不同设备安装复杂度不同，需要的工人工日及材料数量相差很大，各分项工程量表只对其进行粗略计算，不能作为专业数据研究。

（2）施工组织设计包括施工组织设计的编制、报审、批复；施工组织完成后，进入施工准备，包括施工人员、车辆、工具、仪器仪表、材料等的准备；完工报验包括收集整理工程竣工资料、准备验收。

（3）单个工序若技、普工都要用到，应同时完工，该工序完成时间以耗用时间最长的班组计算。

（4）施工过程中所使用的设备与仪器仪表全部由业主提供，按400元/台班期末支付。在发布每期项目时指定所需使用的设备与仪器仪表。

7. 施工风险控制规则

通信项目工程在实施过程中，第一期工程不设置风险，从第二期开始至第五期，老师在第4天模拟所有风险（在教学组织过程中，前3天应统一进度，把全班前3天单据全部收齐后，再统一开启风险），施工风险的分类与预防措施，如表9-9所示。

表9-9　施工风险的分类与预防措施

风险编号	风险类型	后果	预防措施
1	安全事故	第5天停工，同时罚款1万（期末支付）	签订工程合同后，准备进场前须购买相应安全设施，最低支付1千元安全文明施工设施费可以满足4个班工作需要，费用越高，风险预防能力越强。文明施工费用/本期项目总金额占比排名前25%，可避免此风险
2	质量问题	第3天所建工程需返工，仅增加人工，不增加材料	无
3	业主需求临时变更	由老师随机指定某工序工作量增加，业主不同意延期，同意按该组所报单价计算增加的工作量	无
4	恶劣天气	所有小组第5天停工，第6天正常进行工作	无
5	团队内部不协调	第5天停工，第6天正常进行工作	本期聘请项目顾问，可避免此风险
6	怠工	第6天本公司各有一个技工班组、普工班组离职回家，以上班组不再参与重新招聘	上期未出现过工资欠付，并且劳务班组负载率排名前25%

8. 项目验收规则

通信工程项目管理沙盘实训共分为 6 期，其中第 6 期为自定工程，即工程中的材料、工程量等自行拟定，如表 9-10 所示。

表 9-10　通信工程项目名称

序号	工程项目名称	序号	工程项目名称
第一期	通信电源设备安装工程	第四期	通信线路工程
第二期	有线设备安装工程	第五期	通信管道工程
第三期	无线设备安装工程	第六期	自定

（1）工程进度款：每次按报量金额扣除 10%作为质保金（按千元向上取整），下期第 2 周末付清。

从第二期开始，各项目管理公司自行按老师发布的工程施工，所有项目须当期完成。乙方中标项目后，须按合同金额缴纳 4%的工资保证金，项目验收后退还。

（2）工期奖罚制度：在规定的工期基础上，每提前一天奖励 1 千元，每推迟一天罚款 1 千元；工期最多不超过 20 天。

第一期工程完成后，各小组按工程中的报量单价结算。

从第二期开始，由老师发布工程信息。各小组自行报价，报价不得高于报价建议值。各组该期工程将按该组报价结算，报价高低将直接影响该组得分。

从第六期开始，乙方学员在网上查找一个简单工程资料，参照前面五类计算工程量，核定材料供应限制，组织各乙方进行施工。

9. 工程监理规则

每次轮流由 2 个组各委派一名同学作为政府与监理，组织各组班组聘用、工程验收、进度核查。如出现错误，每个组每出现一次扣 2 分，检查出错误的小组加 2 分。

10. 项目控制与收尾

通信工程项目实施过程控制和收尾的注意事项如表 9-11 所示。

表 9-11　项目控制和收尾注意事项

注意事项	说明
安全生产费	每期需支付安全生产费，此费用比率排名前 25%，可避免安全事故风险
风险系数	每个工程项目可能会遇到恶劣天气、安全事故、怠工等风险，系统随机给出
项目收尾	所有项目完工后，各施工队出场

11. 其他规则

通信工程项目管理实施的其他规则如表 9-12 所示。

表 9-12　通信工程项目管理实施的其他规则

事项	说明
现场管理费	每周支付一次，本周班组最大数量×1 千元
增值税	每单独的工程支付一次增值税，按工程进度结算款计算后四舍五入缴纳
所得税	每期支付一次所得税，按利润×25%四舍五入后缴纳
项目收尾	所有项目完工后，各施工队出场

1.5 通信工程项目管理沙盘运营流程

通信工程项目沙盘实施过程均可以按如下流程实施，如图 9-8 所示。请把通信工程项目管理沙盘运营流程与项目公司核心运营表进行比较。

第一步：当公司投标并中标一项通信工程时，需要对通信项目工程的构成进行作业分解，如通信电源设备安装工程中，供电设备、蓄电池组、UPS 设备安装和调测可并行作业。

第二步：根据工程工期要求，进行工程网络工期的排定和工程成本的预算。

第三步：当公司启动资金不够时需进行工程融资（可向银行进行短贷，向同行企业借贷等）。

第四步：进行工程材料购买和运输（本实训中的材料统一由建设单位供给，施工单位只负责支付运杂费和保险费）。

第五步：租赁施工机械设备、招募劳务施工班组进行项目工程施工。

第六步：在施工过程中要监控工程中的工期、成本和质量。

第七步：进行工程项目决算。

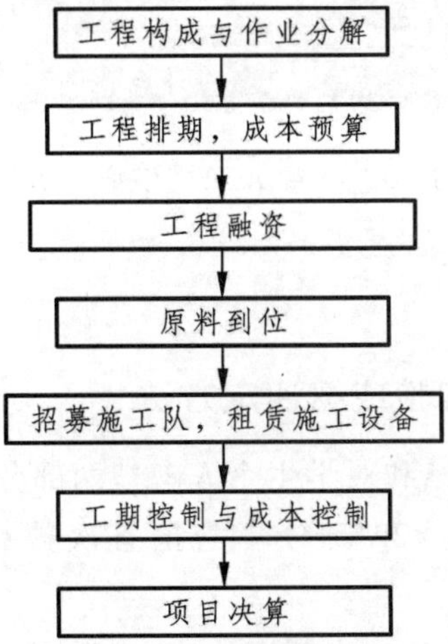

图 9-8　通信工程项目管理沙盘运营流程

1.6 通信工程项目具体实施

每期通信工程项目实施可分为三个阶段：第一阶段课程导入、第二阶段模拟项目运行和第三阶段知识分享，如图 9-9 所示。

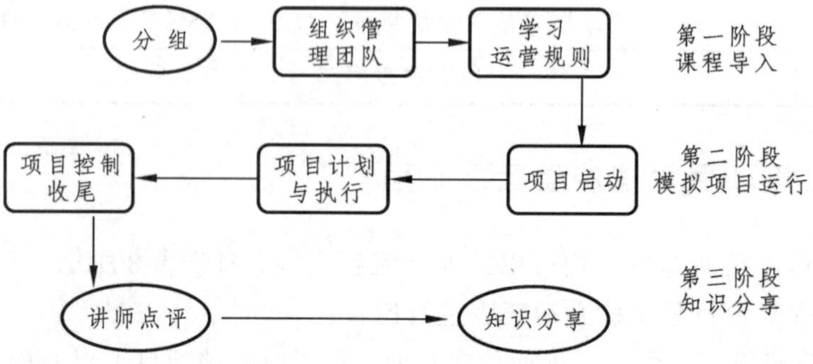

图 9-9 通信工程项目实施

各小组打开核心业务运营表，以项目公司 A 为例，如图 9-10 所示。

注意：不能更改文件名字，只能用 Excel 打开，请不要用 WPS 打开。

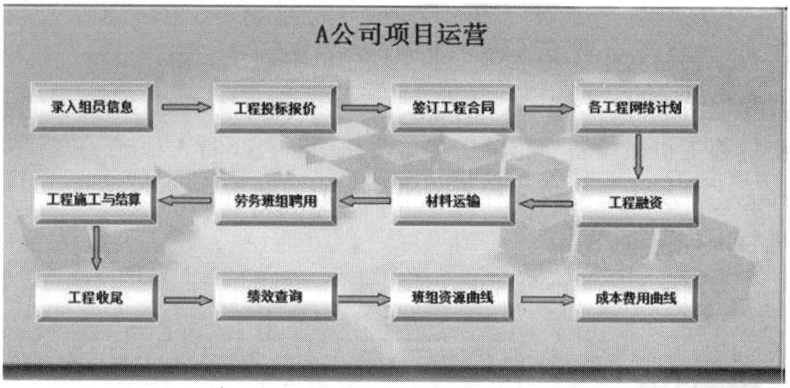

图 9-10 项目 A 公司核心业务运营

1.7 课程考核方式

1.7.1 考核方式、方法及实验成绩评定方法

本次实习考核包括对团队考核和对学生个人考核两部分。

团队评分方式：总分=利润×20%+分享与抢答次数×10%+实训报告×40%+报价累计得分×20%+工期累计得分×10%。

个人计分：团队计分 + 团队意识内部评价 + 出勤率。

出勤率：病、事假扣 2 分/次，缺席扣 5 分/半天。

学生个人业绩评分=团队得分（50%）+实验报告（20%）+所在团队内部评价（20%）+出勤率（10%）。

成绩考核采用百分制或优秀、良好、中等、及格、不及格五级记分制，个别特殊课程无法按上述两种记分制评分的课程，可采用“合格”“不合格”两级分制评定。

学生考核、考试成绩 60 分及其以上或合格、及格则取得该综合实训课程的学分。

1.7.2 实验报告要求

（本部分请各学生按此格式，学生统一使用，实验完毕后，根据预习和实验中的现象及数据记录等，及时而认真地写出实验报告，教师批改下发学生，实验考试完毕后实验室收回存档）

（1）题目：通信工程项目管理沙盘实验报告（统一名称）

——以通信电源设备安装工程沙盘模拟实施为例

（2）格式：Word + 图片或录像。

（3）提交形式：上传百度文库或豆丁，或其他互联网，要求在百度中能搜索到。

（4）内容：各决策步骤需要用到哪些知识点，尽量用图表说明。

（5）注意事项：请不要粘贴学员手册规则、操作表格、报表，粘贴篇幅超过 10%视为抄袭；请不要按每一期为标题记录决策过程，请以知识点为标题。

（6）实验报告评分：

以下每个维度占 10 分，每组只给其他 7 个组打分，不能给自己组打分。

每个维度采取强制排名，分成 4 个等级，每个等级至少相差一分。

学生评分平均后占 50%，老师评分占 50%。

维度一：分享生动性。由老师随机临时指定各组一名同学，在全班代表全组分享本组的实验报告，越大方、生动有趣，得分越高。

维度二：专业深度。该生分享的实验报告中，应用知识点越多、数据分析越深入、越能解释各步骤的决策问题，得分越高。

维度三：实验报告文档美观大方。不规定文档统一格式，但要求商务、专业、简洁、形式丰富而不花哨。

任务 2 信息通信建设工程项目管理软件操作

知识要点

通信项目管理沙盘操作软件介绍；
教师端操作；
学生端操作。

重点难点

通信项目管理沙盘操作软件介绍；
教师端操作；
学生端操作。

【相关知识阐述】

2.1 信息通信建设工程项目管理软件操作任务介绍

2.1.1 任务描述

某信息通信建设工程项目管理公司承接一项信息通信线路建设工程，在进行组建项目机构和项目团队之后，为了保证工程进度、质量和投资，要能根据信息通信建设工程项目的特点对工程进行作业分解，在信息通信建设工程项目管理软件上完成工程项目的数据编制，并能根据信息通信建设工程项目管理软件的提示修改编制数据。

要求：

（1）根据信息通信建设工程项目的特点对工程进行作业分解。

（2）掌握在信息通信建设工程项目管理软件上进行工程项目数据编制，并能根据信息通信建设工程项目管理软件的提示修改编制数据。

（3）在计算机 D 盘中建立文件夹，保存格式为“D：\技能抽查\信息通信建设工程项目管理软件操作.doc”，并形成报告打印上交。

2.1.2 实施条件

表 9-13 实施条件

项目	基本实施条件	备注
场地	信息通信建设工程项目管理沙盘实训室 1 间；工位 10 个，每个工位能够上网（完成数据上传）；场地电源应能保证设备正常、稳定运行；照明通风良好	必备
设备	信息通信建设工程项目管理沙盘 10 套；计算机 CPU P4 以上；硬盘 40 G 以上；内存 256 MB 以上；显示器 17 寸及以上；移动硬盘或 U 盘 1～2 个；共享 A4 纸打印机 1 台，A4 打印纸若干	必备

续表

项目	基本实施条件	备注
工具（软件）	计算机安装有信息通信建设工程项目管理沙盘软件、画图软件、截图软件	必备
测评专家	每 10 名考生配备 1 名考评员。考评员要求具备至少 1 年从事信息通信建设工程项目管理或教学工作经验	必备

2.1.3 考核时量

考试时间：120 min。

2.1.4 评价标准

表 9-14　评价标准

评价项目		配分	考核内容及评分标准	备注
操作过程与规范（50 分）	工作前准备	5	做好信息通信建设工程项目管理实施前准备。不进行项目机构和团队组建、不能运行系统操作仿真软件等操作扣 5 分。	出现明显失误造成器件、仪表或设备损坏等安全事故，严重违反考场纪律，造成恶劣影响本大项记 0 分
	基本步骤	45	（1）未根据信息通信建设工程项目的特点对工程进行作业分解，扣 10 分。 （2）未在信息通信建设工程项目管理软件上进行工程项目的数据编制，扣 10 分。 （3）未根据信息通信建设工程项目管理软件的提示修改编制数据，扣 10 分。 （4）未掌握信息通信建设工程项目管理软件操作方法，扣 10 分。 （5）文档创建错误，扣 5 分。 （6）不爱惜设备和工具，发生严重违规操作或作弊，取消考生成绩	
职业素养（20 分）	基本要求	10	（1）仪表不整，着装不整齐、规范，不穿戴相关防护用品，每项扣 2 分。 （2）操作过程中及作业完成后，工具、仪表、元器件、设备等摆放不整齐扣 2 分。 （3）考试迟到、考核过程中做与考试无关的事、不服从考场安排酌情扣 4 分；考核过程舞弊取消考试资格，成绩计 0 分。 （4）作业完成后未进行清理、清扫工作现场扣 2 分	
	安全操作	10	（1）不按规范操作扣 8 分。 （2）未进行静电防护措施扣 2 分。 （3）选手发生严重违规操作或作弊，取消考生成绩	
实作结果（30 分）	文件存储	20	（1）文件保存格式不正确，扣 10 分。 （2）截图不清晰，扣 5 分。 （3）文件未保存建立在指定的目录下，扣 5 分	
	报告	10	未打印报告上交，扣 10 分	

2.2 通信项目管理沙盘操作软件介绍

（1）加密 U 盘共有两个加密文件夹：

和

。“文件 1”放置了电子分析工具，供本课程所有班级的上课操作；“文件 2”放置了各项目运营公司的核心运营表。

（2）为了保护知识产权，“文件 1”中的所有文件均禁止向外复制、粘贴、导出、删除、另存为，仅允许向内复制、粘贴、修改；“文件 2”中的所有文件允许向外打印、修改、复制。

（3）两个加密文件夹的用户名都请选择“老师”，操作密码都是“laoshi”。请老师和学员切勿随意删除 U 盘内的文件。

（4）上课前，老师可以将“文件 2”中的“学员打印的规则”文件夹拷给学员打印，以备上课使用。

（5）上课开始时，老师应将“文件 2”中的“学生文件”文件夹放在桌面上，设为共享（共享设置的相关操作请查阅“WIN7 和 WIN XP 共享方法.DOC”），由各组找到对应 Excel 文件，拷到本地计算机，在离线状态下填写。请注意：学生不得修改该 Excel 文件名，否则系统将无法读取。

①共享工具的使用。

点开分享工具，工具界面分为共享目录设定选项、账户权限设定选项、共享启动项目，如图 9-11 所示。

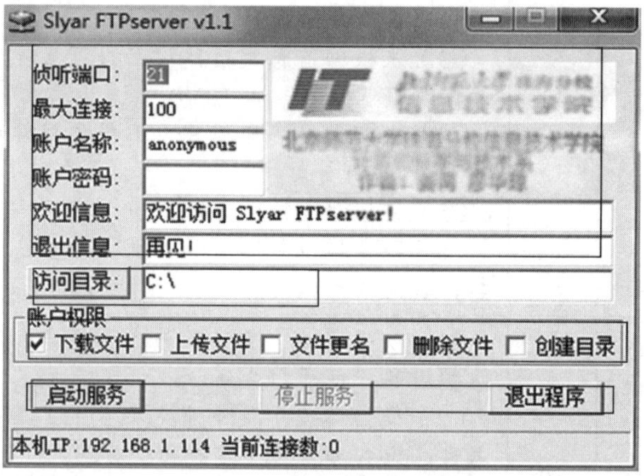

图 9-11 共享工具使用界面

②访问目录设置。

点击“访问目录”，选择需要共享的文件位置，确定。

③设置账户权限。

下载文件：允许局域网其他计算机在本机下载共享目录下的文件。

上传文件：允许其他计算机将文件上传到本机的共享目录里。

文件更名：允许其他计算机对本机共享目录下的文件进行更名。

删除文件：允许其他计算机删除本机共享目录下的文件。

创建目录：允许其他计算机在本机共享目录下创建文件夹。

④启动服务。

点击启动服务，成功共享。

⑤其他计算机进入共享文件

在其他计算机上打开各自桌面“我的电脑”图标，在地址栏输入“ftp：//共享文件所在IP”，即共享软件界面最下方的 IP 地址。例如根据图 9-11 所示，如果要进入共享文件夹，需要在“我的电脑”地址栏输入“ftp：//192.168.1.114”，就可以进入共享文件夹进行相关的操作了，如图 9-12 所示。

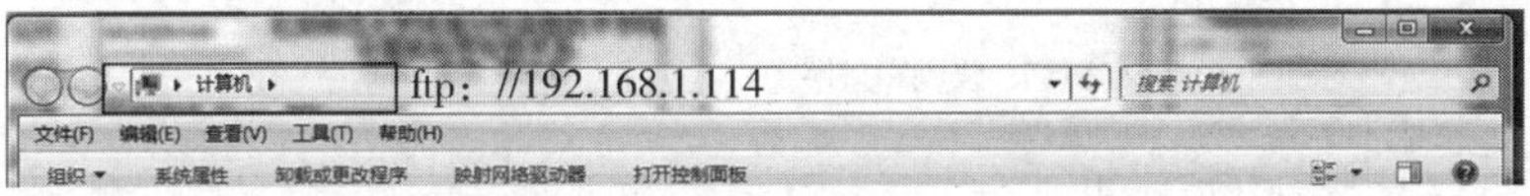

图 9-12　其他计算机共享文件设置

⑥注意事项：

只有勾选了相关权限才可以进行该类权限下的操作；

上传文件时，如果学生上传错了文件想要删除，必须要勾选删除文件权限，才能上传并覆盖原文件。

一台计算机不能同时开启两个共享，否则会造成软件错误。

（6）每一期运营结束时，学员填写完 Excel 操作后，在共享状态下，可以存回老师的桌面共享文件夹（也可以让学生拷回到桌面共享文件夹中），然后老师把该共享文件夹中的所有 Excel 文件复制到加密 U 盘中的“文件 1”相应班级中，替换相应的 Excel 文件，系统将根据这些文件生成其他报表数据。请注意：此时被替换的 Excel 文件应先关闭。

（7）应注意讲解，所有 Excel 文件只填写绿色背景的单元格，所有黄色背景和无色背景单元格都不用填写。

①在 Office 2003 中，如果打开 Excel 文件出现图 9-13 所示内容，请选择“更新”。

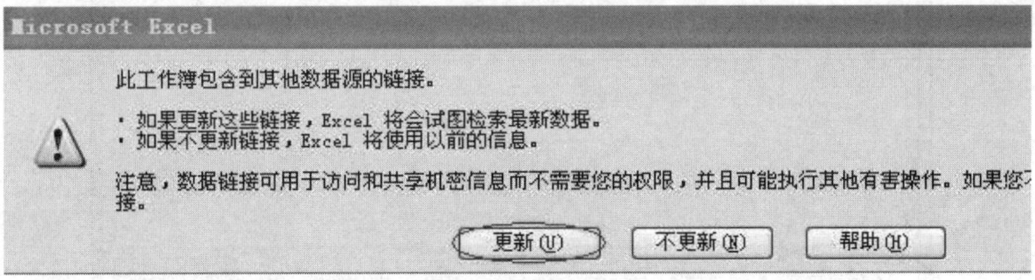

图 9-13　更新链接窗口

②在 Office 2007 中，取消自动更新安全链接提示的操作如图 9-14 所示。

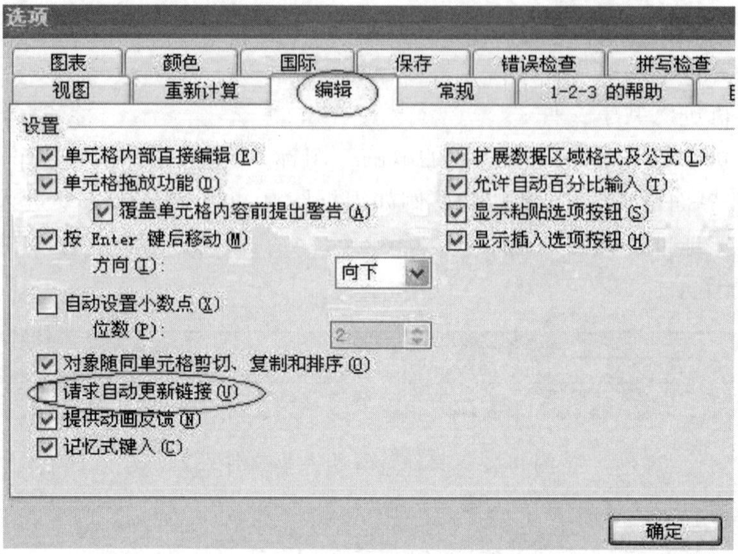

图 9-14 取消请求自动更新界面

③在“Microsoft Office 安全选项”对话框中，单击“打开信任中心”，如图 9-15 所示。

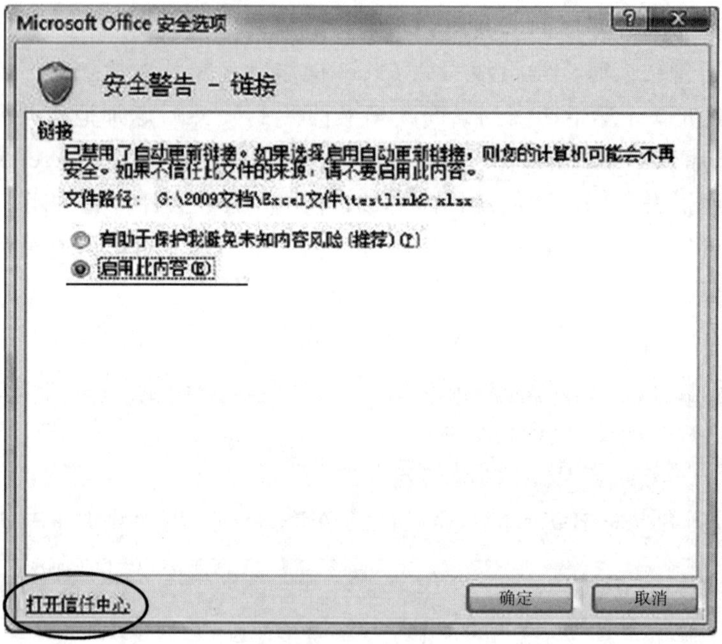

图 9-15 安全选项界面

④在弹出的“信任中心”对话框中，选择“启用所有工作簿链接的自动更新（不建议使用）”，如图 9-16 所示。

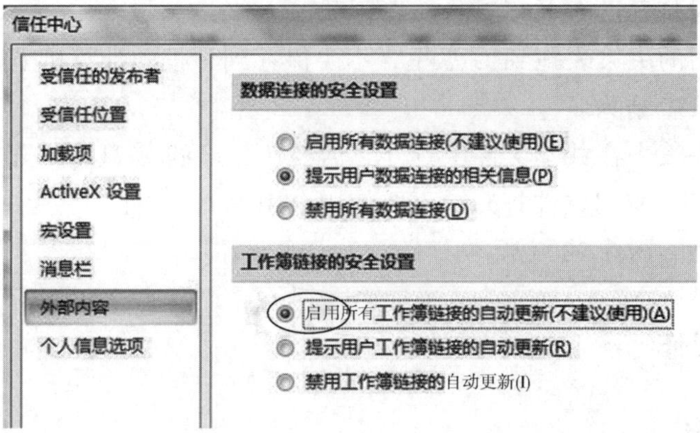

图 9-16　信任中心界面

（8）注意事项：

①运行此程序时若出现如图 9-17 所示提醒，请选择“允许程序运行”。

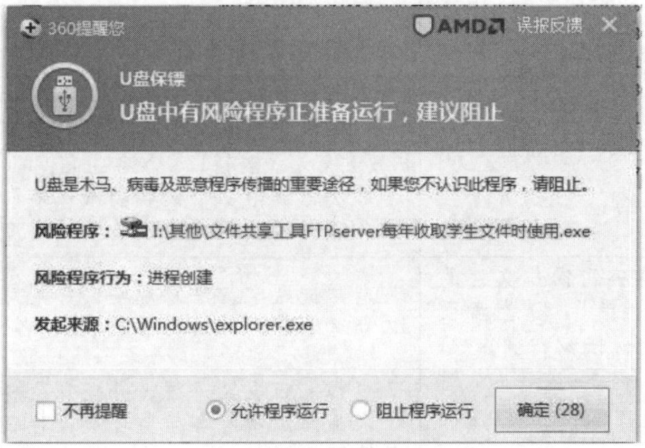

图 9-17　运行程序提示图

②若出现图 9-18 所示内容，请选择“在系统上直接运行”，不要在沙箱中隔离运行，否则将无法正常打开。

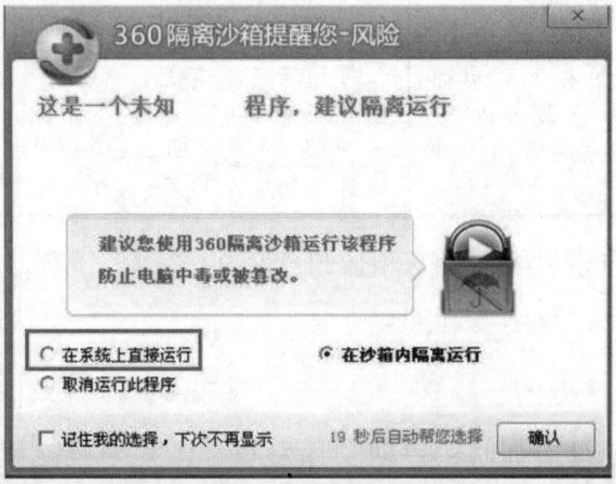

图 9-18　隔离运行提示图

注意：切勿同时打开两个共享工具，否则无法上传。

③要将自己公司的决策表拖到 U 盘里，不要保存到学校的计算机上，避免因为学校的计算机还原程序将决策表删除。

④不要直接将决策表在共享文件中打开，需要从自己的 U 盘里打开文件。

⑤使用微软 Office 系列软件打开，不要使用金山 WPS 软件。

⑥决策表保存为 Office 2003 版本。

2.3 教师端操作

2.3.1 操作步骤

在进行通信项目工程沙盘实施时，每一期教师组织学生操作的步骤，如表 9-15 所示。

表 9-15 每一期教师组织学生操作表

序号	学生步骤	老师步骤
1	学生通过 FTP 或 U 盘把各公司操作文件拷到本地计算机。 学员按照学员手册布置初始状态的盘面	把装有电子分析工具的加密 U 盘插在教师机上并导出“学生文件”文件夹，或将此文件夹在 FTP 上设为共享，引导学生找到各公司操作文件。 打开电子分析工具——项目管理沙盘主控台.xls，点击“教学管理”按钮，录入各组信息。(此步骤仅限于初始年) 每次轮流由 2 个组各委派一名同学作为政府与监理，组织各组材料领用、工程验收、进度核查等
2	学员进入各公司操作文件的“第一期过程控制”，清空盘面各项费用筹码，按步骤操作	老师提醒学员注意规则，并规定本期运营时间（第一、二期运营时间建议为 3 h，其他各期为 2~2.5 h）
3	学生签订工程合同，在各公司操作文件的“第一期过程控制”按步骤操作	老师发布当期工程，并模拟生成风险，记录在表格中。 老师注意指导各组监理交叉检查项目分解图、甘特图是否填写正确。 老师观察每一组运营情况，判断运营比较困难的学员，给予指导。 老师每期选派成绩较好的小组分享经验。 老师根据学员所犯错误，每期选择一个主题，在每期运营结束后与大家一起分享
4	绩效查看。学生在各公司操作文件点击“第一期绩效查询”，可以看以本期运营成本和绩效	每运营完一年后，待所有小组的报表文件拷回到加密 U 盘相应班级后，老师回到电子分析工具主界面，点击“教学管理”下的“团队评分”“成员评分”“全部成绩”按钮，统计成绩

上课开始时，老师点击“文件 1”相应班级中的“通信工程项目管理沙盘主控台.xls”，通过左上角返回按钮，可以看到主界面。

2.3.2 教学管理

通信工程项目管理沙盘实训时，每期工程发布、工程中风险模拟、工程项目管理考核、各公司绩效管理等操作可通过通信工程项目管理沙盘主控台进行操作，如图 9-19 所示。

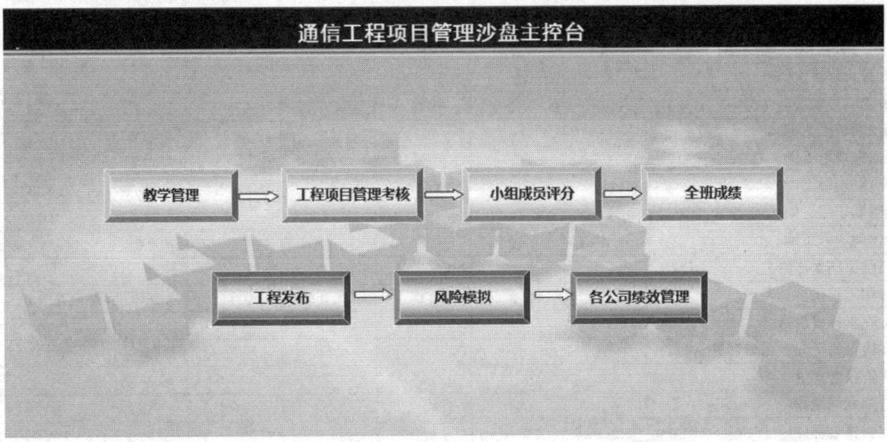

图 9-19 项目管理沙盘主控台界面

（1）点击图 9-19 中的“教学管理”按钮，出现教学管理界面，如图 9-20 所示，教师能够通过此表对团队组长进行登记管理。

教学管理表格

	序号	组长姓名	学号	所在组名称	所在班级	班长姓名	小组人数
项目团队	A						
	B						
	C						
	D						
	E						
	F						
	G						
	H						

图 9-20　教学管理界面

（2）点击图 9-19 中的“工程项目管理考核”按钮，出现工程项目管理考核界面，如图 9-21 所示，教师能够对各学员团队成绩进行分项计分，包括抢答次数、项目工期、投标报价、实验报告等。

工程项目管理考核										
公司/小组			A	B	C	D	E	F	G	H
团队得分构成	抢答与分享次数									
	抢答与分享次数得分	10%	0.0	0.0	0.0	0.0	0.0	0.0	0.0	0.0
	第2期项目工期		19	19	19	19	19	19	19	19
	第3期项目工期		17	17	17	17	17	17	17	17
	第4期项目工期		16.5	16.5	16.5	16.5	16.5	16.5	16.5	16.5
	第5期项目工期		16	16	16	16	16	16	16	16
	第6期项目工期		0	0	0	0	0	0	0	0
	项目工期累计得分	10%								
	各期工程报价总得分		0.0	0.0	0.0	0.0	0.0	0.0	0.0	0.0
	工程投标报价得分	20%								
	实验报告评分（百分制）									
	实验报告得分	40%								
	各期利润总和		622	622	622	622	622	622	622	622
	利润排名得分	20%	20.0	20.0	20.0	20.0	20.0	20.0	20.0	20.0
	政府与监理扣分									
以上各项得分之和			20.0	20.0	20.0	20.0	20.0	20.0	20.0	20.0
小组总评分			100	100	100	100	100	100	100	100

图 9-21　团队得分（各组排名得分）界面

（3）点击图 9-19 中的“小组成员评分”按钮，出现小组分成员评分界面，如图 9-22 所示，教师可以给各小组分成员打分。

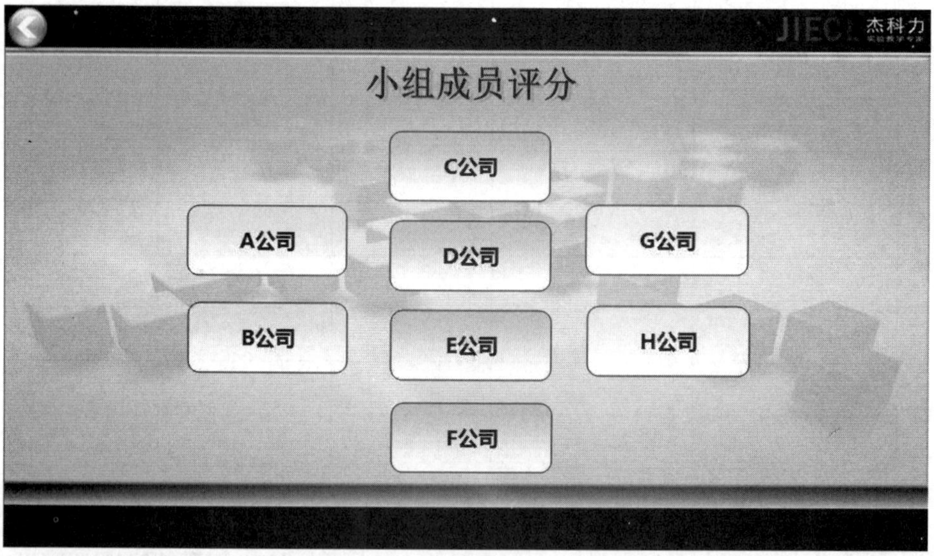

图 9-22　小组分成员评分界面

（4）点击图 9-19 中的“全班成绩”按钮，出现全班成绩表，如图 9-23 所示，教师能够查看全班学员的成绩。

全班成绩

成员学号	成员姓名	个人成绩
0	0	40
0	0	40
0	0	40
0	0	40
0	0	40
0	0	40
0	0	40
0	0	40
0	0	40
0	0	40
0	0	40
0	0	40
0	0	40
0	0	40

图 9-23　全班成绩界面

2.3.3 工程发布

每期项目工程开始时，老师可自定义工程并发布。点击图 9-19 中的“工程发布”按钮进入工程发布界面，如图 9-24 所示。工程发布表格里面需要填写工程距离、各组报价、材料与设备仪器的类型与数量。各组每期项目工程一样。

注意：这里要填写每期参与组数，此数据会对后面班组的总供给量产生影响。

第一期工程投标报价：通信电源设备安装工程

本期组数：	8	工程距离（KM）	13								
工序名称	工序总量	报量单位	最高单价	小组A	小组B	小组C	小组D	小组E	小组F	小组G	小组H
供电设备	1	千元/套	300	1							
蓄电池组	1	千元/套	100	1							
UPS设备	1	千元/套	100	1							
其他设备	1	千元/套	150	1							
合计（千元）				4							
报价总得分				0.0							

工程一：通信电源设备安装工程

工序	工序总量	工序明细	单位	工程量	人工		材料		设备仪器	
					技工工日	普工工日	类型	数量	类型	数量
前期准备	1	施工组织设计	项	1	10		其他			
		施工准备	项	1	10					
供电设备	1	安装	套	1	120					
		调试	套	1	180					
		布放信号线	米	200	20					
蓄电池组	1	安装	套	1	20					
		调试	套	1	40					

图 9-24　工程发布界面

2.3.4 风险模拟

点击图 9-19 中的“风险模拟”按钮，进入风险模拟界面，如图 9-25 所示。教师应把风险牌背面朝上，让各组抽签决定风险编号，填写在下表空白处，根据项目工程的风险预防措施，填写由风险导致的工序总量增加量。

项目模拟风险发生器　　风险3：手工增加工序总量

风险序号	预防措施
1、发生安全事故，所有组第5天停工，同时罚款10千元。	1、如本期文明施工费用/本期项目总金额占比排名前25%，可避免此风险。
2、因质量问题，第3天所建工程需返工，检查学生表格投标报价模块是否加上返工所需人工数。	2、无法避免；
3、业主需求临时变更，由老师随机指定某工序工作量翻倍，业主不同意延期，按该组原报价结算。	3、无法避免；
4、恶劣天气导致所有小组第5天停工，业主不同意延期，补偿加班费3千元（期末收款）。	4、无法避免；
5、团队内部不协调，第5天停工。	5、本期如聘请了项目经理可避免此风险；
6、第6天各有一个技工班、普工班离职回家，以上班组不再参与重新招聘。	6、如上期未出现过工资延付且劳务班组负载率排名前25%，可避免此风险。

组号	第一期	第二期	第三期	第四期	第五期	第六期
A	1	3	3	3	3	6
B						
C						
D						
E						
F						
G						
H						

图 9-25　风险模拟界面

2.3.5 各公司绩效管理

点击图 9-19 中“各公司绩效管理”按钮，进入各公司绩效管理界面，如图 9-26 所示，可以查看到各公司的绩效管理即利润。

特别注意：该界面具有检测所有小组操作错误功能，向下拉可以看到各项检查结果，一旦发现“错误”即表示该项需要检查。

各公司绩效管理（利润）

单位：千	第一期	第二期	第三期	第四期	第五期	第六期
A公司	95	153	106	168	100	0
B公司	95	153	106	168	100	0
C公司	95	153	106	168	100	0
D公司	95	153	106	168	100	0
E公司	95	153	106	168	100	0
F公司	95	153	106	168	100	0
G公司	95	153	106	168	100	0
H公司	95	153	106	168	100	0

各公司工程进度核查

	第一期	第二期	第三期	第四期	第五期	第六期
A公司						
B公司						
C公司						
D公司						
E公司						
F公司						
G公司						
H公司						

各公司工程单价核查

	第一期	第二期	第三期	第四期	第五期	第六期
A公司	错误					

各公司工程量核查

	第一期	第二期	第三期	第四期	第五期	第六期
A公司	正确					

图 9-26　各公司绩效管理界面

2.4 学生端操作

学生端操作主界面如图 9-27 所示。学生仅需按老师要求按期数依次操作即可。下面以项目管理 A 公司第一期通信电源设备安装工程为例简要介绍学生操作。

图 9-27　学生端操作主界面

2.4.1 录入组员信息

点击图 9-27 中的“录入组员信息”按钮，进入录入组员信息界面，如图 9-28 所示。在单元格中填写组员与组长信息，按照通信工程项目管理沙盘盘面进行岗位分工，采用角色扮演完成项目工程的实施，真正体验项目团队分工协作，实现技能互补，发挥团队动能。

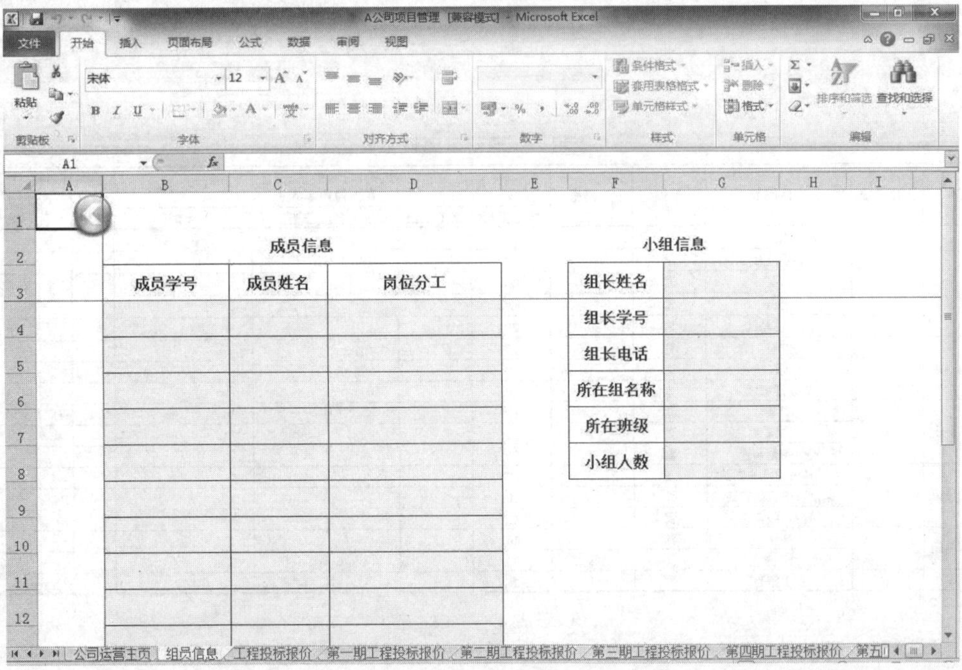

图 9-28　录入组员信息界面

2.4.2 工程投标报价

录入组员信息后，点击图 9-27 中的“工程投标报价”按钮，进入“工程投标报价”和“通信电源设备安装工程材料”填写界面，如图 9-29 和图 9-30 所示，学生需根据教师发布的当期工程数据填写。

第一期工程投标报价

发生风险： 0

工序名称	工序总量	报量单位	报量单价	报量总额（千元）
供电设备	1	千元/套	300	300
蓄电池组	1	千元/套	100	100
UPS设备	1	千元/套	100	100
其他设备	1	千元/套	150	150
			合计	650

图 9-29 工程投标报价

图 9-30 中，填写第一期工程投标报价表中的工序总量与报量单价，系统将自动计算报价总额。

工程一：通信电源设备安装工程

工序	工序总量	工序明细	单位	工程量	人工		风险2导致的第3天工程重做所需人工		材料		设备仪器
					技工工日	普工工日	技工工日	普工工日	类型	数量	类型
前期准备	1	施工组织设计	项	1	10						
		施工准备	项	1	10						
供电设备	1	安装	套	1	120						
		调试	套	1	180						
		布放信号线	米	200	20						
蓄电池组	1	安装	套	1	20						
		调试	套	1	40						
		安装馈母线	米	100	20						
UPS设备	1	安装	套	1	10						
		调试	套	1	20						
		安装接地装置	套	10	20						
其他设备	1	太阳能光伏电池安装	套	1	20						
		柴油发电机组安装	套	1	20						
		监控系统安装	套	1	20						
附属设施	1	制作	套	3	40						
		安装	套	3	20						
收尾	1	完工报验	项	1	20						

图 9-30 通信电源设备安装工程材料填写界面

根据现场要求填写第一期需用到的材料、设备仪器的类型与数量，并核对技工工日是否与学生手册第一期工程中各分项工程量表是否一致。

2.4.3 签订工程合同

工程投标报价和工程材料填写后，点击图 9-27 中的“签订工程合同”按钮，进入签订工程合同界面，如图 9-31 所示。学生只需在单元格中填写当期文明施工费及是否聘请项目顾问即可。

填写说明：请在每一天的发生金额一栏中填写数字后将自动生成报表，请不要用公式形式，如“300+400”。请注意，单位是千元，如支出金额为10千元，不要使用负数，只需填写10。请勿更改此表名称结构和任何步骤，现金余额一栏将自动计算。

工程合同　单位：千元　责任人：项目经理

序号	内　容	第一期	第二期	第三期	第四期	第五期	第六期
1	清空费用栏，盘面现金金额为	200	230	352	496	626	752
2	填写合同，登记工程总价为	650	960	580	960	700	0
3	按合同金额缴纳4%的工资保证金	26	39	24	39	28	0
4	准备进场，购买安全设施，支付文明施工费用	4	4	4	4	4	
5	文明施工费/工程总价=	0.6%	0.4%	0.7%	0.4%	0.6%	
6	本期申请短贷上限	325	480	290	480	350	0
7	决定是否聘请项目顾问	是	是	是	否	否	
8	项目顾问费	2	2	2	0	0	0
9	现金盘点	168	185	322	453	594	752

图 9-31　签订工程合同界面

第一期中，登记工程总价为 65 万元，按合同金额缴纳工资保证金 2.6 万元，购买安全设施、支付文明施工费 4 千元，聘请项目顾问、支付项目顾问费 2 千元，进行现金盘点。

2.4.4 各工程网络计划

签订工程合同后，点击图 9-27 中的“各工程网络计划”按钮，进入各工程网络计划界面，如图 9-32 所示。学生需要根据通信电源设备安装工程特点和工程工期自主决策本期完成该构件的班组数量，以及班组是否需要加班（在绿色背景单元格中填写），系统会自动生成工程网络计划横道图。

风险编号	1	人工（工日）	班组类型	班组数量	是否加班	每天能力	当前班组所需天数	分项计划开始日期（天）	分项计划结束日期（天）
前期准备	施工组织设计	10	技工班	2		20	0.5	0	0.5
	施工准备	10	技工班	2		20	0.5	1	1
供电设备	安装	120	技工班	4		40	3	1.5	4
	调试	180	技工班	4		40	4.5	4.5	9.5
	布放信号线	20	技工班	2		20	1	10	10.5
蓄电池组	安装	20	技工班	2		20	1	1.5	2
	调试	40	技工班	2		20	2	2.5	4
	安装馈母线	20	技工班	2		20	1	4.5	6
UPS设备	安装	10	技工班	2		20	0.5	6.5	6.5
	调试	20	技工班	2		20	1	7	7.5
	安装接地装置	20	技工班	2		20	1	8	8.5
其他设备	太阳能光伏电池安装	20	技工班	2		20	1	9	9.5
	柴油发电机组安装	20	技工班	2		20	1	10	10.5
	监控系统安装	20	技工班	2		20	1	11	11.5
供电设备	制作	40	技工班	2		20	2	12	13.5
	安装	20	技工班	2		20	1	14	14.5
收尾	完工报验	20	技工班	2		20	1	15	15.5

第一期通信电源设备安装工程网络计划（责任

风险编号	1	1		2		3		4		5		6		7		8		
		0.5	1	1.5	2	2.5	3	3.5	4	4.5	5	5.5	6	6.5	7	7.5	8	8.5
前期准备	施工组织设计	2																
	施工准备		2															
供电设备	安装			4	4	4	4	4	4									
	调试											4	4	4	4	4	4	4
	布放信号线																	
蓄电池组	安装			2	2													
	调试					2	2	2	2									
	安装馈母线											2	2					
UPS设备	安装													2				
	调试														2	2		
	安装接地装置																2	2
其他设备	太阳能光伏电池安装																	
	柴油发电机组安装																	
	监控系统安装																	
供电设备	制作																	
	安装																	
收尾	完工报验																	

图 9-32　各工程网络计划界面

请填写每工序计划上岗班组数量，供电设备安装、调试上岗 4 个技工班，其余工序上岗 2 个技工班；蓄电池组、UPS（不间断电源）设备、太阳能光伏电池安装、柴油发电机组安装与供电设备并行作业，蓄电池组分项计划开始日期请填 1.5。最后请检查横道图是否在规定工期内（15 天）完成。

2.4.5 工程融资

制定工程网络计划横道图后，点击图 9-27 中的“工程融资”按钮，进入工程融资界面，如图 9-33 所示。学生需根据之前制定工程网络计划横道图，自主决策本期融资方式与融资额，并支付利息。以上数据填写在图 9-33 工程融资界面的绿色背景单元格中。

第一期工程融资　　单位：万元　　　　责任人：财务经理

序号	月	一			二			三			四			五			六			七		
	旬	1	2	3	4	5	6	7	8	9	10	11	12	13	14	15	16	17	18	19	20	21
1	更新短贷，偿还到期短贷，金额为																					
2	更新高利贷，偿还到期款项，金额为																					
3	更新企业贷，偿还到期款项，金额为																					
4	收到他人还款，金额为																					
5	每月初申请短贷，填写借款单，金额为	10																				
6	紧急申请高利贷，填写借款单，金额为																					
7	短贷余额	10	10	10	10	10	10	10	10	10	10	10	10	10	10	10	10	10	10	10	10	10
8	高利贷余额	0	0	0	0	0	0	0	0	0	0	0	0	0	0	0	0	0	0	0	0	0
9	支付短贷和高利贷利息	1	0	0	1	0	0	1	0	0	1	0	0	1	0	0	1	0	0	1	0	0
10	紧急向其他组借款，填写借款单，金额为																					
11	支付所有借款所有利息																					
12	借给其他组款项，金额为																					
13	收到借出款项利息																					
14	现金盘点	45	29	27	20	6	4	23	9	7	50	39	39	83	83	83	82	82	82	81	81	81

图 9-33　工程融资界面

第一期向银行贷款 10 万元，支付短贷利息 1 千元；进行现金盘点。

2.4.6 材料运输

工程融资完成后，点击图 9-27 中的“材料运输”按钮，进入材料运输界面，如图 9-34 所示。该界面会自动显示需投入的各种材料数量，学生只需要在图 9-34 界面绿色背景单元格中填写第一期材料运输费用速算表。

第一期材料运输费用速算表

	光缆（米）	电缆（米）	塑料及塑料制品（个）	木材及木制品（方）	水泥及水泥构件（吨）	其他（件）	工程类型
用量	0	0	0	0	0	3000	电源设备安装工程
单价（千元）	0.01	0.02	1	1	0.5	0.1	辅料总额
总额（千元）	0	0	0	0	0	300	15
运输距离（km）	13	13	13	13	13	13	**保险费（千元）**
运杂费（千元）	**0**	**0**	**0**	**0**	**0**	**10.8**	**0.3**
运杂费与保险费合计（以千元为单位四舍五入）							**11**

图 9-34　材料运输界面

2.4.7 劳务班组聘用

材料运输完成后，点击图 9-27 中的“劳务班组聘用”按钮，进入劳务班组聘用界面，如图 9-35 所示。该界面会自动显示各班组应在岗数量，学生须根据通信电源设备安装工程特点、自己资金实力与施工进度，自主决策聘用各类班组的数量。以上数据填写在图 9-36 界面绿色背景单元格中。

风险编号		1	第一期劳务班聘用 / 解聘（责任人：经营经理）																		
招募/辞退（+/-）	期初数量（个）	1	2	3	4	5	6	7	8	9	10	11	12	13	14	15	16	17	18	19	20
技工班应在岗数量		2	6	6	6	0	6	6	6	6	6	4	2	2	2	2	2	0	0	0	0
技工班聘用	2	4									-2	-2					-2				2
技工班实际上岗		2	6	6	6	6	6	6	6	6	6	4	2	2	2	2	2	0	0	0	0
普工班应在岗数量		0	0	0	0	0	0	0	0	0	0	0	0	0	0	0	0	0	0	0	0
普工班聘用	0																				
普工班实际上岗		0	0	0	0	0	0	0	0	0	0	0	0	0	0	0	0	0	0	0	0

图 9-35　劳务班组聘用界面

按照横道图进行劳务班组聘用与解聘，第一天招聘 4 个技工班。

2.4.8 工程施工与结算

所有准备工作完成后，即可按制定的工程网络计划横道图进行“施工”。此处的施工是在通信工程项目管理沙盘盘面上进行推演。

最后结算时，点击图 9-27 中的“工程施工与结算”按钮，进入工程施工与结算界面，如图 9-37 所示。各项数据填写在图 9-36 界面绿色背景单元格中。

注意：这里还要登记风险编号，第 5 天出现的不同风险会导致前面制定的工程网络计划横道图需要重画，从而导致通信电源设备安装工程中各项设备、班组、材料都要重新计算。

	第一期工程施工结算（责任人：项目经理）　单位：千元																				
	天	1	2	3	4	5	6	7	8	9	10	11	12	13	14	15	16	17	18	19	20
1	期末支付宿舍修建费																				30
2	班组上岗，原料推进，返回横道图按周完成构件																				
3	延期付款的工资本周支付（含延误费）																				
4	每周末结算进度款90%，填写工程结算单，收到现金					0					180					405					0
5	工程完工，收到退回的工资保证金																				26
6	每周末结算工资，参照下表填写工资结算单，金额为					150					150					60					20
7	每周末支付现场管理费，填写单据					6					6					4					2
8	每周末交增值税（税率11%），填写缴税单，支付金额（应收款每期末缴税）					0					18					40					6
9	登记风险编号				1	发生安全事故，所有组第5天停工，同时罚款10千元（期末支付）。如本期文明施工费用/本期项目总金额占比排名前25%，可避免此风险，请在左边风险编号填0；															
10	现金盘点	168	168	168	168	12	12	12	12	12	18	18	18	18	18	319	319	319	319	319	287

图 9-36　工程施工与结算界面

进行现场施工，每 5 天进行一次盘面推演与施工结算，并返回工程融资与劳务班组聘用模块进行每天操作；工程完工收到退回的工资保证金 2.6 万；本期工程在施工过程中发生 1 号风险，按提示进行处理，以后每期按教师要求填写。

2.4.9 工程收尾

工程施工与结算完成后，点击图 9-27 中的“工程收尾”按钮，进入工程收尾界面，如图 9-38 所示。各项数据填写在图 9-37 界面绿色背景单元格中。

工程收尾　单位：千元　　责任人：生产经理

序号	内容	第一期	第二期	第三期	第四期	第五期	第六期
1	收到提前完工奖励						
2	支付延期或毁约罚款						
3	支付安全事故罚款	10	0	0	0	0	0
4	收到甲方支付的风险补偿加班费	0	0	0	0	0	0
5	支付运杂费与保险费	11	0	0	0	0	0
6	支付设备台班费	0	0	0	0	0	0
7	计算还有哪些结算款没有收到，放在盘面2周应收款位置	65	96	58	96	70	0
8	每期末交所得税，填写缴税单，支付金额（来源于运营绩效表）	36	51	35	56	34	0
9	现金盘点/结账	230	352	496	626	752	822

图 9-37　工程收尾界面

支付运杂费与保险费、设备台班费；未收到的结算款记为 2 周应收款，缴纳所得税；进行现金盘点。

2.4.10 绩效分析

工程收尾后，点击图 9-27 中的“绩效查询”按钮，进入绩效查询界面，如图 9-38 所示。在图中可以看到管理费用明细和利润明细。这些数据自动生成，不可更改。

第一期运营绩效

管理费用明细表　单位：千元

项　目	本期数
文明施工费	4.0
员工宿舍建设	30.0
现场管理费和项目顾问费	20.0
合计	54.0
劳务班组负荷率	88.9%

利润表　单位：千元

项　目	本期数
不含税总收入（含应收款）	586.0
运杂费与保险费	11.0
劳务班组工资	380.0
设备台班费	0.0
期间费用：管理费用	54.0
利息和贴现支出	0.0
安全事故罚款与拖期罚款	10.0
风险补偿加班费与提前完工奖励	0.0
应收款无法收回	0.0
所得税（按25%四舍五入）	36.0
净利润	95.0

图 9-38　绩效查询界面

影响工程绩效的因素有：直接工程费、间接费、计划利润、税金、设备工器具购置费、工程建设其他费和预备费等。

1. 直接工程费

（1）直接费：人工费、材料费、机械使用费。

（2）其他直接费：冬雨季施工增加费，夜间施工增加费，工程干扰费，特殊地区施工增加费，新技术培训费，仪器仪表使用费，生产工具用具使用费，工程车辆使用费，工地器材搬运费，流动施工津贴，人工费差价，工程交点，场地清理费，施工生产用水、电、蒸气费。

（3）现场经费：临时设施费、现场管理费。

2. 间接费

企业管理费、财务费。

3. 计划利润

计划利润=概（预）算人工费×计划利润率，计划利润如表 9-16 所示。

表 9-16 计划利润率表

名称	计算基础	利润率%			
		一类工程	二类工程	三类工程	四类工程
各种通信工程	人工费	60	55	35	30

4. 工程价格

（1）工程价格=直接工程费+间接费+计划利润。

（2）税金=增值税+城市维护建设税+教育费附加。

（3）设备、工器具购置费=设备、工器具原价+供销部门手续费+包装费+运杂费+采购及保管费+运输保险费。

5. 工程建设其他费

（1）建设用地所发生的赔补费。

（2）研究试验费。

（3）勘查设计费。

（4）生产准备费。

（5）引进技术及进口设备其他费。

（6）供电贴费和电力建设基金。

（7）施工队伍调遣费。

（8）大型施工机械调遣费。

（9）定额编制管理费。

（10）工程质量监督费。

（11）建设期投资贷款利息。

（12）建设单位管理费。

（13）运土费。

（14）其他费用。

6.预备费

预备费=（工程费+工程建设其他费）×预备费费率，预备费费率如表 9-17 所示。

表 9-17　预备费费率表

名称	计费基础	费率/%
通信设备安装工程	工程费+工程建设其他费	3
通信线路工程	工程费+工程建设其他费	4
通信管道工程	工程费+工程建设其他费	5

2.4.11 班组资源曲线

通信电源设备安装工程竣工后，可点击图 9-27 中的“班组资源曲线”按钮，进入班组资源曲线界面，如图 9-39 所示。这里可以看到劳务班组资源曲线、班组资源累计曲线等。这些数据自动生成，不可更改。

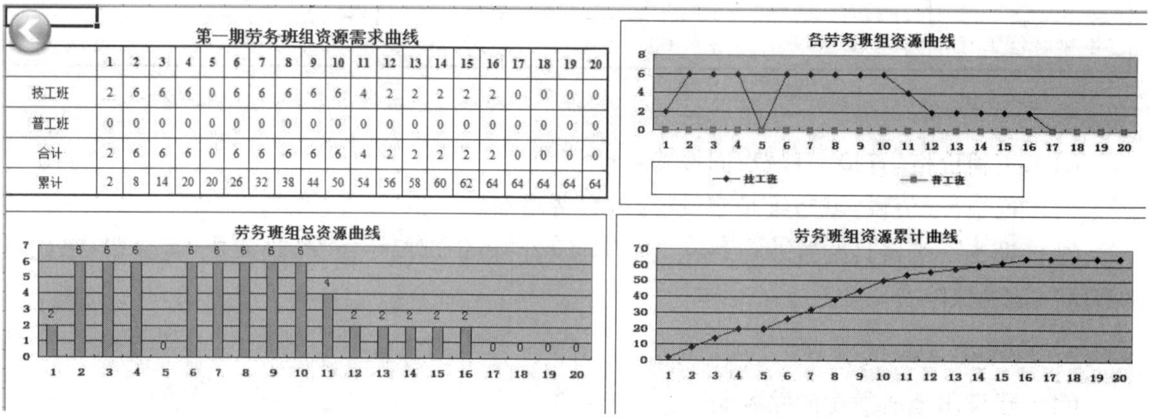

图 9-39　班组资源曲线界面

2.4.12 成本费用曲线

通信电源设备安装工程竣工后，请点击图 9-27 中的“成本费用曲线”按钮，进入成本费用曲线界面，如图 9-40 所示。这里可以看到成本费用构成曲线、总成本费用时间分布图、成本费用累计曲线等。这些数据自动生成，不可更改。

第一期成本费用曲线

	1	2	3	4	5	6	7	8	9	10	11	12	13	14	15	16	17	18	19	20	合计	占比
融资成本	0	0	0	0	0	0	0	0	0	0	0	0	0	0	0	0	0	0	0	0	0	0.0%
工资成本	0	0	0	0	150	0	0	0	0	150	0	0	0	0	60	0	0	0	0	20	380	87.6%
管理费用	6	0	0	0	6	0	0	0	0	6	0	0	0	0	4	0	0	0	0	32	54	12.4%
合计	6	0	0	0	156	0	0	0	0	156	0	0	0	0	64	0	0	0	0	52	434	
累计	6	6	6	6	162	162	162	162	162	318	318	318	318	318	382	382	382	382	382	434		

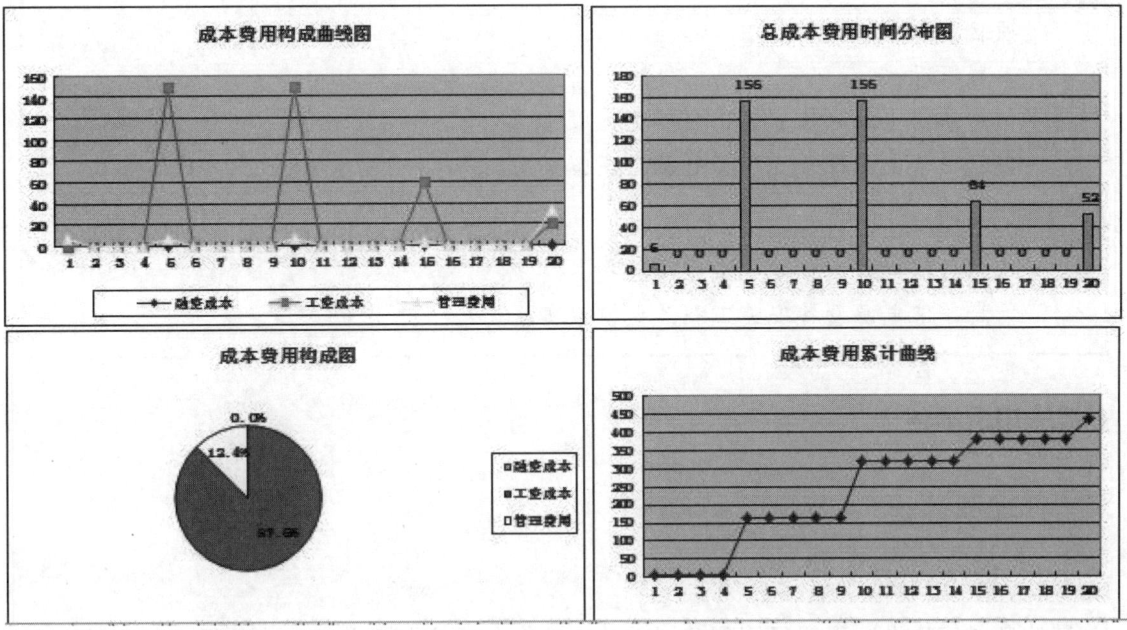

图 9-40　成本费用曲线界面

任务3 信息通信电源设备安装工程沙盘模拟实施

知识要点

项目名称；

工程概况；

信息通信电源设备安装工程概况；

信息通信电源设备安装工程沙盘模拟实施。

重点难点

信息通信电源设备安装工程概况；

信息通信电源设备安装工程沙盘模拟实施。

【相关知识阐述】

3.1 任务介绍

3.1.1 任务描述

某信息通信建设工程项目管理公司承接一项信息通信电源设备安装工程，在进行组建项目机构和项目团队之后，为了保证工程进度、质量和投资，要能根据信息通信电源设备安装工程的构成进行作业分解，按照工程实施要求在项目管理软件上完成信息通信电源设备安装工程运营思路设计和沙盘模拟实施全过程。

要求：

（1）根据信息通信电源设备安装工程的构成进行作业分解。

（2）能按照工程实施要求在项目管理软件上完成信息通信电源设备安装工程运营思路设计。

（3）在信息通信建设工程项目管理沙盘上模拟实施信息通信电源设备安装工程全过程。

（4）在计算机D盘中建立文件夹，保存格式为“D：\技能抽查\信息通信电源设备安装工程沙盘模拟实施.doc”，并形成报告打印上交。

3.1.2 实施条件

表9-18 实施条件

项目	基本实施条件	备注
场地	信息通信建设工程项目管理沙盘实训室1间；工位10个，每个工位能够上网（完成数据上传）；场地电源应能保证设备正常、稳定运行；照明通风良好	必备
设备	信息通信建设工程项目管理沙盘10套；计算机CPUP4以上；硬盘40 GB以上；内存256 MB以上；显示器17寸及以上；移动硬盘或U盘1～2个；共享A4纸打印机1台，A4打印纸若干。	必备

续表

项目	基本实施条件	备注
工具（软件）	计算机安装有信息通信建设工程项目管理沙盘软件、画图软件、截图软件	必备
测评专家	每10名考生配备1名考评员。考评员要求具备至少1年从事信息通信建设工程项目管理或教学工作经验	必备

3.1.3 考核时量

考试时间：120 min。

3.1.4 评价标准

表 9-19 评价标准

评价项目		配分	考核内容及评分标准	备注
操作过程与规范（50分）	工作前准备	5	做好信息通信建设工程项目管理实施前准备。不进行项目机构和团队组建、不能运行系统操作软件等操作扣5分	出现明显失误造成器件、仪表或设备损坏等安全事故，严重违反考场纪律，造成恶劣影响本大项记0分
	基本步骤	45	（1）未根据信息通信电源设备安装工程的构成进行作业分解，扣10分。 （2）未按照工程实施要求在项目管理软件上完成信息通信电源设备安装工程运营思路设计，扣10分。 （3）未根据信息通信建设工程项目管理软件的提示修改编制数据能在信息通信建设工程项目管理沙盘上模拟实施信息通信电源设备安装工程全过程，扣10分。 （4）未掌握信息通信建设工程项目管理软件操作方法，扣10分。 （5）文档创建错误，扣5分。 （6）不爱惜设备和工具，发生严重违规操作或作弊，取消考生成绩	
职业素养（20分）	基本要求	10	（1）仪表不整，着装不整齐、规范，不穿戴相关防护用品，每项扣2分。 （2）操作过程中及作业完成后，工具、仪表、元器件、设备等摆放不整齐扣2分。 （3）考试迟到、考核过程中做与考试无关的事、不服从考场安排酌情扣4分；考核过程舞弊取消考试资格，成绩计0分。 （4）作业完成后未进行清理、清扫工作现场扣2分	
	安全操作	10	（1）不按规范操作扣8分。 （2）未进行静电防护措施扣2分。 （3）选手发生严重违规操作或作弊，取消考生成绩	
实作结果（30分）	文件存储	20	（1）文件保存格式不正确，扣10分。 （2）截图不清晰，扣5分。 （3）文件未保存建立在指定的目录下，扣5分	
	报告	10	未打印报告上交，扣10分	

3.2 工程概况

一般工程中的工程概况包括：工程施工依据、工程施工范围、工程工期安排、工程编制原则等要素。

3.2.1 编制工程施工方案

包含有施工总体安排、工程施工管理流程、与相关单位的施工配合、项目组织结构、机械设备组织方案和防止突发情况措施等内容。

3.2.2 施工保障

影响工程的因素比较多，为保障工程的质量、进度和成本等要素，要从材料、机械设备、施工工艺等措施，如图 9-41 所示。

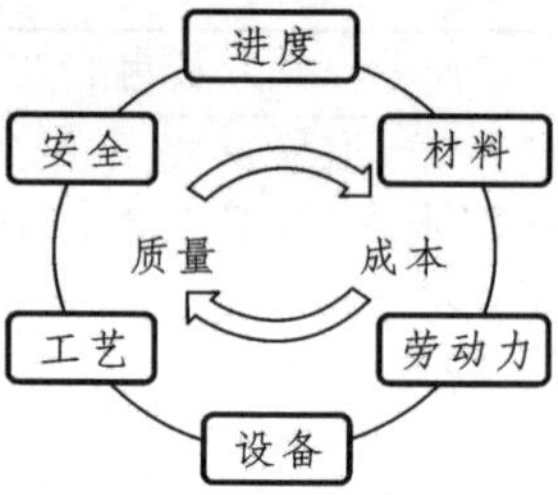

图 9-41 施工保障图

1. 以材料为例，要注意的方面

（1）材料采购：可采用招标方式，货比三家。

（2）材料管理：符合相关规定，严格验收。

（3）材料仓储：科学保管，分类存放，入库登记清楚。

（4）材料领用：检查货物品名、规格、数量及有关凭证、单据。

2. 采取的相关措施

（1）降低成本措施。

（2）雨、冬季施工措施。

（3）文明施工、环境保护措施。

（4）质量保证措施。

（5）安全保证措施。

（6）工期保证措施。

（7）其他。

3.3 信息通信电源设备安装工程概况

3.3.1 施工内容

供电设备、蓄电池组、UPS 设备、接地装置等安装。

3.3.2 零部件及有关标志要求

设备上的各种零件、部件及有关标志应正确、清晰、齐全。

3.3.3 设备安装要求

根据设计图纸用钢卷尺和直角尺量出每一设备的安装位置，同一列的设备要正面对齐，紧密靠拢。各设备之间的距离必须严格按设计要求进行布置安装。

3.3.4 设备防震

设备的防震措施是对设备进行固定，即通过膨胀螺丝将设备与地面进行固定，设备架一般为四个角固定。各设备安装时必须按照设计图纸标注的各部尺寸、安装位置及安装面向等进行安装。

3.3.5 设备配线

一般电源线采用蓝、黑两种颜色的聚乙烯铜芯电线，其截面面积符合设计要求。蓝线接负极，黑线接正极（即地线）。直流电源正极必须接工作地，不得接保护地。地线一般采用黄颜色的聚乙烯铜芯电线，其截面面积符合设计要求。电源线、地线布放时要按实际尺寸量好长度，两端焊好铜鼻子，并在两端做好标签，按标签内容一条条点对点布放。布放好后要进行绑扎，绑扎要顺直，线扣间距要均匀、松紧适度。

3.3.6 设备施工

1.施工要求

1）施工顺序

（1）施工准备阶段。

（2）全面施工阶段：

①前期准备；

②安装供电设备；

③安装蓄电池组；

④安装 UPS 设备；

⑤安装其他设备。

（3）施工收尾阶段。

2）施工阶段的质量控制

（1）对所有的隐蔽工程在进行隐蔽以前进行检查和办理签证，对重点部位要派监理人员旁站。

（2）对施工测量、放样等进行检查，对发现的质量问题应及时通知施工单位纠正，并做好监理记录。

（3）检查确认运到现场的工程材料、构件和设备质量，并应检验试验、化验报告单、出厂合格证是否齐全、合格。监理工程师有权禁止不符合质量要求的材料、设备进入工地和投入使用。

（4）对工程主要单位严格按照施工规范、设计图纸要求进行施工，严格执行施工合同。

3）施工阶段的进度控制

（1）监督施工单位严格按施工合同规定的工期组织施工。

（2）对控制工期的重点工程部位，审查施工单位提出的保证进度的具体措施，如发生延误，应及时分析原因并采取对策。

（3）建立工程进度台账，核对工程进度，按周、月向业主报告施工计划执行情况、工程进度及存在的问题。

4）施工阶段的投资控制

（1）审查施工单位申报的周、月计量报表，认真核对其工程数量，严格按合同规定进行计量，签发签证。

（2）保证支付签证的各项工程质量合格、数量准确。

（3）建立计量支付签证台账，定期与施工单位核对清算。

2. 质量目标

（1）质量标准：单位工程所含分部工程质量均一次性验收合格。

（2）通信电源设备安装工程质量执行：

《通信电源设备安装工程设计规范》（GB 51194—2016）;

《通信电源设备安装工程验收规范》（GB 51199—2016）。

3. 工期目标

工期：15 天。

4. 各分项工程量表

供电设备、蓄电池组、UPS 设备、太阳能光伏电池安装及柴油发电机组安装可并行作业，其余均不可并行作业。各分项工程量如表 9-20 所示。

表 9-20　各分项工程量

工序	工序明细	工程量		人工		材料		设备仪器	
		单位	数量	技工工日	普工工日	材料类型	数量	类型	数量
前期准备	施工组织设计	项	1	10	-				
	施工准备	项	1	10	-				
供电设备	安装	套	1	120	-				
	调试	套	1	180	-				
	布放信号线	米	200	20	-				
蓄电池组	安装	套	1	20	-				
	调试	套	1	40	-				
	安装馈母线	米	100	20	-				
UPS 设备	安装	套	1	10	-				
	调试	套	1	20	-				
	安装接地装置	套	10	20	-				
其他设备	太阳能光伏电池安装	套	1	20	-				
	柴油发电机组安装	套	1	20	-				
	监控系统安装	套	1	20	-				

续表

工序	工序明细	工程量		人工		材料		设备仪器	
		单位	数量	技工工日	普工工日	材料类型	数量	类型	数量
附属设施	制作	套	3	40	-				
	安装	套	3	20	-				
收尾	完工报验	项	1	20	-				

5. 合同预算

通信电源设备安装工程包含：供电设备（1套）、蓄电池组（1套）、UPS设备（1套）和其他设备（1套），其价格如表9-21所示。

表9-21 通信电源设备安装工程合同预算

工序名称	报量单价	工序总量	报量总额
供电设备	30万元/套	1	30万元
蓄电池组	10万元/套	1	10万元
UPS设备	10万元/套	1	10万元
其他设备	15万元/套	1	15万元
合计	-		65万元

6. 市场劳务班组资源

劳动市场上的劳务班组分为技能班组和普工班组两种，每种劳务班组可提供的数量如表9-22所示，可根据工程的具体特点进行聘用和解聘用。

表9-22 市场劳务班组资源

劳务班	可提供数量（N表示参与组数）
技工班组	$6\times N$
普工班组	$6\times N$

3.3.7 设备验收

所有设备安装调试且中继段测试全部合格后，可申请进行竣工验收，同时要将设备的备件仔细清点归类并列出明细表交于接收单位。验收测试合格并得到确认后即可割接开通，设备安装工程结束。

3.4 信息通信电源设备安装工程沙盘模拟实施

信息通信电源设备安装工程沙盘模拟实施参考任务9.2信息通信建设工程项目管理软件操作学生端的操作。

任务4 信息通信有线设备安装工程沙盘模拟实施

知识要点

项目名称；
工程概况；
信息通信有线设备安装工程概况；
信息通信有线设备安装工程沙盘模拟实施。

重点难点

信息通信有线设备安装工程概况；
信息通信有线设备安装工程沙盘模拟实施。

【相关知识阐述】

4.1 任务介绍

4.1.1 任务描述

某信息通信建设工程项目管理公司承接一项信息通信建设工程有线设备安装工程，在进行组建项目机构和项目团队之后，为了保证工程进度、质量和投资，要能根据信息通信建设工程有线设备安装工程的构成进行作业分解，按照工程实施要求在项目管理软件上完成信息通信建设工程有线设备安装工程运营思路设计和沙盘模拟实施全过程。

要求：

（1）根据信息通信建设工程有线设备安装工程的构成进行作业分解。

（2）能按照工程实施要求在项目管理软件上完成信息通信建设工程有线设备安装工程运营思路设计。

（3）在通信工程项目管理沙盘上模拟实施信息通信建设工程有线设备安装全过程。

（4）在计算机D盘中建立文件夹，保存格式为"D：\技能抽查\信息通信有线设备安装工程沙盘模拟实施.doc"，并形成报告打印上交。

4.1.2 实施条件

表 9-23　实施条件

项目	基本实施条件	备注
场地	信息通信建设工程项目管理沙盘实训室 1 间；工位 10 个，每个工位能够上网（完成数据上传）；场地电源应能保证设备正常、稳定运行；照明通风良好	必备
设备	信息通信建设工程项目管理沙盘 10 套；计算机 CPUP4 以上；硬盘 40 GB 以上；内存 256 MB 以上；显示器 17 寸及以上；移动硬盘或 U 盘 1～2 个；共享 A4 纸打印机 1 台，A4 打印纸若干	必备
工具（软件）	计算机安装有信息通信建设工程项目管理沙盘软件、画图软件、截图软件	必备
测评专家	每 10 名考生配备 1 名考评员。考评员要求具备至少 1 年从事信息通信建设工程项目管理或教学工作经验	必备

4.1.3 考核时量

考试时间：120 min。

4.1.4 评价标准

表 9-24　评价标准

评价项目		配分	考核内容及评分标准	备注
操作过程与规范（50 分）	工作前准备	5	做好信息通信建设工程项目管理实施前准备。不进行项目机构和团队组建、不能运行系统操作软件等操作扣 5 分	出现明显失误造成器件、仪表或设备损坏等安全事故，严重违反考场纪律，造成恶劣影响本大项记 0 分
	基本步骤	45	（1）未根据信息通信有线设备安装工程的构成进行作业分解，扣 10 分。 （2）未按照工程实施要求在项目管理软件上完成信息通信有线设备安装工程运营思路设计，扣 10 分。 （3）未能在信息通信建设工程项目管理沙盘上模拟实施信息通信有线设备安装工程全过程，扣 10 分。 （4）未掌握信息通信建设工程项目管理软件操作方法，扣 10 分。 （5）文档创建错误，扣 5 分。 （6）不爱惜设备和工具，发生严重违规操作或作弊，取消考生成绩	
职业素养（20 分）	基本要求	10	（1）仪表不整，着装不整齐、规范，不穿戴相关防护用品，每项扣 2 分。 （2）操作过程中及作业完成后，工具、仪表、元器件、设备等摆放不整齐扣 2 分。 （3）考试迟到、考核过程中做与考试无关的事、不服从考场安排酌情扣 4 分；考核过程舞弊取消考试资格，成绩计 0 分。	

续表

评价项目		配分	考核内容及评分标准	备注
			（4）作业完成后未进行清理、清扫工作现场扣 2 分	
	安全操作	10	（1）不按规范操作扣 8 分。 （2）未进行静电防护措施扣 2 分。 （3）选手发生严重违规操作或作弊，取消考生成绩	
实作结果（30 分）	文件存储	20	（1）文件保存格式不正确，扣 10 分。 （2）截图不清晰，扣 5 分。 （3）文件未保存建立在指定的目录下，扣 5 分	
	报告	10	未打印报告上交，扣 10 分	

4.2 工程概况

4.2.1 施工内容

基站设备、传输设备、电池组、室内走线架等安装。

4.2.2 机架

（1）机架垂直度误差为机架高度 0.1%，可用吊线锤测量。

（2）各机架之间缝隙前后偏差≤3 mm，几个机架排列在一起，面板应在同一平面、同一直线上。

（3）子架框安装时，将子架框先置于机架上，小心导入机架，到位后用螺钉、垫圈固定在机架上。

（4）后背需要安装插座时应对照图纸正确安装。

（5）机盘有面板、拔板器、印制板组成。印制板装有插头，应与架后背上插座相对应。面板上有板名、固定螺钉、接口、指示灯。

（6）安装时必须先带上防静电手环，再检查机盘有无机械性损伤，在插入光接口板时，要特别注意不损伤光纤接口，要一一对应插入。

（7）插入机盘时注意后插座与机盘的插头配套。不能强行插入，以免损伤插头和造成信号的不通。

（8）配线架安装的垂直度误差不大于 0.1%，底座水平误差每米不大于 2 mm，如果有垫高防静电地板，需安装支架垫高机柜使底部与地板平行，支架要有地脚螺丝铆定，打膨胀螺栓与水泥地固定。

（9）如果无垫高地板，则会有上走线导轨，机架可直接站立于水泥地上，机柜应与上走线导轨机械连接；机架、列架需按施工图抗震要求加固，为了使机柜站立牢固，上方应安装吊顶，在机柜上空加横梁或导轨与机柜进行机械连接。

4.2.3 设备调测工作

由经过岗位培训并取得资格证书的技术工人进行操作，技术人员负责设备通电前、通电后及全程测试工作（简称“三测试”），保证设备的电气特性满足技术要求。

4.2.4 施工规定

施工中由监理工程师全程跟踪监督，及时进行相关检查签证。

项目部安排专职技术人员及质检人员负责，对设备进行全程监控和测试，在机架、机柜安装、天馈线安装、身边安装、线缆布放、测试等分项分部施工过程中，保证上道工序不合格，决不进行下道工序的施工。

1. 施工要求

1）施工顺序

（1）施工准备阶段；

（2）全面施工阶段：

①前期准备；

②安装机架；

③敷设线缆；

④安装有线设备。

（3）施工收尾阶段。

2）施工阶段的质量控制

（1）对所有的隐蔽工程在进行隐蔽以前进行检查和办理签证，对重点部位要派监理人员旁站。

（2）对施工测量、放样等进行检查，对发现的质量问题应及时通知施工单位纠正，并做好监理记录。

（3）检查确认运到现场的工程材料、构件和设备质量，并应检验试验、化验报告单、出厂合格证是否齐全、合格。监理工程师有权禁止不符合质量要求的材料、设备进入工地和投入使用。

（4）对工程主要单位严格按照施工规范、设计图纸要求进行施工，严格执行施工合同。

3）施工阶段的进度控制

（1）监督施工单位严格按施工合同规定的工期组织施工。

（2）对控制工期的重点工程部位，审查施工单位提出的保证进度的具体措施，如发生延误，应及时分析原因并采取对策。

（3）建立工程进度台账，核对工程形象进度，按周、月向业主报告施工计划执行情况、工程进度及存在的问题。

4）施工阶段的投资控制

（1）审查施工单位申报的周、月计量报表，认真核对其工程数量，严格按合同规定进行计量，签发签证。

（2）保证支付签证的各项工程质量合格、数量准确。

（3）建立计量支付签证台账，定期与施工单位核对清算。

2. 质量目标

（1）质量标准：单位工程所含分部工程质量均一次性验收合格。

（2）通信工程有线设备工程质量执行：

①《有线接入网设备安装工程设计规范》（YD/T 5139—2019）；

②《有线接入网设备安装工程验收规范》(YD/T 5140—2005);

③《固定电话交换设备安装工程设计规范》(YD/T 5076—2005);

④《固定电话交换设备安装工程验收规范》(YD/T 5077—2005)。

3. 工期目标

工期：19 天。

4. 各分项工程量表

通信工程有线设备安装可并行作业，其余均不可并行作业。各分项工程量如表 9-25 所示。

表 9-25　各分项工程量表

工序	工序明细	单位	工程量	人工		材料		设备仪器	
				技工工日	普工工日	材料类型	数量	类型	数量
前期准备	施工组织设计	项	1	10	-				
	施工准备	项	1	10	-				
机架	位置定位	个	20	40	-				
	机架固定	个	20	40	-				
	绝缘处理	个	20	40	-				
	工艺调整	个	20	40	-				
有线设备	安装	套	20	300	-				
	调测	套	20	120	-				
线缆	位置定位	m	10 000	100	-				
	安装	m	10 000	100	-				
	绝缘处理	m	10 000	100	-				
	检查校对	m	10 000	100	-				
收尾	系统调测	项	1	20	-				
	完工报验	项	1	20	-				

5. 合同预算

通信工程有线设备安装工程包含：机架(1 万元/个)、有线设备(1.8 万元/套)、线缆(0.004 万元/m)，通信工程有线设备安装工程报价建议值如表 9-26 所示。

表 9-26　通信工程有线设备安装工程报价建议值

工序名称	报量单价	工序总量	报量总额
机架	1 万元/个	20	20 万元
有线设备	1.8 万元/套	20	36 万元
线缆	0.004 万元/m	10 000	40 万元
合计	-		96 万元

6. 自主报价

从第二期开始，工程报价采用自主报价（报量总额请保留 1 位小数），按要求填写表 9-27 中的内容。

表 9-27　通信工程无线设备安装工程自主报价

工序名称	报量单价	工序总量	报量总额
机架	____万元/个	20	
有线设备	____万元/套	20	
线缆	____万元/m	10 000	
合计	-		

7. 市场劳务班组资源

劳动市场上的劳务班组分为技工班组和普工班组两种，每种劳务班组可提供的数量如表 9-28 所示，可根据工程的具体特点进行聘用和解聘用。

表 9-28　市场劳务班组资源

劳务班	可提供数量（N 表示参与组数）
技工班组	$8\times N$
普工班组	$8\times N$

8. 通信建设工程量计算

（1）工程量项目的划分、计量单位的取定、有关系数的调整换算等，都应按相关专业的计算规则要求来确定。

（2）通信工程项目工程量计算应以设计图纸以及设计规定的所属范围和设计分界线为准，缆线布放和部件设置以施工验收技术规范为准。

1）计量单位

（1）长度：m、km。

（2）重量：g、kg、t。

（3）体积：m^3。

（4）面积：m^2。

（5）自然计量单位：台、套、盘、部、架、个、组、处等。

（6）技术配置计量单位：端、端口、系统、方向、载频、中继段、数字段、再生段、站等。

（7）特殊计量单位。

2）工程量

不同工程的工程量计算有不同规则，通信工程有线设备安装工程的工程量有：

（1）设备机柜、机箱的安装。

（2）设备缆线布放。

（3）安装附属设施。

（4）系统调测。

注意：通信工程项目的工程量应依据实际工序，参考相关标准进行计算，在计算时要考虑该工序的特殊性，使用恰当的计量单位。

4.3 信息通信有线设备安装工程沙盘模拟实施

信息通信有线设备安装工程沙盘模拟实施参考任务 9.2 信息通信建设工程项目管理软件操作学生端的操作。

任务 5　信息通信无线设备安装工程沙盘模拟实施

知识要点

项目名称；

工程概况；

信息通信工程无线设备安装工程概况；

信息通信工程无线设备安装工程沙盘模拟实施。

重点难点

信息通信工程无线设备安装工程概况；

信息通信工程无线设备安装工程沙盘模拟实施。

【相关知识阐述】

5.1 任务介绍

5.1.1 任务描述

某信息通信建设工程项目管理公司承接一项信息通信建设工程无线设备安装工程，在进行组建项目机构和项目团队之后，为了保证工程进度、质量和投资，要能根据信息通信建设工程无线设备安装工程的构成进行作业分解，按照工程实施要求在项目管理软件上完成信息通信建设工程无线设备安装工程运营思路设计和沙盘模拟实施全过程。

要求：

（1）根据信息通信建设工程无线设备安装工程的构成进行作业分解。

（2）能按照工程实施要求在项目管理软件上完成信息通信建设工程无线设备安装工程运营思路设计。

（3）在信息通信建设工程项目管理沙盘上模拟实施信息通信建设工程无线设备安装全过程。

（4）在计算机 D 盘中建立文件夹，保存格式为“D：\技能抽查\信息通信无线设备安装工程沙盘模拟实施.doc”，并形成报告打印上交。

5.1.2 实施条件

表 9-29 实施条件

项目	基本实施条件	备注
场地	信息通信建设工程项目管理沙盘实训室 1 间；工位 10 个，每个工位能够上网（完成数据上传）；场地电源应能保证设备正常、稳定运行；照明通风良好	必备
设备	信息通信建设工程项目管理沙盘 10 套；计算机 CPUP4 以上；硬盘 40 GB 以上；内存 256 MB 以上；显示器 17 寸及以上；移动硬盘或 U 盘 1～2 个；共享 A4 纸打印机 1 台，A4 打印纸若干	必备
工具（软件）	计算机安装有信息通信建设工程项目管理沙盘软件、画图软件、截图软件	必备
测评专家	每 10 名考生配备 1 名考评员。考评员要求具备至少 1 年从事信息通信建设工程项目管理或教学工作经验	必备

5.1.3 考核时量

考试时间：120 min。

5.1.4 评价标准

表 9-30 评价标准

评价项目		配分	考核内容及评分标准	备注
操作过程与规范（50 分）	工作前准备	5	做好信息通信建设工程项目管理实施前准备。不进行项目机构和团队组建、不能运行系统操作软件等操作扣 5 分	出现明显失误造成器件、仪表或设备损坏等安全事故，严重违反考场纪律，造成恶劣影响本大项记 0 分
	基本步骤	45	（1）未根据信息通信无线设备安装工程的构成进行作业分解，扣 10 分。 （2）未按照工程实施要求在项目管理软件上完成信息通信无线设备安装工程运营思路设计，扣 10 分。 （3）未能在信息通信项目管理沙盘上模拟实施信息通信无线设备安装工程全过程，扣 10 分。 （4）未掌握信息通信建设工程项目管理软件操作方法，扣 10 分。 （5）文档创建错误，扣 5 分。 （6）不爱惜设备和工具，发生严重违规操作或作弊，取消考生成绩	
职业素养（20 分）	基本要求	10	（1）仪表不整，着装不整齐、规范，不穿戴相关防护用品，每项扣 2 分。 （2）操作过程中及作业完成后，工具、仪表、元器件、设备等摆放不整齐扣 2 分。 （3）考试迟到、考核过程中做与考试无关的事、不服从考场安排酌情扣 4 分；考核过程舞弊取消考试资格，成绩计 0 分。 （4）作业完成后未进行清理、清扫工作现场扣 2 分	

续表

评价项目		配分	考核内容及评分标准	备注
	安全操作	10	（1）不按规范操作扣 8 分。 （2）未进行静电防护措施扣 2 分。 （3）选手发生严重违规操作或作弊，取消考生成绩	
实作结果（30 分）	文件存储	20	（1）文件保存格式不正确，扣 10 分。 （2）截图不清晰，扣 5 分。 （3）文件未保存建立在指定的目录下，扣 5 分	
	报告	10	未打印报告上交，扣 10 分	

5.2 工程概况

5.2.1 施工内容

基站设备、传输设备、电池组、室内走线架等安装。

5.2.2 机架

（1）机架垂直度误差为机架高度 0.1%，可用吊线锤测量。

（2）各机架之间缝隙前后偏差≤3 mm，几个机架排列在一起，面板应在同一平面、同一直线上；

（3）子架框安装时，将子架框先置于机架上，小心导入机架，到位后用螺钉、垫圈固定在机架上；

（4）后背需要安装插座时应对照图纸正确安装。

（5）机盘有面板、拔板器、印制板组成。印制板装有插头，应与架后背上插座相对应。面板上有板名、固定螺钉、接口、指示灯。

（6）安装时必须先带上防静电手环，再检查机盘有无机械性损伤，在插入光接口板时，要特别注意不损伤光纤接口，要一一对应插入。

（7）插入机盘时注意后插座与机盘的插头配套。不能强行插入，以免损伤插头和造成信号的不通。

（8）配线架安装的垂直度误差不大于 0.1%，底座水平误差每米不大于 2 mm，如果有垫高防静电地板，需安装支架垫高机柜使底部与地板平行，支架要有地脚螺丝铆定，打膨胀螺栓与水泥地固定。

（9）如果无垫高地板，则会有上走线导轨，机架可直接站立于水泥地上，机柜应与上走线导轨机械连接。

（10）机架、列架需按施工图抗震要求加固，为了使机柜站立牢固，上方应安装吊顶，在机柜上空加横梁或导轨与机柜进行机械连接。

5.2.3 天馈线

（1）天线垂直度、倾斜角、方位角，应符合设计要求的指标。

（2）检查天线的防雷保护接地系统，并检查天线安装后应处于避雷针下 45°角的保护范围内。

（3）接地电阻阻值应符合设计要求；天线到收发信机各个连接处的安装工艺，天馈线在吊装过程中是否有损伤，天线共用器、收发信机、馈线是否匹配。

（4）馈线的规格、型号、路由走向、接地方式等应符合设计要求。

（5）馈线进入机房前要有防雨水措施；馈线拐弯应圆滑均匀，弯曲半径大于等于馈线外径的 15 倍。

（6）软馈线的弯曲半径大于等于馈线外径的 10 倍。

（7）同一平面安装 T/R 两副天线水平距离应大于 10 倍波长，垂直安装的间距应大于 4 倍波长。

5.2.4 设备调测工作

由经过岗位培训并取得资格证书的技术工人进行操作，技术人员负责设备通电前、通电后及全程测试工作（简称“三测试”），保证设备的电气特性满足技术要求。

5.2.5 施工规定

施工中由监理工程师全程跟踪监督，及时进行相关检查签证。

项目部安排专职技术人员及质检人员负责，对设备进行全程监控和测试，在机架、机柜安装、天馈线安装、身边安装、线缆布放、测试等分项分部施工过程中，保证上道工序不合格，决不进行下道工序的施工。

1. 施工要求

1）施工顺序

（1）施工准备阶段。

（2）全面施工阶段：

①前期准备；

②安装机架；

③敷设线缆；

④安装无线设备。

（3）施工收尾阶段。

2）施工阶段的质量控制

（1）对所有的隐蔽工程在进行隐蔽以前进行检查和办理签证，对重点部位要派监理人员旁站。

（2）对施工测量、放样等进行检查，对发现的质量问题应及时通知施工单位纠正，并做好监理记录。

（3）检查确认运到现场的工程材料、构件和设备质量，并应检验试验、化验报告单、出厂合格证是否齐全、合格。监理工程师有权禁止不符合质量要求的材料、设备进入工地和投入使用。

（4）对工程主要单位严格按照施工规范、设计图纸要求进行施工，严格执行施工合同。

3）施工阶段的进度控制

（1）监督施工单位严格按施工合同规定的工期组织施工。

（2）对控制工期的重点工程部位，审查施工单位提出的保证进度的具体措施，如发生延误，应及时分析原因并采取对策。

（3）建立工程进度台账，核对工程形象进度，按周、月向业主报告施工计划执行情况、工程进度及存在的问题。

4）施工阶段的投资控制

（1）审查施工单位申报的周、月计量报表，认真核对其工程数量，严格按合同规定进行计量，签发签证。

（2）保证支付签证的各项工程质量合格、数量准确。

（3）建立计量支付签证台账，定期与施工单位核对清算。

2. 质量目标

（1）质量标准：单位工程所含分部工程质量均一次性验收合格。

（2）信息通信工程无线设备安装质量执行：

①《电信设备安装抗震设计规范》（YD 5059—2018）；

②《通信局（站）防雷与接地工程设计规范》（GB 50689—2011）；

③《无线通信室内覆盖系统工程设计规范》（YD/T 5120—2015）；

④《无线通信工程安装验收规范》（YD 5102—2010）。

3. 工期目标

工期：17 天。

4. 各分项工程量表

通信工程无线设备安装可并行作业，其余均不可并行作业。各分项工程量如表 9-31 所示。

表 9-31　各分项工程量

工序	工序明细	单位	工程量	人工		材料		设备仪器	
				技工工日	普工工日	材料类型	数量	类型	数量
前期准备	施工组织设计	项	1	10	-				
	施工准备	项	1	10	-				
机架	位置定位	个	20	20	-				
	机架固定	个	20	20	-				
	绝缘处理	个	20	20	-				
	工艺调整	个	20	20	-				
无线设备	安装	套	20	200	-				
	调测	套	20	100	-				
线缆	位置定位	m	5 000	40	-				
	安装	m	5 000	40	-				
	绝缘处理	m	5 000	40	-				
	检查校对	m	5 000	40	-				
收尾	系统调测	项	1	20	-				
	完工报验	项	1	20	-				

5. 合同预算

通信工程无线设备安装工程包含：机架（0.7 万元/个）、无线设备（1.2 万元/套）、线缆（0.004 万元/m），通信工程无线设备安装工程报价建议值如表 9-32 所示。

表 9-32 通信工程无线设备安装报价建议值

工序名称	报量单价	工序总量	报量总额
机架	0.7 万元/个	20	14 万元
无线设备	1.2 万元/套	20	24 万元
线缆	0.004 万元/m	5 000	20 万元
合计	-		58 万元

6. 自主报价

从第二期开始，工程报价采用自主报价（报量总额请保留 1 位小数），按要求填写表 9-33 中的内容。

表 9-33 通信工程无线设备安装工程自主报价

工序名称	报量单价	工序总量	报量总额
机架	___万元/个	20	
无线设备	___万元/套	20	
线缆	___万元/m	5 000	
合计	-		

7. 市场劳务班组资源

劳动市场上的劳务班组分为技工班组和普工班组两种，每种劳务班组可提供的数量如表 9-34 所示，可根据工程的具体特点进行聘用和解聘用。

表 9-34 市场劳务班组资源

劳务班	可提供数量（N 表示参与组数）
技工班组	$4\times N$
普工班组	$4\times N$

8. 通信建设工程量计算

（1）工程量项目的划分、计量单位的取定、有关系数的调整换算等，都应按相关专业的计算规则要求来确定。

（2）通信工程项目工程量计算应以设计图纸以及设计规定的所属范围和设计分界线为准，缆线布放和部件设置以施工验收技术规范为准。

1）计量单位

（1）长度：m、km。

（2）重量：g、kg、t。

（3）体积：m^3。

（4）面积：m^2。

（5）自然计量单位：台、套、盘、部、架、个、组、处等。

（6）技术配置计量单位：端、端口、系统、方向、载频、中继段、数字段、再生段、站等。

（7）特殊计量单位。

2）工程量

不同工程的工程量计算有不同规则，通信工程有线设备安装工程的工程量有：

（1）设备机柜、机箱的安装。

（2）设备缆线布放。

（3）安装附属设施。

（4）系统调测。

注意：通信工程项目的工程量应依据实际工序，参考相关标准进行计算，在计算时要考虑该工序的特殊性，使用恰当的计量单位。

5.3 信息通信无线设备安装工程沙盘模拟实施

信息通信无线设备安装工程沙盘模拟实施参考任务 9.2 信息通信建设工程项目管理软件操作学生端的操作。

任务 6 信息通信线路工程沙盘模拟实施

知识要点

项目名称；

工程概况；

信息通信线路工程沙盘模拟实施。

重点难点

工程概况；

信息通信线路工程沙盘模拟实施。

【相关知识阐述】

6.1 任务介绍

6.1.1 任务描述

某信息通信建设工程项目管理公司承接一项信息通信线路建设工程，在进行组建项目机构和项目团队之后，为了保证工程进度、质量和投资，要能根据信息通信线路工程的构成进行作业分解，按照工程实施要求在项目管理软件上完成信息通信线路工程运营思路设计和沙盘模拟实施全过程。

要求：

（1）根据信息通信线路工程的构成进行作业分解。

（2）按照工程实施要求在项目管理软件上完成信息通信线路工程运营思路设计。

（3）在信息通信建设工程项目管理沙盘上模拟实施信息通信线路工程建设全过程。

（4）在计算机 D 盘中建立文件夹，保存格式为“D：\技能抽查\信息通信线路工程建设沙盘模拟实施.doc”，并形成报告打印上交。

6.1.2 实施条件

表 9-35 实施条件

项目	基本实施条件	备注
场地	信息通信建设工程项目管理沙盘实训室 1 间；工位 10 个，每个工位能够上网（完成数据上传）；场地电源应能保证设备正常、稳定运行；照明通风良好	必备
设备	信息通信建设工程项目管理沙盘 10 套；计算机 CPUP4 以上；硬盘 40 GB 以上；内存 256 MB 以上；显示器 17 寸及以上；移动硬盘或 U 盘 1～2 个；	必备

续表

项目	基本实施条件	备注
	共享 A4 纸打印机 1 台，A4 打印纸若干	
工具（软件）	计算机安装有信息通信建设工程项目管理沙盘软件、画图软件、截图软件	必备
测评专家	每 10 名考生配备 1 名考评员。考评员要求具备至少 1 年从事信息通信建设工程项目管理或教学工作经验	必备

6.1.3 考核时量

考试时间：120 min。

6.1.4 评价标准

表 9-36　评价标准

评价项目		配分	考核内容及评分标准	备注
操作过程与规范（50 分）	工作前准备	5	做好信息通信建设工程项目管理实施前准备。不进行项目机构和团队组建、不能运行系统操作软件等操作扣 5 分	出现明显失误造成器件、仪表或设备损坏等安全事故，严重违反考场纪律，造成恶劣影响本大项记 0 分
	基本步骤	45	（1）未根据信息通信线路工程的构成进行作业分解，扣 10 分。 （2）未按照工程实施要求在项目管理软件上完成信息通信线路工程运营思路设计，扣 10 分。 （3）未能在信息通信建设工程项目管理沙盘上模拟实施信息通信线路工程建设全过程，扣 10 分。 （4）未掌握信息通信建设工程项目管理软件操作方法，扣 10 分。 （5）文档创建错误，扣 5 分。 （6）不爱惜设备和工具，发生严重违规操作或作弊，取消考生成绩	
职业素养（20 分）	基本要求	10	（1）仪表不整，着装不整齐、规范，不穿戴相关防护用品，每项扣 2 分。 （2）操作过程中及作业完成后，工具、仪表、元器件、设备等摆放不整齐扣 2 分。 （3）考试迟到、考核过程中做与考试无关的事、不服从考场安排酌情扣 4 分；考核过程舞弊取消考试资格，成绩计 0 分。 （4）作业完成后未进行清理、清扫工作现场扣 2 分	
	安全操作	10	（1）不按规范操作扣 8 分。 （2）未进行静电防护措施扣 2 分。 （3）选手发生严重违规操作或作弊，取消考生成绩	
实作结果（30 分）	文件存储	20	（1）文件保存格式不正确，扣 10 分。 （2）截图不清晰，扣 5 分。 （3）文件未保存建立在指定的目录下，扣 5 分	
	报告	10	未打印报告上交，扣 10 分	

6.2 工程概况

6.2.1 施工内容

（1）某山区传输线路工程需架设架空光缆 1 km，敷设管道光缆 9 km，钉固光缆 260 m，暗管穿放光缆 135 m，布放桥架光缆 4 577.4 m，安装终端盒 20 个，24 芯接头盒 1 套，48 芯接头盒 2 套，72 芯接头盒 1 套，ODF 架满配 1 架，288 芯光交 1 台。

（2）采取顺序施工作业法进行施工。电缆到货后，同时进行单盘测试、配盘，保证随挖 1 km，即敷设 1 km，缩短敞沟时间，以减少对周围环境的影响。

（3）工程未开工前必须先掌握该工程的各种技术要求，完成技术交底等一系列工作；熟悉线路所在地方的地形、地貌，合理安排施工计划，报监理审批后方可组织现场施工。

（4）立杆。

①立杆埋深应符合要求；

②电杆杆距应符合设计要求；

③直线线路的电杆位置应在线路路由的中心线上，电杆中心线与路由中心线的左右偏差应不大于 50 mm，电杆应上下垂直；

④角杆应在线路转角点内移，水泥电杆的内移值为 100 ~ 150 mm，因地形限制或桩撑杆的角杆可不内移；

⑤终端杆竖立后应向拉线侧倾斜 100 ~ 200 mm。

（5）拉线。

①根据设计要求本项目拉线原则上采用夹板法制作；

②原则上直线档每 8 档设 1 处人字拉，拉线程式与吊线程式相同，每隔 32 档做四方拉，在四方拉处吊线做双向假终结，顺线拉线程式采用比吊线程式大一级的钢绞线；

③靠近高压电力设施及热闹市区的拉线，应加装绝缘子，绝缘子距地面的垂直距离应在 2 m 以上；

④人行道上的拉线宜以塑料保护套或竹筒保护；

⑤架空明线的拉线上把在电杆上的装设位置，应符合下列规定：

只装一条拉线时，应设在第一层线担（或抱箍）下 100 mm 处；

装二条拉线时，上层拉线应设在第一层线担下 100 mm 处，下层拉线应设在末层线担上 200 mm 处；

四方拉的顺线路拉线应设在第一层线担下 100 mm 处，侧面拉线应设在第二层线担下 100 mm 处；电杆上装设拉线的位置，在有可能触碰线条的情况下，可酌情调整；

⑥一般地锚出土长度为 600 mm，三条六下地锚出土长度为 800 mm，允许偏差小于 + 50 ~ － 300 mm；

⑦拉线地锚地实际出土点与正确出土点之间的偏差不大于 50 mm；

⑧拉线地锚应埋设端正，不得偏斜，地锚的拉线盘应与拉线垂直；

⑨埋设拉线地锚的出土斜槽，应与拉线上把成直线，不得有扛、顶现象；

⑩拉线中把与地锚连接处应按拉线程式加装拉线衬环，衬环应装在拉线弯回处。

（6）架设吊线。

①吊线抱箍采用 D164、D184（据不同杆径配置）双吊线抱箍，吊线与抱箍采用三眼单槽夹板固定；

②吊线抱箍距电杆顶的距离应符合设计要求；

③吊线抱箍在各电杆上的位置宜与地面等距，坡度变化一般不宜超过杆距的 2.5%，由于地形等限制也不得超过杆距的 5%；

④在特殊情况下当吊线坡度变更为杆距的 5% ~ 10%时，吊线应加装仰角辅助装置。

（7）光缆的预留处理。

①在局站内预留光缆应盘成圈固定在机房内；

②管道光缆在接头及引上处做适当预留，预留长度一般不超 15 m。

（8）光纤与光缆的接续要求。

①光纤接续采用熔接法，中继段每根光纤接续平均衰减为：≤0.08 dB/个（OTDR 双向测试，取平均值）；

②光缆接续采用专用的光缆接头盒；

③管道光缆接头盒拟挂固在人孔侧壁上；

④每个接头处，光缆与光纤均应预留一定的余量，以备日后维修或二次接续用。

（9）防雷。

①除各局站外，沿线光缆的金属构件均不接地；

②光缆的金属构件，在接头处不做电气连通，各金属构件间也不做电气连通；

③局站内的光缆金属构件相互连通并接保护地线。

（10）防蚀、防潮。

①光缆外套为 PE 塑料，具有良好的防蚀性能；

②光缆缆芯设有防潮层并填有油膏，故本设计不再考虑外加的防蚀和防潮措施；

③为避免光缆塑料外套在施工过程中局部受损伤，以致形成透潮进水的隐患，施工中要特别注意保护光缆塑料外套的完整性。

（11）人（手）孔内的光缆应挂有按照相关制作的标识牌（每井一块），人（手）孔内的接头盒应挂有按照相关要求制作的标识牌。

（12）隐蔽工程施工前应及时通知监理方派驻监理代表进行现场验收，经监理工程师同意后才能进行后续作业，以保证工程的顺利进行。

（13）施工人员应服从指挥部的安排与指挥，应有专人（工程队长）负责工程施工期间人员安全、车辆安全、工具安全等。

（14）施工期间有后勤保障人员负责施工所需工具器材的及时到位，以保证工程的顺利进行。

（15）应及时将工程的进展情况向建设方和监理汇报，及时向监理汇报当日工作量。

（16）建立、完善以项目经理为首的安全生产领导组织，有组织、有领导地开展安全管理活动，对施工的安全生产负全面责任。建立各级人员安全生产责任制度，明确各级人员的安全责任，抓制度落实，抓责任落实，定期检查安全责任落实情况。进行安全教育与训练，增强施工人员的安全生产意识和自我保护意识。一切从事生产管理与操作的人员，依照其从事的生产内容，分别通过相关部门的安全检查，取得安全操作许可证，持证上岗。当监理工程师认为进行中的施工活动对施工人员、检查人员及第三方人员均构成威胁时，工程项目部应设置必要的警示牌，并予以维护。

6.2.2 施工规定

1. 施工要求

1）施工顺序

（1）施工准备阶段；

（2）全面施工阶段：

①前期准备；

②敷设光（电）缆；

③安装线路设备。

（3）施工收尾阶段。

2）施工阶段的质量控制

（1）对所有的隐蔽工程在进行隐蔽以前进行检查和办理签证，对重点部位要派监理人员旁站。

（2）对施工测量、放样等进行检查，对发现的质量问题应及时通知施工单位纠正，并做好监理记录。

（3）检查确认运到现场的工程材料、构件和设备质量，并应检验试验、化验报告单、出厂合格证是否齐全、合格。监理工程师有权禁止不符合质量要求的材料、设备进入工地和投入使用。

（4）对工程主要单位严格按照施工规范、设计图纸要求进行施工，严格执行施工合同。

3）施工阶段的进度控制

（1）监督施工单位严格按施工合同规定的工期组织施工。

（2）对控制工期的重点工程部位，审查施工单位提出的保证进度的具体措施，如发生延误，应及时分析原因并采取对策。

（3）建立工程进度台账，核对工程进度，按周、月向业主报告施工计划执行情况、工程进度及存在的问题。

4）施工阶段的投资控制

（1）审查施工单位申报的周、月计量报表，认真核对其工程数量，严格按合同规定进行计量，签发签证。

（2）保证支付签证的各项工程质量合格、数量准确。

（3）建立计量支付签证台账，定期与施工单位核对清算。

2. 质量目标

（1）质量标准：单位工程所含分部工程质量均一次性验收合格。

（2）通信线路工程质量执行：

①《通信线路工程设计规范》(GB 51158—2015)；

②《通信线路工程施工监理规范》（YD 5123—2021）；
③《长途通信光缆塑料管道工程施工监理暂行规定》（YD 5189—2010）；
④《本地通信线路工程设计规范》（YD 5137—2005）；
⑤《通信线路工程验收规范》（GB 51171—2016）。

3. 工期目标

工期：17 天。

4. 各分项工程量表

通信线路工程各分项工程量，如表 9-37 所示。

表 9-37　各分项工程量

工序	工序明细	单位	工程量	人工		材料		设备仪器	
				技工工日	普工工日	材料类型	数量	类型	数量
前期准备	施工组织设计	项	1	10	-				
	施工准备	项	1	10	-				
光缆	敷设	m	10 000	300	600				
	保护	m	10 000	20	50				
	接续	m	10 000	40	-				
	测试	m	10 000	60	-				
线路设备	安装	套	10	80	80				
	调测	套	10	20	-				
收尾	系统测试	项	1	20	-				
	完工报验	项	1	20	-				

5. 合同预算

通信线路工程包含：光缆（0.008 万元/m）、线路设备（1.6 万元/套），通信线路工程报价建议值，如表 9-38 所示。

表 9-38　通信线路工程报价建议

工序名称	报量单价	工序总量	报量总额
光缆	0.008 万元/m	10 000	80 万元
线路设备	1.6 万元/套	10	16 万元
合计	-		96 万元

6. 自主报价

从第二期开始，工程报价采用自主报价（报量总额请保留 1 位小数），按要求填写表 9-39 中的内容。

表 9-39　通信线路工程自主报价

工序名称	报量单价	工序总量	报量总额
光缆	___万元/m	10 000	
线路设备	___万元/套	10	
合计	-		

7. 市场劳务班组资源

劳动市场上的劳务班组分为技工班组和普工班组两种，每种劳务班组可提供的数量如表 9-40 所示，可根据工程的具体特点进行聘用和解聘用。

表 9-40　市场劳务班组资源

劳务班	可提供数量（N 表示参与组数）
技工班组	$4\times N$
普工班组	$8\times N$

8. 通信建设工程量计算

（1）工程量项目的划分、计量单位的取定、有关系数的调整换算等，都应按相关专业的计算规则要求来确定。

（2）通信工程项目工程量计算应以设计图纸以及设计规定的所属范围和设计分界线为准，缆线布放和部件设置以施工验收技术规范为准。

1）计量单位

（1）长度：m、km。

（2）重量：g、kg、t。

（3）体积：m^3。

（4）面积：m^2。

（5）自然计量单位：台、套、盘、部、架、个、组、处等。

（6）技术配置计量单位：端、端口、系统、方向、载频、中继段、数字段、再生段、站等。

（7）特殊计量单位。

2）工程量

不同工程的工程量计算有不同规则，通信工程有线设备安装工程的工程量有：

（1）施工测量。

（2）光（电）缆接头坑。

（3）挖、填光（电）缆沟。

（4）敷设光（电）缆。

（5）光（电）缆沟土石方开挖。

（6）护坎、护坡、堵塞体积。

（7）水泥砂浆封石沟体积。

（8）漫水坝。

注意：通信工程项目的工程量应依据实际工序，参考相关标准进行计算，在计算时要考虑该工序的特殊性，使用恰当的计量单位。

6.3 信息通信线路工程沙盘模拟实施

信息通信线路工程沙盘模拟实施参考任务9.2信息通信建设工程项目管理软件操作学生端的操作。

任务 7 信息通信管道工程沙盘模拟实施

知识要点

项目名称；
工程概况；
信息通信管道工程沙盘模拟实施。

重点难点

工程概况；
信息通信管道工程沙盘模拟实施。

【相关知识阐述】

7.1 任务介绍

7.1.1 任务描述

某信息通信建设工程项目管理公司承接一项信息通信管道建设工程，在进行组建项目机构和项目团队之后，为了保证工程进度、质量和投资，要能根据信息通信管道工程的构成进行作业分解，按照工程实施要求在项目管理软件上完成信息通信管道工程运营思路设计和沙盘模拟实施全过程。

要求：

（1）根据信息通信管道工程的构成进行作业分解。

（2）按照工程实施要求在项目管理软件上完成信息通信管道工程运营思路设计。

（3）在信息通信建设工程项目管理沙盘上模拟实施信息通信管道工程建设全过程。

（4）在计算机 D 盘中建立文件夹，保存格式为“D：\技能抽查\信息通信管道工程建设沙盘模拟实施.doc”，并形成报告打印上交。

7.1.2 实施条件

表 9-41 实施条件

项目	基本实施条件	备注
场地	信息通信建设工程项目管理沙盘实训室 1 间；工位 10 个，每个工位能够上网（完成数据上传）；场地电源应能保证设备正常、稳定运行；照明通风良好	必备
设备	信息通信建设工程项目管理沙盘 10 套；计算机 CPU P4 以上；硬盘 40 GB 以上；内存 256 MB 以上；显示器 17 寸及以上；移动硬盘或 U 盘 1～2 个；共享 A4 纸打印机 1 台，A4 打印纸若干	必备

续表

项目	基本实施条件	备注
工具（软件）	计算机安装有信息通信建设工程项目管理沙盘软件、画图软件、截图软件	必备
测评专家	每10名考生配备1名考评员。考评员要求具备至少1年从事信息通信建设工程项目管理或教学工作经验	必备

7.1.3 考核时量

考试时间：120 min。

7.1.4 评价标准

表 9-42　评价标准

评价项目		配分	考核内容及评分标准	备注
操作过程与规范（50分）	工作前准备	5	做好信息通信建设工程项目管理实施前准备。不进行项目机构和团队组建、不能运行系统操作软件等操作扣5分	出现明显失误造成器件、仪表或设备损坏等安全事故，严重违反考场纪律，造成恶劣影响本大项记0分
	基本步骤	45	（1）未根据信息通信管道工程的构成进行作业分解，扣10分。 （2）未按照工程实施要求在项目管理软件上完成信息通信管道工程运营思路设计，扣10分。 （3）未能在信息通信建设工程项目管理沙盘上模拟实施信息通信管道工程建设全过程，扣10分。 （4）未掌握信息通信建设工程项目管理软件操作方法，扣10分。 （5）文档创建错误，扣5分。 （6）不爱惜设备和工具，发生严重违规操作或作弊，取消考生成绩	
职业素养（20分）	基本要求	10	（1）仪表不整，着装不整齐、规范，不穿戴相关防护用品，每项扣2分。 （2）操作过程中及作业完成后，工具、仪表、元器件、设备等摆放不整齐扣2分。 （3）考试迟到、考核过程中做与考试无关的事、不服从考场安排酌情扣4分；考核过程舞弊取消考试资格，成绩计0分。 （4）作业完成后未进行清理、清扫工作现场扣2分	
	安全操作	10	（1）不按规范操作扣8分。 （2）未进行静电防护措施扣2分。 （3）选手发生严重违规操作或作弊，取消考生成绩	
实作结果（30分）	文件存储	20	（1）文件保存格式不正确，扣10分。 （2）截图不清晰，扣5分。 （3）文件未保存建立在指定的目录下，扣5分	
	报告	10	未打印报告上交，扣10分	

7.2 工程概况

通信建设公司拟打算在南锦家园小区修建通信管道，工程概况如下。

7.2.1 设计概况

（1）电信通道沿路线布置在西街道路南侧 10 m，6 孔管道（4 根直径 110 的 CPVC 管，2 根 9 孔格栅），布置方式为二排三列。

（2）过路支管采用 2 根 PVC110，布置方式为单排两列。

（3）管材为格栅管（PVC-U）SVSY32，内孔为 32 mm，管外壁厚不得小于 2.2 mm，管内壁厚度不小于 2.0 mm，管材应满足 YD/T841.6-2008 规定。

（4）通信排管在人行道绿化带下直接埋设，通信排管在下列情况下采用砼包封，包封做法见 05X101-2-28：

①在非机动车道、行车道下敷设；

②与其他管线交叉时其间隔小于 GB50373-2006 表 3.0.3 中最小间距规定；

③人行道下敷设埋深不小于 1.3 m。

7.2.2 施工方法

通信管道的施工，应在路基的处理达到道路专业的密度要求后，方可开挖管道及人孔井的基础。管道的施工采用挖掘机开挖管道沟槽，配合人工安装管道的方法进行施工。具体施工方法如下：

1. 放样

放线定位：严格按照施工图将管道埋设的位置、经过的路线，在工地做实际的测量、规划、定位。定线时，于管道经过路线的所有障碍都要清除，并准备小木桩与石灰，依测定路线定线、放样以便于管沟挖掘。

2. 沟槽开挖

（1）每次管沟挖掘长度，应视管道安装速度、地形及管径大小而定，距管道安装进度一般不超过 100 m，如挖及横街或人行道，应安置铁板或厚木板，其板厚应能以安全通过施工车辆及行人为准。

（2）管沟挖掘断面，深度应严格按照施工图图示标高执行，沟底宽度应根据管道管径、深度和管道混凝土包封宽度确定，以方便管道的安装。坑壁坡度应根据具体的土质按规定进行放坡。

（3）在管沟挖至设计标高时，应停止挖土，在安管前对基底进行打夯密实，按设计要求夯下 100 mm，再铺细砂至设计标高。原则上不能超挖，如发现超挖情况，则应在征得设计院或监理工程师同意后，用一定级配的碎石或石粉铺填夯实至设计标高。

3. 管道安装

电信管道的安装，应严格按照有关规定进行。

（1）CPVC 管、格栅管采用套筒连接，每 2 m 绑扎一次。

（2）电缆排管进出接线井接口处两端各加 2 m C20 钢筋砼包封。

（3）小型直通井，内部尺寸：1 600 mm×1 200 mm×1 800 mm，做法见图集 05x101-37。

（4）小型三通井，内部尺寸：2 400 mm×1 200 mm×1 800 mm，做法见图集 05x101-38。

（5）人孔的内外壁均应按标准图集 05x101-36 做防水处理，电缆井内电缆支架做法见《通信管道人孔和手孔图集》YD/T 5178-2017；

（6）电缆井积水罐做法见 YD 5178-2009-102。

4. 管沟回填

在进行各项试验合格后，可以对管沟进行回填。

（1）按设计要求将干砂填至管顶上部 100 mm 处，用人工打夯密实后方可以开始填土。

（2）填土的土料必须使用符合有关要求的土料，含水量应适中不能过干或者过湿，且填土应分层进行，每层松填厚度不超过 300 mm。

（3）管顶 400 mm 内采用人工拍打密实，密实度达到 85%或以上；以上则用蛙式打夯机打夯密实，密实度达到 95%或以上。

5.钢筋工程

（1）安装钢筋的总要求

严格按照设计的要求，按尺寸加工好各种型号以及各部位的钢筋，绑扎位置准确，固定牢固。

主筋搭接位置需错开绑扎接头，在同一截面的接头截面面积受拉区不得超过总截面面积的 25%，受压区不超过 50%。

（2）凡两个绑扎接头的间距在钢筋直径的 30 倍以内以及 50 cm 以内的为同一截面。

（3）相邻绑扎点的铁丝扣成八字形，以免钢筋歪斜变形。

（4）钢筋搭接长度绑扎 35 d。

（5）绑扎底板钢筋前，首先在垫层上弹线，以保证钢筋位置准确。

（6）钢筋与模板间，按照保护层厚度放置同标号砂浆垫块，垫块大小、薄厚一致，且专人制作。

（7）要提前做好质检员验收，使之达到强度后使用。

（8）所用钢筋型号、尺寸、间距均应符合设计要求，加工好的钢筋必须成堆、成型号堆放并挂上标识牌。

（9）所安装钢筋必须一次成形，并有一定刚度。保证在浇筑混凝土过程中不发生变动。

（10）所使用钢筋必须干净，无铁锈，局部无弯折。

为确保钢筋工程质量，施工过程中严格执行 PDCA 循环，按规定做好检验和试验的工作，对查出的质量缺陷按不合格控制程序及时处理。

6. 模板施工

（1）所用模板均采用木模板，刷脱模剂。

（2）支模分为两次：第一次为底板，第二次为侧墙顶板。

（3）安装侧墙模板时，与已浇筑的底板混凝土或下层侧墙混凝土连接部位应粘海绵条后压模板以防漏浆。

（4）模板接缝拼接严密，不得漏浆。

（5）小室拆模板时间按同等条件下养护混凝土试块的强度确定，侧墙 50%，顶板 100%。

7. 浇注混凝土

（1）本工程使用商品混凝土，溜槽下放。

（2）浇注前应对模板、钢筋按设计尺寸，间距予以检查验收，并进行认真清仓。

（3）以插入式振捣棒进行振捣，侧墙混凝土左右对称、水平、分层连续灌注。

（4）浇注时要控制浇注速度。混凝土浇注至设计高程初凝前，用振捣器振捣一遍后表面抹面。

（5）浇筑混凝土由专人掌握下料，现场设专人指挥，发现问题及时解决。

（6）浇注时要做好组织工作，分工明确，交底清楚，掌握天气预报，做好防范措施。

（7）浇注混凝土必须有工序验收合格的开盘证，无证禁止浇注混凝土。

（8）在进行混凝土浇筑过程中，派专人看护模板，如发现问题及时解决。

（9）在进行混凝土浇筑过程中派专人电工保证现场用电，夜间施工必须有足够照明。

（10）在浇筑混凝土的始终，质控人员必须认真填写混凝土浇筑记录。

（11）试验员做好试块，保证现场混凝土的坍落度。

7.2.3 施工规定

1. 施工要求

1）施工顺序

（1）施工准备阶段。

（2）全面施工阶段：

①前期准备；

②开挖土方；

③铺设管道；

④砌人（手）孔；

⑤管孔试通。

（3）施工收尾阶段。

2）施工阶段的质量控制

（1）对所有的隐蔽工程在进行隐蔽以前进行检查和办理签证，对重点部位要派监理人员旁站。

（2）对施工测量、放样等进行检查，对发现的质量问题应及时通知施工单位纠正，并做好监理记录。

（3）检查确认运到现场的工程材料、构件和设备质量，并应检验试验、化验报告单、出厂合格证是否齐全、合格。监理工程师有权禁止不符合质量要求的材料、设备进入工地和投入使用。

（4）对工程主要单位严格按照施工规范、设计图纸要求进行施工，严格执行施工合同。

3）施工阶段的进度控制

（1）监督施工单位严格按施工合同规定的工期组织施工。

（2）对控制工期的重点工程部位，审查施工单位提出的保证进度的具体措施，如发生延误，应及时分析原因并采取对策。

（3）建立工程进度台账，核对工程进度，按周、月向业主报告施工计划执行情况、工程进度及存在的问题。

4）施工阶段的投资控制

（1）审查施工单位申报的周、月计量报表，认真核对其工程数量，严格按合同规定进行计量，签发签证。

（2）保证支付签证的各项工程质量合格、数量准确。

（3）建立计量支付签证台账，定期与施工单位核对清算。

2. 质量目标

1）质量标准

单位工程所含分部工程质量均一次性验收合格。

2）通信管道工程质量执行

（1）《通信管道与通道工程设计规范》（GB 50373—2019）；

（2）《通信管道工程施工及验收技术规范》（GB 50374—2006）；

（3）《城市工程管线综合规划规范》（GB 50289—2016）；

（4）《城市地下通信塑料管道工程设计规范》（CECS 165—2004）；

（5）《给水排水管道工程施工及验收规范》（GB 50268—2008）；

（6）《通信管道人孔和管块组群图集》（YD 5178—2009）。

3. 工期目标

工期：17 天。

4. 各分项工程量表

通信管道工程各分项工程量，如表 9-43 所示。

表 9-43　各分项工程量

工序	工序明细	单位	工程量	人工		材料		设备仪器	
				技工工日	普工工日	材料类型	数量	类型	数量
前期准备	施工组织计划	项	1	10	-				
	施工准备	项	1	10	-				
开挖土方	测量	m	1 000	10	-				
	开挖土方	m^3	400	20	200				
	挡土板、抽水	m	400	20	40				
	基础	m	400	40	80				
铺管	铺管	m	400	10	20				
	包封	m^3	400	40	100				
	铺砂	m^3	100	20	80				

续表

工序	工序明细	单位	工程量	人工		材料		设备仪器	
				技工工日	普工工日	材料类型	数量	类型	数量
	回填	m^3	300	30	120				
砌人（手）孔	砖砌人孔（现浇上覆）	个	2	20	40				
	砖砌手孔（现浇上覆）	个	2	10	20				
	拆模	个	4	10	10				
	安装人（手）孔口圈	个	4	10	10				
管孔试通	管孔试通	项	1	20	-				
	完工报验	项	1	20	-				

5. 合同预算

通信管道工程包含：开挖土方（0.05 m^3）、铺管（0.12 万元/m）、砌人（手）孔（0.5 万元/个），通信管道工程报价建议值如表 9-44 所示。

表 9-44　通信管道工程报价建议

工序名称	报量单价	工序总量	报量总额
开挖土方	0.05 m^3	400	20 万元
铺管	0.12 万元/m	400	48 万元
砌人（手）孔	0.5 万元/个	4	2 万元
合计	-		70 万元

6. 自主报价

从第二期开始，工程报价采用自主报价（报量总额请保留 1 位小数），按要求填写表 9-45 中的内容。

表 9-45　通信管道工程自主报价

工序名称	报量单价	工序总量	报量总额
开挖土方	___万元/m^3	400	
铺管	___万元/m	400	
砌人（手）孔	___万元/个	4	
合计	-		

7. 市场劳务班组资源

劳动市场上的劳务班组分为技工班组和普工班组两种，每种劳务班组可提供的数量如表 9-46 所示，可根据工程的具体特点进行聘用和解聘用。

表 9-46　市场劳务班组资源

劳务班	可提供数量（N表示参与组数）
技工班组	2×N
普工班组	8×N

8. 通信建设工程量计算

（1）工程量项目的划分、计量单位的取定、有关系数的调整换算等，都应按相关专业的计算规则要求来确定。

（2）通信工程项目工程量计算应以设计图纸以及设计规定的所属范围和设计分界线为准，缆线布放和部件设置以施工验收技术规范为准。

1）计量单位

（1）长度：m、km。

（2）重量：g、kg、t。

（3）体积：m^3。

（4）面积：m^2。

（5）自然计量单位：台、套、盘、部、架、个、组、处等。

（6）技术配置计量单位：端、端口、系统、方向、载频、中继段、数字段、再生段、站等。

（7）特殊计量单位。

2）工程量

不同工程的工程量计算有不同规则，通信工程有线设备安装工程的工程量有：

（1）人孔坑。

（2）管道沟。

（3）开挖路面。

（4）开挖土方。

（5）回填土（石）方。

（6）包封混凝土。

注意：通信工程项目的工程量应依据实际工序，参考相关标准进行计算，在计算时要考虑该工序的特殊性，使用恰当的计量单位。

7.3 信息通信管道工程沙盘模拟实施

信息通信管道工程沙盘模拟实施参考任务 9.2 信息通信建设工程项目管理软件操作学生端的操作。

【练习题】

1. 信息通信工程项目管理的五阶段分别是什么？
2. 信息通信项目管理沙盘实施时可进行哪些角色的扮演？各自的岗位职责是什么？
3. 信息通信工程项目管理沙盘总规则有哪些？
4. 项目实施运行时要平衡哪三者之间的要素？
5. 项目为何会失败，失败的原因是什么，试举例说明。
6. 劳务班组聘用与解聘用规则是什么？
7. 项目顾问聘用规则是什么？
8. 临时设施规则是什么？
9. 工程融资的方式有哪些？
10. 施工风险的分类有哪些？其对应的预防措施是什么？
11. 信息通信建设工程管理沙盘上能模拟实施的项目有哪些？
12. 工期奖罚制度是什么？
13. 工程监理规则是什么？
14. 信息通信工程项目管理沙盘运营流程的步骤有哪些？
15. 信息通信工程项目具体实施分为哪些阶段？
16. 信息通信工程项目管理操作软件可完成哪些数据的编制？
17. 信息通信工程项目实施时融资方式有哪些？利息如何支付？
18. 信息通信设备安装工程实施时的劳务班组有几种？
19. 影响项目管理公司绩效的因素有哪些？
20. 某通信项目工程实施时，聘请了 2 个技工班组，需要临时设施费用是多少？
21. 信息通信工程项目管理操作软件操作注意事项有哪些？
22. 在通信工程项目管理软件上编制数据时，每个公司的核心运营数据有哪些？
23. 每期项目贷款额度为多少？
24. 编制工程网络计划时注意事项有哪些？
25. 编制材料运输数据与什么有关？
26. 工程施工与结算的周期是几天？
27. 工程收尾要完成的内容有哪些？
28. 绩效分析的内容有哪些？
29. 直接工程费包含哪些？
30. 工程建设其他费包括哪些？
31. 信息通信电源设备安装工程要完成哪些数据的编制？
32. 信息通信电源设备安装工程要完成的任务有哪些？
33. 信息通信电源设备安装工程实施时的劳务班组有几种？
34. 信息通信电源设备安装工程施工内容有哪些？
35. 信息通信电源设备安装工程实施时，聘请了 4 个技工班组，需要临时设施费用是多少？

36. 信息通信工程有线设备安装要完成哪些数据的编制？
37. 信息通信工程有线设备安装要完成的任务有哪些？
38. 信息通信工程有线设备安装实施时的劳务班组有几种？
39. 信息通信工程有线设备安装施工内容有哪些？
40. 信息通信工程有线设备安装实施时的报价是多少，依据是什么？
41. 信息通信工程无线设备安装要完成哪些数据的编制？
42. 信息通信工程无线设备安装要完成的任务有哪些？
43. 信息通信工程无线设备安装实施时的劳务班组有几种？
44. 信息通信工程无线设备安装施工内容有哪些？
45. 信息通信工程无线设备安装实施时的报价是多少，依据是什么？
46. 信息通信线路工程实施要完成哪些数据的编制？
47. 信息通信线路工程要完成的任务有哪些？
48. 信息通信线路工程实施时的劳务班组有几种？
49. 信息通信线路工程施工内容有哪些？
50. 信息通信线路工程实施时的报价是多少，依据是什么？
51. 信息通信管道工程实施要完成哪些数据的编制？
52. 信息通信管道工程要完成的任务有哪些？
53. 信息通信管道工程实施时的劳务班组有几种？
54. 信息通信管道工程施工内容有哪些？
55. 信息通信管道工程实施时的报价是多少，依据是什么？
56. XXX 工程资料

任务：请各乙方学员在网上查找一个简单工程资料，参照前面五类计算工程量，核定材料供应限制，组织各乙方进行施工。所有自定义工程全部要求各小组用草图大师 SketchUp 软件或其他构图软件做出工程模型，并全班评比，作为合同依据与评分标准。

附录 1、附录 2

参考文献

[1] 孙青华. 通信工程项目管理及监理. 北京：邮电大学出版社，2021.

[2] 施扬，沈平林，赵继勇. 北京：电子工业出版社，2020.1.

[3] 邱菀华，等. 现代项目管理学. 2 版. 北京：科学出版社，2010.

[4] 李立高. 信息通信建设工程概预算编制. 北京：邮电大学出版社，2018.

[5] 刘旭灵，陈博. 建设工程招标投标与合同管理. 3 版. 湖南：中南大学出版社，2021.

[6] 本书编委会. 通信建设工程安全生产读本. 北京：人民邮电出版社，2019.

[7] 全国一级建造师执业资格编写委员会. 建设工程项目管理[M]. 北京：中国建筑工业出版社，2019.

[8] 通信工程项目管理沙盘操作手册. 成都杰科力科技有限公司，2017.